气候变化与公共政策研究丛书

水污染公共安全事件预警信息管理

郭　翔　佘　廉　张　凯　著

本书受 江苏高校优势学科建设工程资助项目"雾霾监测预警与防控"
国家自然科学基金重大研究计划项目"面向应急决策支持的非常规突发事件案例推理的理论与方法"
国家自然科学基金青年科学基金项目"信息视角下典型气象灾害事件预控机制研究" 资助

科学出版社

北　京

内 容 简 介

当下，水污染公共安全事件发生频率不断提高、规模不断扩大，它是人类进入工业时代后衍生自科技文明与人为作用的结合。就中国而言，随着经济迅猛发展，加之环境变化，各类水污染公共安全事件层出不穷，成为现代化进程中的重大挑战。随着中国年人均 GDP 超过 1000 美元，频发的水污染公共安全事件以其危害能力大、影响区域广、发展突变性强等而备受各界关注。本书通过研究水污染公共安全事件，探寻其发生发展的机理，建立相应的信息管理系统。

本书可供环境管理、环境与资源保护法等相关专业高校研究生学习参考，同时适合政府管理人员和相关研究者阅读。

图书在版编目（CIP）数据

水污染公共安全事件预警信息管理 / 郭翔，佘廉，张凯著. — 北京：科学出版社，2016.9
（气候变化与公共政策研究丛书）
ISBN 978-7-03-049955-4

Ⅰ. ①水⋯　Ⅱ. ①郭⋯ ②佘⋯ ③张⋯　Ⅲ. ①水污染—公共安全—预警系统—信息管理—研究　Ⅳ.①X52-39

中国版本图书馆 CIP 数据核字（2016）第 225744 号

责任编辑：胡　凯　王腾飞　郑　昕 / 责任校对：钟　洋
责任印制：张　伟 / 封面设计：许　瑞

科 学 出 版 社 出版
北京东黄城根北街 16 号
邮政编码：100717
http://www.sciencep.com

北京中石油彩色印刷有限责任公司 印刷
科学出版社发行　各地新华书店经销
*
2016 年 11 月第 一 版　开本：720 × 1000 1/16
2016 年 11 月第一次印刷　印张：15 7/8
字数：315 000
定价：89.00 元
（如有印装质量问题，我社负责调换）

"气候变化与公共政策研究丛书"编委会

主要编写人员（以姓氏笔画为序）

于宏源　史　军　庄贵阳　苏向荣　李志江　李廉水

宋晓丹　张永生　周显信　郭　刚　诸大建　凌萍萍

曹明德　曹荣湘　巢清尘　焦　冶　蒋　洁　董　勤

潘家华　Catriona McKinnon　Donald A. Brown

丛 书 序

    党的十八大报告首次把大力推进生态文明建设独立成章，提出必须树立尊重自然、顺应自然、保护自然的生态文明理念，把生态文明建设放在突出地位，融入经济建设、政治建设、文化建设、社会建设各方面和全过程，努力建设美丽中国，实现中华民族永续发展。气候变化问题不仅是我国生态文明建设过程中所面临的一项严峻挑战，也是当今人类生存和发展面临的一项严峻挑战，是国际社会普遍关心的重大全球性问题。胡锦涛同志在十八大报告中特别指出，我们要坚持共同但有区别的责任原则、公平原则、各自能力原则，同国际社会一道积极应对全球气候变化。积极应对气候变化事关人类可持续发展，无论是发达国家还是发展中国家，都已逐渐认识到应对气候变化的重要性和紧迫性，纷纷采取政策行动，控制温室气体排放，加快向绿色低碳发展转型。

    气候变化不仅是环境问题，更是发展问题，而且归根结底是发展问题。联合国《人类环境宣言》指出："全球环境问题大半是由发展不足造成的。"发展中国家在减排和改进技术的同时，不能"搁置发展"，而应保持一种在富国与穷国共同努力基础上建立起的"低碳增长"。阻止发展中国家发展的后果远比在应对气候变化方面不作为要严重得多。如果没有强劲的经济增长，发展中世界的穷人极难自己脱贫。为了控制气候变化而停止或大幅降低经济增长速度，在经济上是不必要的，在道德上也是不负责任的。在经济发展阶段，减排通常都是以发展为代价的。因此，对没有完成工业化的发展中国家来说，气候谈判的实质乃为发展而战，合理的排放权意味着合理的发展权。发展中国家的主要任务是促进经济增长和消除贫困，削减温室气体排放不是也不应该是发展中国家优先考虑的问题。

    气候变化主要是由发达国家引起的，他们从能源的使用中受益，同时也因使用能源而造成了气候变化。气候变化对世界上一些欠发达地区的人们而言是一种潜在的风险和灾难：疾病和死亡、干旱、洪水、高温、暴风雨、海平面上升（淹没村庄和家园）、作物歉收或绝收、自然资源减少或耗尽、传统食物来源的中断、淡水资源短缺等。而所有这些风险都可能是灾难性的。一部分人在另一部分无辜者受伤害的基础上获得利益，这是不道德的。只有当一个国家在气候政策制定过程中充分考虑别的国家尤其是世界上那些欠发达国家和地区的利益，且气候政策能够使大气中温室气体的浓度保持在安全范围内时，这个国家的气候政策才能为世界广泛接受。任何国家和地区都不应该因为自己的过量排放危害其他国家和地区的利益。国际合作应对气候变化应该坚持"共同但有区别的责任"原则和公平原则，历史上温室气体排放已经严重超标的国家和地区需要承担起历史责任，率先大幅减排，并向发展中国家应对气候变化提供资金和技术支持。发展中国家在得到资金、技术支持的情况下，也应在可持续发展框架下采取积极的适应和减缓行动，为保护全球气候做出应有贡献。

在全球应对气候变化的进程中，发展中国家面临巨大的适应和低碳发展的双重压力，客观上需要有一种公平、高效和可持续的国际气候制度的保障。碳公平，不是一种字面上的机械的名词，它更是一种机制，一种发展权益的保障机制。保护全球气候，客观上存在一种碳预算总量的刚性约束。服从这种地球资源的有限特性，是可持续性的基本要求。当今气候变化国际谈判，就是要寻求建立各国共同应对气候变化的公平合理机制，使各方特别是发展中国家在实现可持续发展的过程中应对气候变化。

气候变化首先是作为一个科学问题出现的，但随着研究的深入，人们认识到，解决气候问题更需要哲学社会科学的广泛参与。江苏省高校哲学社会科学重点研究基地"南京信息工程大学气候变化与公共政策研究院"成立于 2010 年 8 月，致力于气候变化政策的全方位哲学社会科学研究，此次计划出版的这套文丛对气候变化中所涉及的哲学、伦理学、政治学、法学、国际关系等人文社会科学问题展开了较为全面、系统的研究，可以为中国参与国际气候谈判和国家气候政策制定提供决策依据和理论支撑，也可以为中国在气候变化国际政治博弈中占据国际舆论道义制高点争取必要的话语权，同时为国内经济社会转型发展提供理论指导。

这套文丛在学理和方法上开展了大量深入、富有创意而极具建设性的研究，对我国应对气候变化研究有着积极的学术贡献。相信这套研究成果将对我国应对气候变化研究的工作带来有益的启示，也有助于国际社会进一步了解和认识中国对于气候变化问题的关注，有利于推动制定合理的应对气候变化的国际与国内制度、政策。

潘家华

前　言

在中国的现代化进程中，环境保护的观念落后于经济增长的强烈渴望，结果导致污水肆意排放，河流、湖泊与海洋等污染严重，中国整体的水资源状况不断恶化。由此而引发的水污染公共安全事件一次又一次地冲击着公众对水污染问题的认知底线。尽管《中华人民共和国突发事件应对法》已颁布并实施，中国"一案三制"体系建设正逐渐完善，处理各类突发公共安全事件的能力正不断提升，但面对包括水污染公共安全事件在内的各类突发事件，政府应急能力建设还存在一定不足。

当前学界对于水污染公共安全事件的关注仍在加强。一个基本的观点是：对水污染公共安全事件内在机理的认知将有助于我们提升事件的应急管理能力。因此，本书期望通过对水污染公共安全事件相关机理的研究，为水污染公共安全事件的人工干预提供理论基础。本书的研究成果具有较重要的理论与实践意义。

本书以水污染公共安全事件为研究对象，将事件中的信息扩散作为研究的着眼点，综合运用系统科学、复杂性科学、管理学、信息传播学等理论，结合预警与应急管理的最新理论、方法和结论，对水污染公共安全事件信息扩散与耦合问题进行分析，分析水污染公共安全事件的信息结构和生成机制，建立了不同类型信息的扩散模型以及信息博弈模型；建立了基于信息扩散的水污染公共安全事件耦合动力机制模型；分析水污染公共安全事件的预警模型，设计了三峡库区水污染公共安全事件的预警信息管理系统。

本书的撰写得到了众多老师及专家学者的帮助。感谢程聪慧博士对本书的悉心整理、修改与校对。也感谢南京信息工程大学公共管理学院领导对本书出版的大力支持。

由于作者能力有限和时间仓促，本书肯定还存在着诸多缺陷与需要完善的地方，恳请各位同仁与读者予以批评指正。

郭　翔

2016 年 4 月

目　　录

第1篇　水污染及其公共安全事件特征

在社会发展的漫长进程中，突发公共事件在世界各国的发生频率不断提高、规模不断扩大，这些灾害是人类进入工业时代后衍生自科技文明与人为作用的结合，在本质上与传统自然风险存在极大差异。就中国而言，改革开放以来，经济迅猛发展，环境恶化，各类突发公共事件层出不穷，成为中国现代化进程中遇到的重大挑战。其中，水污染问题不仅威胁人类生活和生命财产安全，更损害了社会和经济发展。随着中国年人均 GDP 超过 1000 美元，各类突发公共事件出现频发的趋势，在各类突发事件中，我国水污染公共安全事件也以其危害能力大、影响区域广、发展突变性强等而备受各界关注。

水污染公共安全事件种类多样，作为最为严重的环境和社会问题之一，不仅具备一般突发事件的特征，同时带有自身的独特性，这两方面特征叠加导致对水污染公共安全事件的应对遭遇前所未有的挑战。随着水污染事件发展演化并升级为水污染公共安全事件，其应急处置过程考量着整个国家系统的应急管理能力和水平。本书拟以公共安全事件预警信息管理研究的相关理论为基础，以水污染公共安全事件为研究对象，在对国内外相关研究综述的基础上，对水污染相关概念进行界定，分析水污染公共安全事件的类型、特点及其复杂系统性特征，指出其各结构要素。并进一步对水污染公共安全事件的耦合概念、特征和类型等方面做出阐释，提出水污染公共安全事件生成与演化的基本模型。

第1章 水污染与公共安全事件

1.1 水污染公共安全事件的研究背景

1.1.1 研究背景

水，作为生命之源，伴随着人类社会的发展进程，其重要性毋庸置疑。因此，水灾水患自古便是使人类备受困扰的重要问题，从中国历朝历代大兴水利、防洪调水工程规划，到黄河治理、京杭大运河开通等；从非洲国家对水资源合理分配利用的争论不休，到中东地区各国争夺水资源控制权而引发的武装冲突。工业进步与经济社会发展，加之人类对工业高度发达的负面影响始料未及，资源短缺、环境污染、生态破坏等问题时有发生，世界各国与水问题的抗争愈演愈烈，水问题已跃升为世界性头号治理难题。2003~2014 年，中国就发生了诸如四川沱江、广东北江、东北松花江等诸多重大水污染事件六十余起。一方面对人民群众的生命安全造成巨大影响，另一方面严重影响正常的社会生产与生活秩序，造成巨大经济损失。

2014 年 6 月环境保护部发布《2013 中国环境状况公报》显示，中国的污染减排工作虽已取得突破性进展，但地表水总体仍为轻度污染，部分城市河段污染较重。长江、黄河、珠江、松花江、淮河、海河、辽河、浙闽片河流、西北诸河和西南诸河等流域的国控断面中，Ⅰ~Ⅲ类、Ⅳ~Ⅴ类和劣Ⅴ类水质断面比例分别为 71.7%、19.3%和 9.0%。200 条河流 409 个断面中，Ⅰ~Ⅲ类、Ⅳ~Ⅴ类和劣Ⅴ类水质的断面比例分别为 62.3%、18.2%和 19.5%。珠江流域水质为优，长江流域总体水质良好，黄河、松花江、淮河、辽河等流域轻度污染，海河流域中度污染。监测 61 个湖泊（水库）的营养状态，呈富营养状态的湖泊（水库）占 27.8%。近岸海域中，黄海、南海水质良好，渤海水质一般，东海水质极差。9 个重要海湾中，北部湾水质优，黄河口水质良好，辽东湾、渤海湾和胶州湾水质差，长江口、杭州湾、闽江口和珠江口水质极差。[①]

基于国家大力发展水污染防治的背景，在水污染造成广泛社会安全威胁的事实前提下，在当前对水污染公共安全事件理论认识普遍缺乏的情况下，如何科学

---

① 环境保护部. 2014.《2013 中国环境状况公报》。

认识水污染公共安全事件治理与国家安全之间的关系，不仅有助于解决水问题，而且有助于国家用更开阔的视野、更多元的解决手段对水安全问题进行全方位的战略布局，使得水问题更合理被解决。

1.1.2　研究意义

水对于自然生态和人类社会而言是生命之源、生态之本、生产之要，水污染问题已经成为世界各国共同面临的挑战和需要解决的紧迫任务。水污染形势越来越严峻，也意味着水污染公共安全事件造成的威胁越来越大。

2005 年中国石油吉林石化分公司双苯厂（101 厂）新苯胺装置爆炸致松花江流域水污染事件，突出反映了中国对水污染公共安全事件预警预控的不足，吉化爆炸事件由吉林省一个企业生产事故，演变为松花江水污染事件，转而成为引发哈尔滨数百万市民恐慌和长达数天停水的重大公共安全事件，又成为因受污染水体漂流至俄罗斯而导致两国之间索赔谈判的外交事件。该事件连续变异的主要原因在于事件本身与社会反应不断耦合、事件人工干预与事件本身耦合，导致其在更大社会区域的不断传导与扩散。吉化爆炸事故表明：人们如果对突发事件耦合规律缺乏科学认识，就无法识别突发公共安全事件的传导、变异，政府将难以对重大突发事件采取有效的预警与应急措施。中国广东北江水域镉污染、四川沱江特大水污染、重庆开县井喷等重大突发事件的演化过程，也表明科学认识水体污染突发事件耦合机理问题的紧迫性和重要性。

在水污染突发事件预警管理方面，突发事件具有显著的社会性特征，仅仅依靠常规水污染的监测体系无法对其进行综合性预警。以三峡库区为例，库区水污染事件具有管理职责的部门包括环保、水利、交通等多个部门及沿线各级地方政府。这些部门虽已建立相应职责的水污染状态监测点，但只对辖区或领域内的水污染事件相关信息进行监测与预警，且这些监测点只能监测水污染常规指标，不能对常规水污染形成的非常规水污染事件进行监测和预警。此外，不同类型水污染公共安全事件、水污染事件与其他突发事件之间存在着密切的关联，导致部门分割的管理模式在面对耦合性、衍生性、快速扩散性、传导变异性的三峡库区水污染事件时往往显得无力。

随着科学技术的进步，国家和专业机构开始采用地理信息系统（GIS）、全球定位系统（GPS）、遥感（RS）和物联网等技术进行应急管理，这些先进的技术如何与原有监测融合、将分散的监测数据整合，能共同为水污染公共安全事件的应急决策提供依据。鉴于目前水污染治理条块分割，水污染事件信息多源异构的现状，如何将新技术不断运用于应急管理，建立一个统一的、针对各类水污染突发公共安全事件的预警信息管理系统，并利用系统对重大水污染公共安全事件信息进行监控；通过对监测信息的分析，及时发布准确的预警信息；事件发生后及时预测可能的衍生路径，对次生事件予以预防预警，显得尤为必要。

建立水污染公共安全事件信息扩散与耦合模型，构建水污染公共安全事件预警信息管理系统，需解决以下 7 个问题：①水污染公共安全事件的阶段划分、复杂结构及行为主体；②正式信息和非正式信息在事件过程中扩散的机制；③在信息扩散条件下事件的耦合因子及其动力构成，这些作用关系内在的耦合度模型建立；④预警信息管理系统的结构设计，系统内部的功能、结构、流程、支撑数据库设计；⑤对现有的水污染监测系统进行优化和模块化，将新水污染治理技术方法和已有监测系统进行集成；⑥预警信息系统的监测和预警对象，计算和研判方法与标准；⑦水污染公共安全事件的预警对象。尽管现有的水污染、灾害、应急管理等领域的学者对上述问题有所关注，但目前仍没有学者对其进行系统研究，也没有提出完整的信息系统设计思路。

本书以水污染公共安全事件作为研究对象，借鉴灾害社会学、应急管理学、信息学等理论，采用情景分析方法对水污染相关问题进行研究，阐述水污染公共安全事件信息结构及生成机理，在此基础上进一步分析其扩散规律，进而揭示信息扩散条件下水污染公共安全事件的耦合作用路径以及耦合动力机制，建立信息扩散条件下水污染公共安全事件耦合度测度模型，为水污染及其他领域应急管理工作提供理论借鉴。

本书试图提出水污染公共安全事件生成与演化的基本过程模型，根据事件演化在不同阶段中具体的次生事件类型，提出相应的事件总体预警及其次生事件预警模型，通过明确预警信息系统的关键内容问题，提出水污染公共安全事件信息系统的集成方法及其系统结构，设计预警信息系统框架、预警信息平台架构、预警信息数据库，为国家重大工程或者区域应急信息化管理提供示范作用。

1.2　水污染公共安全事件的相关综述

1.2.1　公共安全事件研究

1. 概念界定

国外关于公共安全事件的研究主要围绕灾难、紧急事件和危机展开。但实际上，国外的研究中这三者在一定的情境下具有等同意义，但在特定条件下又有所差异。下面就一些具有典型性的界定进行分析与归类。

20 世纪 60 年代，美国学者首先提出危机管理理论，作为研究国家关系和国际政治领域的理论；20 世纪 70 年代，日本学者将其研究和应用扩展到本国经济领域；20 世纪 80 年代，危机管理的服务对象扩展到跨国公司，而研究对象主要是宏观社会经济领域的危机问题；20 世纪 80 年代中后期，美国学者研究一般性工商企业遭遇危机后的紧急应对方式。Herman（1972）指出，危机是当决策主体的根本目标受到威胁时，改变决策可获得的反应时间有限，事件发生出乎决策主体意料的一种情境状态。Rosenthal 和 Michael（1989）则认为，危机是当一个社会系统的基本价值和行为准则架构受到严重威胁并且在时间压力和不确定性极高的情况下必须对其做出关键决策的事件。

关于公共安全事件的另一个重要概念是灾难。Parker（1992）的定义得到大多数人认可：灾难是指包括技术系统、人群、自然环境的失败而导致大规模伤害、经济损失、社会正常生活中断的不正常自然或人为事件。Keller 等（1997）首先从量上对灾难进行定义，一个在短时间内造成十人及以上的人员伤亡的事件可以称为灾难。Turner 和 Pidgeon（1997）认为还没有一个被普遍接受的灾难的定义。亚洲灾难减缓中心也给出灾难的定义：所谓灾难是指社会功能的严重中断，其起因是人、物质或环境的损失超过了社会用其自身资源去修复的能力。灾难的分类也是学者关注的问题。Shaluf 和 Ahmadun（2006）认为灾难通常被划分为自然灾难与人为灾难两种。Shaluf（2007）指出灾难可以分为 3 种：自然灾难、人为灾难和混合灾难，并进一步描绘了灾难的结构图谱（图 1-1）。

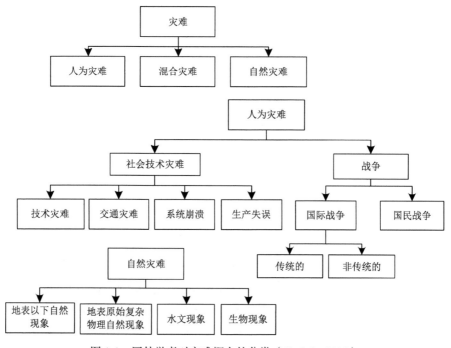

图 1-1　国外学者对灾难概念的分类（Shaluf，2007）

　　紧急事件也是一个经常用到的概念。紧急事件的概念首先被应用于医学领域，相关杂志有 *Emergency Medicine Australasia* 和 *Academic Emergency Medicine* 等，而后随着灾害、种族、国际冲突、流行性疾病日益频繁发生，紧急事件这一概念逐渐泛化，被广泛地应用于社会领域。Taylor（2002）认为紧急事件是较容易界定的概念，在分类上与国家、组织、市场等相关联。

　　国内关于公共安全事件的概念界定基本沿用国外相关研究成果，未有学者对突发事件与公共安全事件之间的异同进行理论界定。2006 年 7 月"全国应急管理工作会议"上，国务委员华建敏指出"2005 年，中国公共安全形势总体平稳，趋向好转，事故灾难和社会安全事件总量有所下降，自然灾害和公共卫生事件有所增加。"这一表述实际上将突发事件与公共安全事件等同，因为根据突发事件所包含的事故灾难、自然灾害、公共卫生事件和社会安全事件正好与华建敏所提出的公共安全相对应。而在国务院应急办的数据统计中，直接将事故灾难、自然灾害、公共卫生事件和社会安全事件作为突发公共安全事件的统计口径（史培军和刘婧，2006）。本书的研究将不再对突发事件和公共安全事件做特别区分，在不做特别说明的情况下，等同使用。

　　2. 研究主题

　　对公共安全事件概念界定基本明确，可以发现国外研究者对于公共安全事件的研究主要从机理层面和应用层面展开。

　　在机理层面上，国外研究者关注突发事件演化内在规律，其重点是试图建立突发事件演化过程的一般的抽象模型。关于这一点，将在随后章节予以详细分析。在应用层面上，研究主要包括 3 个方面，即应急管理政策研究、应急管理技术研究和针对具体事件的应急管理研究。

　　关于应急管理政策研究，Schneider（1992）对突发事件下政府的应急管理效率进行了分析，认为政府应急管理的成功在于政府官僚程序与紧急事件标准之间的差异。Furukawa（2000）结合日本政府应急管理的制度实践对应急管理政策的特点进行分析，认为日本政府应急管理存在三大特性：中央政府与地方政府领导者的非中心性、政府内部关系的融合和政治权威的缺乏、日本应急管理行政体制改革最终将中央政府作为应急管理的协调者。Boris（2001）描述了俄罗斯的应急管理政策的两个发展方向以及应急管理存在的问题。Donahue 和 Joyce（2001）认为应急管理效果的好坏取决于一个前提：不同层级政府应该具有明确可行的应急管理责任，而利用"功能竞争"与"行为刺激"可以明确政府责任，促进应急管理。Garrett 和 Sobel（2003）运用定量分析的方法对博弈过程进行了分析。表明公共安全事件中所获得的应急资金的多少具有显著的政治动机，公共安全事件具有很大程度的政治事件特征，应急管理政策的制定也在很大程度上受政治领导者或部分利益集团影响。Palm 和 Ramsell（2007）在总结瑞典实践基础上对突发事件中政府间的应急联动政策进行了研究。国外相关研究者关注应急管理的政策效果，但在分析的视角上主要侧重于从政治角度进行分析，缺少经济学、社会学分析；在研究方法上也是以定性分析为主，定量分析极少；同时缺少对政策效果的评估方法。

关于突发事件的应急管理技术研究。一些研究者从不同角度对信息科学在突发事件应急管理中的应用进行了研究（Alexander，1991；Radke et al.，2000；Kwan，2003）。Cutter（2003）对地理信息科学在突发事件应急管理中的局限性进行了分析。有的学者对公共安全事件状态下的信息沟通进行了分析，提出了理论和实践上的指南（Granville，2001）。Garnett 和 Alexander（2007）分析了信息沟通技术在灾难应急管理中的重要性。Beroggi 等（1995）介绍了实时决策支持系统在突发事件应急管理中的应用。Tan 和 Yates（2007）对信息技术在新西兰应急管理中的应用进行研究。Comfort（1993）研究了信息技术在地震灾难中的应用模型。

针对具体突发事件应急管理的研究。从研究主题上看，包括工业事故造成的突发事件应急管理，也包括服务业突发事件的应急管理等。Johnson 和 Zeigler（1986）就对美国三里岛核事故进行研究，通过因果模型表明突发事件的紧急撤退是可预测的。Waugh（1986）提出要修改当前的应急管理模式以应对恐怖暴力，并提出应对恐怖主义的突发事件应急管理模式。Keim 和 Kaufmann（1999）提出应对生物恐怖主义的原则，Wrigley 等（2003）也对生物恐怖主义的应急管理进行探讨。Spranger 等（2007）对主要大都市里突发恐怖袭击或公共卫生事件袭击情况下公众的心理准备问题进行研究。Ellemor（2005）研究澳大利亚社区突发事件脆弱性及如何对其进行应急管理的问题。旅游业的突发事件应急管理也为学者所关注，Hystad 和 Keller（2008）、Anderson（2006）与 Cioccio 和 Michael（2007）研究旅游业中的突发事件应急管理。Smith 等（2001）对学校中的突发事件应急准备进行研究。Fulmer 等（2007）则提出通过建立志愿者来对大学校园内的突发事件进行应急管理。另有学者（Kovoor-Misara，1996；Smith and Dowell，2000）从组织管理角度对突发事件进行研究。

国内对于公共安全事件研究的主题与国外类似，主要包括应用层面和机理层面两方面。从应用研究的层面来看，包括公共安全事件应急管理政策研究、公共安全事件应急管理技术研究、针对具体公共安全事件应急管理研究 3 个方面，以相关政策研究为主，众多的研究者从不同方面提出了大量对策建议。郭梅枝（2000）研究了农村群体突发事件的成因及其化解方法；秦媛（2002）、范秀丽（2002）、余世舟等（2003）对地震灾害的发生机理和扩散影响进行了研究，并提出了相关的解决对策；余世舟等（2003）论述了化工企业地震次生灾害的形成、特性、易发部位和影响因素，并提出了综合防御对策；侯卫平（2003）研究了高校突发事件的成因与对策。

从文献分析来看，在应用层面上，国外对于突发事件的研究主要形成了以具体突发事件应急管理研究为主，应急管理技术与应急管理政策研究为辅的研究格局。在研究过程中，注重案例研究与实证分析，但研究的手段较为单一，较多的是定性分析，缺乏定量分析。在文献的查阅中发现，国外并无有关水污染突发事件应急管理的研究情况。

3. 事件演化

国外学者关于公共安全事件的演化的研究主要集中于灾害领域，Mileti（1975）在对灾害学相关文献进行总结的基础上，提出了反应、恢复、准备、减灾 4 阶段的灾害生命周期理论。Park（2013）采用这 4 个阶段，对切尔诺贝利核电站灾难性大火造成的核泄漏事故发展过程进行了研究。Coombs（1999）认为突发事件的应急管理存在 4 个基本因素：预防、准备、绩效和学习。对于突发事件应急管理的模型，最被学界认同的模型有 Fink 的 4 阶段模型和 Mitroff 的 5 阶段模型。

Shaluf 等（2003）认为人为技术灾难的演化模型主要存在以下 6 个。①Turner（1976）的灾难模型，以灾害的影响、后果、人类社会对灾害的反应措施作为标准，将灾难的演化过程分为：理论上事件的开始点、孵化期、急促期、爆发期、救援和援助期、社会调整期 6 个阶段，他认为灾害的演化过程一般都经过以上一个周期，灾害的减灾和措施需要依据每个阶段给予相应措施。②Turner（1992）的前灾难模型，认为灾害在发生前阶段具有各种诱因，这些诱因在前阶段相互作用和耦合，最终导致大规模事故或灾害的爆发。③Ibrahim-Razi 等（2003）模型来源于马来西亚对 1968~2002 年 7 个灾害的调查报告，将灾害发生前的过程分为以下阶段：错误产生阶段、错误聚集阶段、警告阶段、纠正或改正阶段、不安全状态阶段、诱发事件产生阶段、保护防卫阶段、灾害爆发阶段。④Toft 和 Reynolds（1994）提出的系统失误和文化重新调整模型（SFCRM），模型包括 3 个独立又相互联系的部分，分别是孕育期和社会技术系统的运行；爆发事件（诱因事件）、灾害爆发、救援、救难；调查报告和反馈。SFCRM 模型认为灾害的发生归因于内部因素变化与外部环境不适应的冲突。并认为通过事件后的调查分析，对组织进行改变可以避免类似事件的发生。⑤工业危机模型，Shrivastava 等（1988）等通过对 3 个不同的重大危机进行比较，讨论工业危机的构成，描述工业危机的发展过程，强调工业的危机诱发来源于组织内部和环境的相互作用。⑥统计模型，Keller 和 Al-Madhari（1996）提出可以对灾难演化进行概率解释。认为灾难的结果与恢复期是一个不确定的过程，通过概率密度方程可以预测灾难发生的平均概率。此外，危机阶段模型是 Fink（1986）借鉴疾病的发展过程，将危机的发展划分为危机激发阶段、危机急性阶段、危机延缓阶段、危机的解决阶段，其中激发阶段最容易被预防和干预；急性阶段具有快速和强破坏力；延缓阶段是管理者有效管理阶段；解决阶段是指危机的完全解决阶段，是危机管理的最终目标。紧急事件演进模型则是 Burkholder 和 Toole（1995）依据人道主义紧急事件的发展过程而提出的 3 阶段模型：急性紧急事件阶段、晚期紧急事件阶段、后紧急事件阶段。模型描述了不同阶段紧急事件的状态，提出必须依据紧急事件的阶段特征，设定不同的目标和采取不同措施来平息紧急事件。

在一般演化模型建立后，对模型做进一步深入研究是未来的发展方向，比如探索演化过程中，各相关因子的作用规律等，但国外的进一步研究似乎就此完结了。就耦合机理研究而言，目前国外相关研究文献较多，但从主题上看，主要都是集中在医学、地理科学、材料科学等自然科学领域（Parfitt, 2000；Levin et al., 2003；Xiao, 2004；Kaspi et al., 2006）。在社会科学领域亦可查找到相关文献，但主要集中在教育学研究中（Logan et al., 1993；Yair, 1997；Rowan, 2002）。从文献查阅来看，没有发现关于突发事件耦合机理研究内容。这一研究状态显示了国外研究的实用性特征。

从文献分析的情况来看，国外学者以分析事故的成因为主，研究的侧重点在于对突发事件的过程阶段进行划分，研究结论一般是构建事故发生的分析模型，未将公共安全事件的发生看作一个复杂过程，研究结论难以刻画各个次生事件的相互作用规律，更少见到公共安全事件演化机理的研究。国内则在以下几方面研究更为深入。

其一，主要针对气象灾害、地质灾害、水灾等具体突发事件的成因和扩散进行研究。郭克广（1996）论述了各类灾害产生的原因及其扩散作用。覃志豪等（2005）、黄荣辉（2004）对气象灾害的形成机理进行了分析。佘廉等（2004）分别对公路交通灾害、铁路交通灾害、水运交通灾害、民航交通灾害的成因进行研究，并提出建立交通灾害预警系统的思路和方法。

其二，关注突发灾害事件的演化机理。一些学者试图通过系统建模的方式来探索特定类型的突发事件演化规律。魏一鸣等（1998, 1999, 2002）将灾害社会学和工程技术相结合，探讨灾害的复杂性，并利用复杂性理论的基本数学工具如分形、混沌、神经网络等非线性动力学方法，建立了基于 SWARM 的洪水灾害时空演化模拟平台，开展模拟实例研究，得到了一些关于洪水灾害的时空演化规律。石林等（2005）则探讨了 GIS 技术在环境突发事故应急管理中的应用。翟宜峰和殷峻暹（2003）通过 GIS/RS 技术，构建了洪水灾害的评估模型。陈安（2007）研究突发事件的机理体系问题，提出应急管理中存在三大类机理，即发生机理、发展机理、演化机理。其中演化机理又可分为蔓延、转换、衍生和耦合机理。

其三，从信息的角度来研究突发灾害事件。傅毓维等（2007, 2008）对公共危机事件中伪信息的扩散进行混沌情景的仿真研究，建立了混沌情景下的伪信息扩散仿真模型，并提出公共危机伪信息混沌论。据此，刘拓进一步分析危机情报与公共危机伪信息管理的密切联系，认为公共危机伪信息管理同时也是一个危机情报活动过程；并从准确性与全面性两方面研究危机情报可靠性对公共危机伪信息管理绩效的影响，构建了混沌情景仿真模型，形成四个仿真方案。

上述这些研究主要采用中尺度物理模型、GIS 技术、调查统计、计算机模拟等方法，找到事件爆发的可能性、影响的强度、演化的过程。但就机理体系中的耦合机理而言，研究者希望通过研究突发事件相关因素的耦合特征，达到描述其演化过程的目的。该主题尚处于初期研究阶段，相关成果较为缺乏。

首先，关于耦合的界定。所谓耦合，物理学上是指两个或两个以上的体系或两种运动形式之间通过各种相互作用而彼此影响以至联合起来的现象。如放大器级与级之间信号的逐级放大量是通过阻容耦合或变压器的耦合；两个线圈之间的互感是通过磁场的耦合。目前对于耦合概念的使用，具有泛化迹象，除工程技术方面使用耦合概念外，其他人文社会科学也逐渐使用耦合概念，并有学者据此对一些社会现象进行研究。邓明然和夏喆（2006）分析风险传导过程中风险的相互耦合并构建了传导模型，研究风险在企业内部的动态传导规律；夏喆等（2007）对风险传导中各种风险因子间的耦合效应进行分类，研究风险耦合的形成机理。此外还有学者（王瑞伟，2001；叶厚元和邓明然，2005；沈俊，2006）研究风险传导的条件、类型、路径、机制、特征、方式等。

其次，突发事件中关于耦合机理的研究。华中科技大学佘廉教授在国家自然科学基金项目申报中，首次提出了事件的耦合机理问题是对公共安全事件本质规律研究的重要方面。吴国斌和王超（2005），通过研究突发事件的扩散机理，提出突发事件的一般性扩散路径、扩散方式、扩散阶段及扩散的影响因素模型。继而提出突发事件的扩散耦合与结构耦合概念，在此基础上对扩散耦合的形式进行分类，并运用系统动力学模型对突发事件的扩散演化进行仿真。

从国内研究的现状来看，对于水污染公共安全事件尚未有一个公认的明确界定。诸如突发性水污染事故、水污染公共安全事件、水污染突发事件、水污染等概念交互使用。因而有必要对水污染公共安全事件进行明确的界定，确定其类型、特征。与此同时，学术界对于突发事件的次生、转化、蔓延、耦合等问题也尚未有明确的界定。此外，对于突发事件演化研究的特点在于研究工具的多元化，且目前对突发事件的演化研究多集中于成因方面，研究目的往往在于预防突发事件的发生。灾害社会学角度的灾害演化研究也以灾害的成因研究为主。自然科学领域的灾害研究，涉及自然灾害成因和扩散研究，但仅局限于本学科领域，缺乏基于灾害演化的社会系统作用的研究。

1.2.2　水污染问题研究

国外有关水污染的研究主要围绕水污染的治理技术展开，力图探索治理水污染的方法。Edward（2004）对水污染的发生原因及其过程进行了综合介绍，并从工程技术角度提出系统的治理方案。Foster 和 McDonald（2000）介绍了 GIS 技术在水污染风险评价中的应用，强调在水资源监测中 GIS 技术具有重要的意义。Zhou（2007）则采用 GIS 方法研究海岸水污染的演化规律，并提出相关的解决方案。Krawczak 和 Ziókowski（1985）运用博弈论的理论构建了水库污染的纳什均衡模型，将溶解氧量与 BOD（生化需氧量）作为水污染的最主要影响因素，研究排污者最小化其污水处理成本与水库水质的联系。Krysanova 等（1989）运用构建仿真模型的方法研究农业非点源水污染问题，并据此提出相应的水污染管理建议。

对于水污染问题研究的相关主题也逐步深入到污染演化的机理层面，一些学者试图构建不同的水污染模型用于模拟仿真水污染的演化规律，并以此探寻解决水污染问题的方法。McGechan 等（2008）对农业废水引致河流水污染的过程进行了模拟仿真，以帮助管理者实施污染控制。James（2002）对水污染扩散模型进行了系统整理，并介绍了水污染扩散模型中的积淀模型、生物学模型、物理学模型。Lacroix 等（2005）则研究了不确定性条件下农业非点源水污染问题，运用生物物理学模型对不同条件下水污染的环境与经济效果进行了分析。Matsuda（1979）用有限元分析的方法研究了水污染的预测系统。

从文献分析来看，国外有关水污染问题的研究主要都是采取定量分析的方式来进行的。在研究过程中，研究者都试图通过建模的方式模拟水污染的过程，以寻找恰当的治理方式，因而形成了大量的水污染研究模型。但在水污染问题研究中，缺少政策手段的研究。若要实现水污染问题的良好治理，恰当的政策手段是十分必要的，但国外研究者对于水污染仅仅将其作为一个技术性的问题进行研究，没有考虑水污染的社会属性，没有将水污染对社会生活造成的影响考虑进来，从而没有对于水污染公共安全事件的相关研究。

国内尚未有学者对水污染与水污染公共安全事件的概念进行严格界定，这导致在研究过程中主要是对水污染的研究。其研究主要是两个方面：水污染的对策研究与水污染的模型与治理技术研究。叶闽（2001）分析三峡库区水环境现状和水污染特点，提出了采用人工处理与合理利用自然净化能力相结合的水污染治理技术路线。司毅铭等（2005）从国家政策、资金支持、法律法规、治污机制等方面提出了治理黄河水污染的政策建议。

水污染与水污染公共安全事件是两个不同的概念。根据《中华人民共和国水污染防治法》，水污染是指水体因某种物质的介入而导致其物理、化学、生物或者放射性等方面特性的改变，从而影响水的有效利用，危害人体健康或破坏生态环境，造成水质恶化的现象。水污染公共安全事件则是强调由于水污染而导致的社会正常生活受到重大影响的事件，其基本特征就是：极大的不确定性、发展途径和演变规律不确知、灾害程度难以预计、常规防治手段失效。

随着国内环境污染事件以及水污染公共安全事件的日益频繁发生，国内研究者也逐渐关注水污染公共安全事件。相关研究主要集中在事件的预警与监测方面。如赵晶（2007）、张海彬和张东平（2007）、金子等（2007）、彭祺等（2006）等都是围绕环境污染事故或水污染事故的预警监测的研究。侯国祥等（2003）对河流中的水污染进行模拟，构建了水污染应急系统模型，用以追踪模拟水污染事故发生后水污染的演化状况。还有学者对包括水污染突发事件的环境突发事件的应急体系建设进行研究，如任玉辉和肖羽堂（2007）提出了水污染突发事件的应急体系建议；张曦等（2007）提出了基于"6S"技术的水污染突发事件应急系统的总体构思。

针对近年来一系列重大水污染公共安全事件，一些研究者有针对性地进行分析。陈善荣和陈明（2008）以广东北江镉污染突发事件为例，在分析事件发生发展过程的基础上指出了此次事件处置的成功经验。胡志鹏（2006）对松花江、沱江、北江三起重大水污染突发事件所暴露出来的问题进行分析，指出防止水污染事件发生的一些对策。陈思融和章贵桥（2006）依据松花江水污染突发事件的实际，分析我国政府危机事中决策的现状，提出了提升我国政府危机管理水平的建议。

总体来说，国内对于水污染公共安全事件的研究或者是将其作为工程技术问题进行研究，或者是将其作为政策问题进行探讨。对于水污染公共安全事件的演化机理，研究者侧重于从技术角度通过定量的方式阐述水污染的演化过程，没有将水污染公共安全事件作为一个对社会有重大影响的社会事件来看待，因而在研究过程中没有涉及社会因素对水污染演化的影响。

1.2.3　预警管理理论研究

预警是对危机与危险状态的一种预前信息警报或警告，是围绕某一特定目标展开的一整套监测和评价的理论和方法体系。预警的基础是对一个或多个主体现状的评价和对未来趋势的预测，从评价到预测再到预警的过程也正是认识上的逐步深入过程。

预警的理论和实践最早应用于军事领域。随着历史的发展，预警系统逐步进入了民用领域，首先在宏观经济调控中得到应用。19 世纪末法国学者在 1888 年巴黎统计学会上对经济学问题进行气象式的研究，开始了经济学领域的预警研究。

现代意义上的预警最初起源于 20 世纪 70~80 年代学术界对商业领域的失败研究而兴起，通过对失败过程的系统分析并梳理导致失败的原因，提炼出描述商业失败的指标，从而预测或者根据趋势对失败提出警报，这便是预警，其在债务危机、银行失败、现金流危机中大量出现（Martin，1977；Petersen，1977；Sharma and Mahajan，1980）。20 世纪 90 年代初，预警管理、冲突管理研究主要是通过对可能存在危机的领域进行信息的系统收集和分析，试图在冲突事件发生前进行早期征兆的发现，这便是冲突领域的预警。与此同时，预警管理开始在灾害防治领域受到重视，灾害领域的预警管理与冲突领域的预警管理的目的和根本出发点类似，不同在于预警的对象是多种多样自然灾害和人为灾害（Zschau and Küppers，2003）。

我国最早引入预警理念是 20 世纪 80 年代在宏观经济领域，这种探索性研究主要是尝试对经济活动进行综合观测、分析和评价，从而判断国民经济的运行状态是否正常，如不正常，发出警报信号从而为宏观经济管理、控制和决策提供依据（罗建国，1988；屈定坤，1987），此阶段预警仅作为理念被提出，缺乏系统理论的支撑。预警管理理论系统研究始于 20 世纪 90 年代的企业预警管理，主要对企业的经营失败、管理失误现象等方面进行探索性研究，试图通过早期的警报和早期的控制摆脱失败（佘廉，1994；佘廉和张倩，1994）。毕大川和刘树成（1990）对宏观经济预警与工农业经济预警进行研究；成思危（1999）对金融危机方法进行研究。

佘廉针对企业环境和企业经营管理的风险，建立了企业预警管理活动的原理、运作模式、管理体制、技术方法、对策技巧的系统理论与方法。从 1990 年开始，佘廉等先后承担国家重点基研研究发展计划（973 计划）"现代城市病的系统识别理论与生态调控机理"中城市交通灾害的研究任务，国家自然科学基金和社会科学基金项目"企业逆境管理研究"、"企业危机的预警原理与方法研究"、"交通灾害预警系统研究"、"三峡区域突发事件的预警系统研究"等，分别对水运、公路、铁路、航空等几大交通领域进行实证研究和理论探讨，对相应领域的突发事件的早期征兆、致灾机理、灾害扩散、应急管理体制、突发事件的扩散机理、突发事件的政府预警管理模式、突发事件预警技术、突发事件预警系统等做了研究（佘廉等，2004a，2004b），对突发事件扩散、演化、变异机理进行了初步探索。

预警管理的研究在灾害领域全面展开，研究途径首先是通过对灾害机理的系统分析把握灾害的成因，在探索诱因与致灾关系的基础上构建预警模型，基于警告信号的分类与分级最终做出警报。SARS 事件之后，中国学者开始尝试将预警思想用于突发事件管理之中，如张少伟和陈景武（2004）探讨了突发公共卫生事件的预警机制，乔宇（2005）讨论了危机预警体系建设的必要性。

目前国内外公共安全管理领域预警的研究思路和方法还不够成熟，没有系统建立对公共安全事件耦合机理与规律的科学认识,取得的相关理论成果还很有限。对水污染公共安全事件的研究割裂了水污染公共安全事件研究既具有自然科学特征也具有社会科学特征的属性,或者是单纯地将其作为工程技术问题进行技术研究,或者是单纯将其作为社会问题进行对策研究。因而无法全面认识水污染公共安全事件的内在规律,难以提出相应的预警指标体系及应采取的预控措施。

1.2.4　应急管理信息系统研究

管理信息系统涉及经济学、管理学、运筹学、统计学、计算机科学等很多学科,是各学科紧密相连综合交叉的一门新学科,其理论和方法在不断发展与完善。应急信息系统,一般称为 EMIS（Emergency Management Information System）,主要是对突发事件或危机的应急管理过程中的相关信息监测、采集、分析,提供应急决策的技术支持。

国外的学者对应急信息系统的研究开始较早。Chartrand（1984）在一份名为 *Information Technology for Emergency Management* 的研究报告中,着重研究了应急通信系统、与自然灾害有关的信息存储与检索系统,以及其他信息技术在减灾和危机管理等方面的应用问题,这是较早专门研究有关危机信息管理问题的文献。2004 年,美国安全技术研究机构的 *Crisis Information Management Software*（*CIMS*）*Interoperability* 报告中指出危机信息管理系统之间的相互作用关系,认为借助危机信息管理软件可以管理许多应急组织内的关键信息流。Jefferson（2006）在 *Evaluating the Role of Information Technology in Crisis and Emergency Management* 一文中提出危机信息技术的 15 项研究内容。此外,也有学者运用信息系统理论来研究各类公共安全事件。Liang 和 Xue（2004）对中国的突发公共卫生事件中的信息管理系统进行调查研究,从技术和管理角度提出突发公共卫生事件应急响应信息系统的功能构架。Aedo 等（2010）指出由于实践中突发公共安全事件缺乏信息共享或有效的信息流,会导致协调障碍,因此提出以最终用户为导向的信息管理系统。

国内学者对信息管理系统在预警与应急管理上的运用进行了多方面的探索。唐钧（2004）认为以公共危机的全流程信息管理为基础,以危机的信息通讯为途径,以危机信息管理机制为平台,构建全面整合的政府公共危机信息管理系统已经成为政府危机管理的核心能力之一。范维澄和袁宏永（2006）对应急平台的定义和定位、应急平台组成、应急平台的发展趋势进行了开创性研究。季学伟等（2008）从致灾强度要素、危害损失程度等 8 个维度构建了预警分级的影响因素,用层次分析法确定各层级影响因素的权重,并采用多级模糊综合评判的方法给出预警等级。李青云等（2004）探讨了洪水预警公共信息平台设计思路。易正俊

（2002）从信息融合算法的角度提出一种将多点多源信息进行有效融合的方法。杜鹏等（2005）提出建立公共卫生事件监测与预警系统的框架模型。刘彬和高福安（2003）认为，通过构建一个能够提供信息共享、信息综合分析和动态信息集中管理服务，危机预警监测、决策支持、应急联动、应急管制、危机评估等子系统集成的危机信息管理系统可以大大加强政府应对危机、处理危机的能力。

现阶段大部分针对公共安全的预警信息技术系统研究还停留在部门化、专业化的阶段，相关问题的研究侧重于解决具体的技术应用问题，试图通过建立信息管理系统来解决具体的突发公共安全事件应急管理实践问题。虽然相关的信息技术在预警和应急管理过程中已有一定应用基础，但尚未有针对性的信息技术标准，对复杂的突发公共安全事件还缺乏全面的监测与有效预警，尚未构建全面整合的政府应对重大突发公共安全事件预警信息管理系统。又因水污染公共安全事件演化过程研究的缺乏，无法以政府综合应急管理为导向构建相应的预警信息管理系统。

1.3　水污染公共安全事件研究的理论基础

水污染公共安全事件是指具有极大的不确定性、发展途径和演变规律不确知、灾害程度难以预计、常规防治手段失效、对一个区域的生命财产和生态环境造成严重损害，甚至对流域社会稳定造成严重冲击的水污染问题诱发的社会紧急事件。显然，水污染公共安全事件是灾害类型的一种，对其相关问题的研究需要借鉴灾害学、信息学、构件化理论和情景分析等理论和方法。下面就相关理论进行阐释，为研究水污染公共安全事件提供支撑。

1.3.1　灾害学理论

随着现代科学技术的不断发展，灾害的监测、预报和防治工作逐步成熟。世界各地的地震、海啸、洪涝、泥石流、飓风等自然灾害层出不穷，规模越来越大，灾情日趋严重、复杂。20 世纪 80 年代，由于世界各地大型灾害事故频繁发生，联合国开展"国际减灾十年"活动，促进了灾害学的快速发展。中国灾害研究发展很快，在灾害理论体系构建、研究方法、成果的应用等方面均有突破性进展。

灾害学是一门以灾害及灾害系统作为特定研究对象的学科，是自然灾害学与人为技术灾害学或自然与人为混合灾害之总称（罗祖德，1998）。灾害学研究是探索灾害发生的原因，灾害形成和演变的规律，通过综合分析方法和预测技术寻求灾害发生的可能机会，从而把灾害的不良影响与损失减至最低程度。联合国国际减灾战略（ISDR）提出定义："灾难是一种严重的社会功能失调，它在大范围内造成人类、物质和环境损害，这种损害已经超出了社会依赖自己的资源所能承受的能力"（UNISR，2002）。在国家学科分类与代码（GB／T 13745—1992）中明确规定：灾害学是以灾害及灾害系统为研究对象的一门学科。灾害学研究灾害的成因和时空分布规律寻求减轻灾害损失的途径。灾害学研究涉及众多自然因素和社会因素，是一门综合性强并不断扩展的科学（李树刚，2008）。

灾害现象多种多样，按其特征与成因可分类见图1-2（卢敬华，1993）。

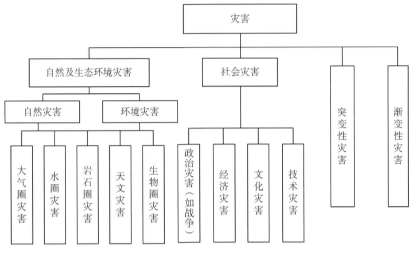

图 1-2 灾害分类图（卢敬华，1993）

人类在与灾害的长期斗争中,逐步摸索和总结出灾害研究的若干基本原理(张丽萍和张妙仙，2008)。其主要内容包括：①灾害不可完全避免原理：各种灾害的发生是无法完全避免的，其造成的损失和不良影响也无法完全避免。②灾害形成和发生的对立统一原理：任何客观事物的变化发展过程都是对立统一的矛盾运动过程。灾害在其形成和发生的过程中始终充满着诸多因素此消彼长的矛盾运动，从而构成了相互制约、相互斗争的对立统一体。③灾害形成和发生的量变质变原理：任何灾害都不是永恒不变的，都是一个从量变到质变的过程。④灾害系统的关联性原理：各种灾害既有各自形成、发展和致灾的规律，以及不同的时空特点，又相互依存、彼此关联的。⑤灾害研究的信息反馈原理：灾害在时间上都有一个自孕育期始，经过潜伏期、爆发期、持续期、衰减期直至平息期止的演化规律。人们在面对灾害进行决策时，必须基于灾害各种信息的反馈。⑥治标与治本互促合益原理：灾害研究的最终目的是在于有效地防治灾害，而防治灾害所采取的措施自古以来就有治标和治本之分，二者各有优劣，在实际工作中应当把二者综合起来加以运用，做到统筹兼顾。

灾害学理论认为，灾害系统由孕灾环境、致灾因子、承灾体与灾情等子系统构成，又可划分为孕灾环境、致灾因子和承灾体三大子系统，灾情是孕灾环境、致灾因子、承灾体相互作用的产物。借鉴灾害学理论对灾害系统理解，将突发事件及其运动过程作为系统运行来分析，可以在事件发展中找到相应的孕灾环境、致灾因子和承灾体。因突发事件与灾害具有较大程度的社会属性差异，即突发事件具有较强的社会属性，其发展过程更容易受社会和人工干预，从而导致突发事件的演化过程具有更强的人工痕迹，可以将人工干预引入事件体系中，从而构成由灾体、承灾体和应对体三个子系统构成的突发事件演化系统（图 1-3）。

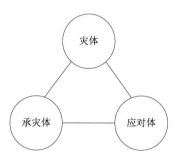

图 1-3　灾害系统的结构图

灾害研究的理论和方法是对各种灾害现象及其规律的概括和总结。按普适程度可分为 3 个层次（黄梯云，2005）：哲学理论和方法，是最基本的方法论和出发点，普适程度最大，不仅适用于灾害研究领域，而且也适用于一切科学研究领域，为灾害研究提供方法论的指导。一般的科学理论和方法：普适性较大，通常适用于灾害研究的所有领域，并且往往产生与各种特殊理论和方法的综合概括。特殊的科学理论和方法：通常仅适用于某一种或几种具体的灾害研究领域。在灾害的具体研究中，常用的有下列方法：①系统科学的方法，把灾害当作一个系统研究对象，运用系统的理论和观点，分析灾害内部元素和外部环境的相互影响、相互制约关系，建立灾害系统模型，对系统各要素的相互作用进行数学表达与模拟，对系统的演化进行求解，从而把握灾害系统的演化规律，进而做出科学的预测，达到防灾减灾的目的。②经验方法与模型方法，经验方法是指人们在同灾害的抗争过程中，凭借感性经验直接获得有关认识、防治和抵御灾害的经验知识的方法；模型方法通常有数学模型和物理模型，是根据灾害发生的现象或过程，设计一种与之相对应的模型，然后通过对模型的实验研究来间接地揭示灾害成因、发生及其演化规律的科学研究方法。③统计物理学理论与方法，统计物理学是一门新兴基础学科，随着耗散结构理论、协同学以及混沌学说和突变理论的相继建立与发展，而取得了重大进展，成为灾害研究中不可缺少的工具。其主要针对复杂系统，通过对复杂系统中各子系统的综合分析来研究系统的宏观行为。

水污染公共安全事件是由水污染导致的社会性事件，与地震、海啸、危化品等事件不同，作为灾体的污染水体危害持续的周期长且具有流动性。污染水体的长期性使得相关次生事件之间产生差异化的演化。对社会的运行和民众具有长期性和大范围的影响。水污染公共安全事件通常属于人为的社会灾害和环境灾害。符合灾害的一般演变发展规律，是一个包括社会因素和环境因素的复杂系统。在灾害理论的基础上，运用系统的方法对水污染公共安全事件进行分析和建模，探讨应对突发性事件的防治、应急、救援策略，可以为水污染灾害应急决策提供决策依据。

1.3.2　信息学理论

关于"信息"，相关学者专家的定义尚无一个统一认识。关于信息的典型定义有：信息论的创始人 Shannon 认为："信息是确定性的增加，信息是能够用来消除不确定性的东西"（Shannon，1948）。从管理的角度来看，信息应该是从记录客观事物（物质和精神）的运动状态和状态改变方式的数据中提取出来的，对人们决策提供帮助的一种特定形式的数据。一般而言，其不同表述只是因观察信息的角度不同、研究目的不同而已，本质上差异不大。综合各种表达，能较为准确地反映信息本质特征的定义是（Cover，2012）：信息反映事物运动的状态、状态改变的方式以及事物间的相互联系，是关于客观事物可通信的知识；信息是经过加工的数据，能够为主体消除或减少某种不确定性。对上述信息定义的解释如下：①信息是客观世界运动的状态以及它的状态改变的反映，客观世界中一切事件都在持续运动和变化，其信息也呈现出不同的特征。人们通常所说的消息、情况、资料、情报等都属于信息范畴，因为它们都是对客观世界运动的状态以及它的状态改变的反映。②信息是可以传递的。信息是构成事物联系的基础，信息可以通过一定的传输工具和载体进行传递，从而形成信息联系，而被人们感受和接收。③信息是有用的。对特定的接收者，信息能够消除或减少某种不确定性。

管理信息系统的创始人高登·戴维斯在 1985 年比较完整地提出管理信息系统的定义："这是一个利用计算机硬件和软件，手工作业、分析、计划、控制和决策模型，以及数据库的用户-机器系统。它能提供信息，支持企业或组织的运行、管理和决策功能。"尽管该定义中包含 MIS 三要素中的数学方法和计算机应用，但没有明确界定系统。此后，MIS 的概念一直在演变，但没有形成公认、统一的定义。张军和张庆来（2005）在其《管理信息系统》中给出了一个一般性的定义："管理信息系统是以人为主导、利用系统思想建立起来的，采用信息技术和信息设备作为基本信息处理手段和传输工具，以资源共享为目标，为决策支持和管理辅助提供信息服务的人-机系统。"管理信息系统作为一个"人-机"系统主要具有以下功能：①信息处理功能：能够进行基本数据的收集和输入，数据的加工和处理，数据的存储、传输；能够完成各种统计和综合处理，以多种方式提供各种信息。②管理支持，主要包括决策支持以及对计划、组织、领导、控制等管理职能的辅助作用。

管理信息系统总体来说，是运用软件和硬件手段，对信息进行收集、加工、分析、存储、统计等处理过程，基于一定的策略和方法，分析预测系统发展趋势，权衡系统的各方面利弊得失，为决策提供支持的一种工具。目前，管理信息系统的应用领域非常广泛，典型的应用有两个方面：

（1）决策支持系统。决策支持系统的建立是为决策者提供有价值的信息、思维与学习的环境，系统能够帮助决策者解决半结构化和非结构化决策问题。也就是说，决策支持系统主要是在支持决策能力上有重要发展。它将计算机加工信息的能力与决策者的思维和判断能力结合起来，从而能够解决更为复杂的社会决策问题。因此，DSS 是管理人员大脑的拓展，极大地提高了决策的有效性。但是，DSS 只能起到"支持"作用而无法代替决策者，它只能起到帮助管理人员或决策者进行决策的辅助作用（Sharda et al., 1988）。决策支持系统的功能主要体现在它支持决策的全过程，特别是对决策过程各阶段的支持能力。

（2）企业资源计划。20 世纪 90 年代以来，随着科学技术的进步及其不断向生产与控制方面的渗透，解决合理库存与生产控制问题所需要处理的大量信息和企业资源管理的复杂化，要求信息处理的效率更高。传统的人工管理方式已经难以适应以上的系统，这时只能依靠计算机来实现，信息的集成度要求扩大到企业整个资源的利用和管理，因此产生了新一代的管理理论和计算机信息系统，即 ERP（Gupta, 2000）。随着计算机及相关技术的迅速发展，信息系统的内容与作用在深度与广度上都有了很大发展。信息系统与管理思想及相关技术结合，逐步产生一系列用于某个领域的新型系统或信息处理技术。系统的组织结构与信息系统存在着互相依赖和相互促进的关系，信息系统从原来的非主导地位逐渐变为主导地位，必将对组织的结构产生重要影响。通过分布在各企业和组织机构中的信息系统所构成的信息网络，也将对社会产生巨大影响。特别是在应对灾害性事件的应急处理过程中，众多部门和企业如何实现资源共享，协同配合，在海量的信息交融过程要快速准确做出反应，必须充分运用现代信息技术和管理方法，运用各种管理信息系统来辅助决策者快速做出合理的决策。

近代信息技术的基本内容包括感测技术、通信技术、智能技术及控制技术，即信息技术四基元（李立萍，2005）：①感测技术。该技术包括传感技术和测量技术，如遥感、遥测技术等，它们能够延长决策者的感觉器官功能。②通信技术。通信技术主要起信息传递作用，它是传导神经网络功能的延长。③智能技术。该技术包括计算机硬件技术、软件技术、人工智能技术和人工神经网络等，它们能更好地加工和再生信息，是思维器官功能的延长。④控制技术。控制技术是根据输入信息（决策信息）进行判断，从而对外部事物的运动状态和方式进行干预，可以看作决策者效应器官功能的扩展和延长。

信息技术四基元及其功能系统完全与人的信息器官及其功能系统相对应。信息技术的功能和人的信息器官的功能是一致的，只是功能的水平或性能各有高低。通信技术和智能技术处在整个信息技术的核心地位，而感测技术和控制技术则起到与外部世界的接口作用。现代信息技术的发展为公共安全管理提供了技术保证。在面对突发公共安全事件时，灾害演变事件短，影响范围大，可能带来的危害极其深远，必须借助现代信息技术在大范围、多主体之间快速反应与决策，才能有效防止和控制灾害事故的影响。公共安全事件信息作为信息的子概念，也同样具有信息一般属性，诸如客观性、传递性等，同时它也与政府信息有着密切关系，因此它也兼有政府信息某些特征。公共安全事件信息包括：公共安全事件发生信息和演化过程中所产生的信息；研究公共安全事件信息是为了全面掌握事件发生和发展两个方面的信息。只有全面的事件信息，才能实现对公共安全事件的有效监测和预警，从中找到解决公共安全事件的方法。

通过对突发公共安全事件案例分析，可以发现事件信息具有不确定性、模糊性、多样性、时效性、有限性等特征（朱平，2007）。其具体含义如下：①公共安全事件信息具有不确定性。公共安全事件信息的不确定性主要指，内容信息的不确定性。公共安全事件不断发展变化，其发展变化方向等各方面都无规则可寻，因超出了一般事件的发展规律，呈现出突变性的特征，甚至有时呈"跳跃式"演化，难以对其准确预测和把握。不确定性一方面使得应急处置人员在公共安全事件面前无所适从，另一方面增强了民众恐慌感和不安全感。②公共安全事件信息具有模糊性。公共安全事件具有突变性，其呈现的信息也不断变化，使事件信息呈现出模糊性特征，信息可能来源于正规渠道，也可能是非正式渠道的零散信息。③公共安全事件信息具有多样性。主要指公共安全事件信息来源丰富多样，公共安全事件在形成时，由众多风险源导致，且在表现形式上各有特色，因此公共安全事件形成信息多种多样。此外，同类事件发生的时间、地点、原因及变化趋势又各不相同且千变万化，其展现出来的信息也呈现多样性。④公共安全事件信息具有时效性。突发公共安全事件的演变速度非常快，部分事件从发生到发展的过程时间非常短暂，这使得事件的相关信息及时被搜集、传递和处理，如果某一环节出现问题，采集到的信息就会失效。⑤公共安全事件信息具有有限性。目前，有效监测公共安全事件的相关信息相当困难，很多公共安全事件信息伴随着事态发展而不断演变；同时，由于信息的失真特性，决策者掌握的信息往往出现失真和实效，特别是极易在传递过程受干扰导致失真。

1.3.3　情景分析方法

　　情景分析法（脚本法或前景描述法）是在假定某种现象、状态和趋势将持续到未来的前提下，对具体预测对象可能发展的趋势与后果进行预测的方法。情景分析是一种能够分析事件、组织、行为与环境的多种可能情形的工具，也是一种新的战略思维方式，其注重事物发展的动态性、可能性、系统性与智能性等特点（李家伟和于忠霞，2007）。1960~1967 年，赫尔曼·卡恩（Herman Kahn）出版了《论热核战争》与《公元 2000 年：思维的框架》两本著作，采用一种全新的分析方法——情景分析方法，通过该方法赫尔曼·卡恩成功预测了 20 世纪 70 年代的石油经济危机。冷战结束后，情景分析方法最初被运用于社会预测与公共政策领域，而后众多管理学者将其引入到管理领域。20 世纪 70 年代，Pierre Wack 运用情景分析方法，提出 1973 年可能发生全球石油危机，并提出了相关的解决对策。尽管情景分析方法研究众多，但目前还没有统一的界定。杜明拴（2009）指出基于"情景"的"情景分析法"是在对经济、产业或技术的重大演变提出各种关键假设的基础上，通过对未来详细地、严密地推理和描述来构想未来各种可能的方案。一般来说，情景分析方法并不是一种独立的方法，其运用者需要将该方法与运用领域的理论相结合，在应急管理研究中需要与灾害社会学、环境工程、具体灾害类型的相关理论相补充，从而运用情景分析方法。总体来说，情景分析既是一种新的战略思维方式，还是一种分析未来环境的多种可能情形的战略分析工具，它以事件发展的多种可能性、动态性、系统性及高智能性为前提。

　　在事件环境分析中，情景分析主要分为定量分析和定性分析两类。定量情景分析通过建立数学模型，选择和调整不同的参数从而产生不同的情景，分析人员通过对每个情景的合理性和发生概率做出评估，从而提出相应的具体对策（Matsuoka et al.，1995；Hubacek and Sun，2001）。此后，分析人员通过改变某一变量的参数，保持其他变量不变，讨论产生不同情景下的事件环境状态。因此，该方法可以依据变量不同作用和变量间关系，确定变量之间的参数结构。在使用中，定量情景分析方法可以获得大量的环境情景，也可以充分分析环境的各种情况，但其预测的质量取决于历史数据、模型的设立、参数结构的选择等。鉴于定量情景分析方法存在的不足，定性情景分析法因其灵活性、与其他方法的衔接性、可操作性而被学者们广泛使用。目前，定性情景分析法在管理实践中的应用证明了其价值，如能源环境（Ferng，2002）、道路交通（Kirschfink et al.，2003）、生态农业（Riesgo and Gómez-Limán，2006）、项目规划（Lindgren and Bandhold，2003）等领域。

　　目前，关于情景分析步骤有五步、六步、七步、十步分析法等，在这些分类中六步方法的运用相对普遍，其步骤具体如下（计雷，2006）：①确定重要变量及其重要事件：即通过专家访谈和实地调研，确定决定分析对象未来环境与自身变化的重要驱动因素。其选择的标准为：选择最重要而且是不确定的变化环境因素因素进入情景。一般来说，运用头脑风暴法可以发现不明显的、渐变的和潜在的重要凶素，从而把握其重要事件的不确定变化。②将各种事件归纳成整体框架：将现有的驱动因素及其事件重新安排成一个可行的、有意义的框架，即形成 7~9 个因素事件组。③形成最初的小情景：对原有的因素事件组进一步分析、归纳。④将情景减少到 2~3 个，管理者在实践中运用中往往最多从 6~7 个情景中选 3 个情景。⑤将相关的情景写下来。⑥评价各情景对事件处置的各种影响：识别每个情景对组织活动有深远影响的事项。一般由组织全体成员共同参与，如采用 "角色试演" 来提高组织成员对问题的认识，明确每一个情景对所涉及的重要组织（例如，对本企业及其某部门、对竞争者、对政府等）的关键问题。从而，使从上到下参与情景分析的相关组织成员能够明确不同的情景，并明确需要他们的具体职责和措施。当然，该过程也需要参与者重复上述讨论过程，使得组织成员达成共识。实际上，情景分析方法没有标准和统一步骤，方法使用者可以根据需要而发展出多种情景系列，也可以在与总情景保持一致的情况下，根据使用情景的不同组织层级，将情景分解为更适合他们使用的分层级的分情景。

在水污染公共安全事件中，由于突发事件的发展演变存在多种可能的情形，对于不同的情形必须设定不同的情景状态，基于假设的基础上，做出合理的情景规划，结合实际问题，采用的情景分析步骤，具体如下：①问题陈述和界定。②分析当前状况。③确定相关因素。根据水污染事件的产生原因、发展趋势，分析事件发展过程中的关键因素，并确定这些关键因素包含在各种情景规划之中。④建立情景。根据关键因素变化的范围，分析水污染事件发展的可能情形，确定 2~3 个主要的情景。建立的情景不应该存在明显的优劣主次之分，各情景应相互补充，其发生的概率应该基本相同。⑤评价情景。根据相应指标对情景进行评价，建立水污染事件的处置预案。⑥决策制定。在事件发展的不同阶段，选择一个情景，所选情景即为决策。

1.3.4　构件化理论

在复杂庞大的管理体系中，存在错综交织以解决特定目的的各类子系统，而这些子系统的基本元素，或是由这些基本元素集成的具有某种特定功能的元素集合却是构成各子系统的要素。这种具有特定功能的元素或元素的集合称之为 "构件"。在有实物形态的机理清楚的良性结构的硬系统中，构件的含义易于理解。在具有结构特性的社会系统中，构件是指以实现某种职能为目的、由不同专业的人员和机构组成一个具有相对独立性的组织。由此推论，复杂的管理系统都是由这些具有特定职能的构件按照特定秩序整合起来，达到某种管理功能的集合体。基于构件的含义，在研究并存多系统问题时，发现不同系统的构成要素有很大一部分都具有重叠性，即不同系统的元素或是子系统有很多都是相同的，它们在各自的系统中都发挥其特定功能的作用，只是这些子系统在不同系统中的排列秩序不同，作用方式不同，从而导致不同的系统表现出不同的管理功能。

在现实的管理系统中，每个系统中都独立存在着大量的同类构件，这些构件一般只为特定的系统服务，互不交叉。这也是管理系统容易形成机构重叠、资源利用率不高现象的原因。但这些构件又不能简单进行共享和交叉服务。因为构件在不同系统中的服务方式不同，可能导致协作管理成本上升。因此需要建立科学合理的构件化管理系统以提高资源利用效率。

应急管理是针对突发事件所采取的一系列预防、应对、处置和善后的活动。事故应急管理的内涵，包括预防、预备、响应和恢复四个阶段。在应急管理的各阶段中，应急响应最为紧迫，所涉及的社会层面最广、响应最大、需求的资源最多。为了满足应急管理的需求，如果成立独立的机构和组织，机构势必庞大臃肿，造成大量资源在平时闲置浪费。因此，只需在平时设立必须保留的部门，进行应急预防和应急组织。一旦爆发应急事件，迅速整合其他系统中特定功能的构件，快速形成应急管理系统，对突发事件作出快速响应和处理，事件结束以后，临时构件又回归常态，继续在其他系统中发挥作用。

应急管理系统采取构件化的特点是：预防、预备阶段所涉及的构件少，是需要独立的长期保留的构件；响应阶段所涉及的构件多，要求启动快，但一般响应时间短。这部分构件如果独立长期保留，势必导致构件数量大，发挥作用的时间短，资源浪费。因此，这部分构件可以从其他相关系统的构件中临时调用，平时建立定期演习制度，战时能够迅速过渡。临时构件在其他系统中经常性地与其他构件发生联系，与很多构件具有紧密的关系，一旦调用到应急管理系统中，具有很强的适应性。

因此，采用构件化原理的应急管理系统能够充分发挥构件化的优势，即充分的减少重叠的机构和组织，提高构件的利用效率，可节省资源，降低管理的成本；同时保留少量的必需的常设构件，可保证应急管理工作的稳定性，保障临时构件在应急响应阶段召之即来、来之能战、战之能胜。

1.3.5　预警与应急管理理论

预警是通过相关有效的科学标准，对某系统未来的演化趋势进行预期性评价，以提前发现特定系统未来运行可能出现的问题及其成因，并提出相应的预控措施的方法。突发公共事件的预警就是对可能发生的事件进行早发现、早处理，从而避免一些事件的发生或最大限度地降低事件带来的伤害和损失（Sharda et al., 1988）。"预警"一词最早出现在军事领域，是指在敌人发动进攻前发出明确的警报，以做好防守应战的各种准备。随着预警在军事领域中的发展，人们逐步开始把预警思想转向于民用领域。20 世纪 50 年代，美国提出了具有预警思想的"程式性调控制度"；1961 年，美国商务部在预警模型基础上，通过图表或数据提供经济预警信号的变化，使宏观经济预警思想进入实际应用的阶段；随后，欧美一些国家开始将预警思想运用于微观经济领域，对企业的经营状况进行事前监测，以便在企业经营出现险情之前，发出警告、采取措施、加以排除。目前预警在经济领域中应用最为广泛且理论已相对成熟，并提出了相应的预警分析模型，如 Altman 的"Z 分布模型"、Edmister 的"Edmister 模型"、"F 分布模型"、"多微区分模型"等（黄典剑，2009）。中国预警理论的研究起步较晚，但发展迅速，已被广泛应用于环境、地震、洪水、气象、航空、农业、金融、社会稳定、企业运营等众多领域。预警管理理论在水污染领域已得到国内外相关组织的广泛运用。

早在 20 世纪 70 年代，国外水质预警系统就得到了广泛重视，如欧洲的莱茵河流域水污染预警系统，在美国有 Steeter-Phelps 溶解氧模型、营养物参数预算模型、河网模型和河口模型、自动性水质模型和河口生态模型，多参数综合水质模型，新河流模型及简化河口模型，溶解氧衰减模型和河流水质模型等（Khan and Sadiq，2005）。中国的水质预警理论模型有：灰色理论模型、模糊理论模型、时间序列回归模型、动态系统物元模型、水质模拟预测等。同时，还有学者把地理信息系统与水质模型有机结合，把人工神经网络技术应用于水环境预测及评价方面（王伟，2008）。在水污染管理实践中，中国已经开发出广西桂江水质预警预报系统、辽河流域水质预警预报系统、汉江水质预警系统等。这些预警信息系统的主要采用以下形式：①指标预警，即采用反映预警对象警情的相关指标进行预警预控；②统计预警，将反映预警对象警情的指标与警情间相关性进行统计处理，然后根据计算得到数值判断对象的预警程度；③模型预警，它是在统计预警方式的基础上对预警进行进一步分析，实质是建立滞后模型进行回归预测分析，其具体表现的形式可以用图形、表格、数学方程等。

应急管理是为了应对突发事件而进行的一系列有计划有组织的管理过程，主要任务是有效地预防和处置各种突发事件，最大限度地减少突发事件的负面影响（中国安全生产协会和注册安全工程师工作委员会，2008）。应急管理的目的是使社会能够承受环境、技术风险，自然环境所导致的灾害，是针对突发、具有破坏力事件所采取的预防、响应和恢复的活动与计划，其目标是对突发事故灾害做出预警，控制事故灾害的发生与扩大，开展有效救援，减少所示和迅速组织恢复正常状态。尽管应急管理与风险管理、危机管理存在相同之处，但由于管理对象、管理方式等方面有所不同，导致三者之间也存在一定差异。风险管理的范围最广，包含了应急管理与危机管理，而危机管理可以说是应急管理的高级阶段。应急管理是针对事故生命周期模型理论，根据事故的演变周期潜伏期、暴发期、影响期和结束期，形成由预防、准备、响应、恢复的应急管理工作阶段。应急管理由于主要是针对突发事件的，除了具有一般管理的特征，还因为突发事件具有突发性、不确定性、结果易猝变、激化、放大等特点，导致应急管理具有紧急性和复杂性，同时应急管理还具有挑战性、社会性、多样性、预防性、长期性、全局性等特点。

第2章 水污染公共安全事件特征

对于水污染公共安全事件的科学界定是相关研究顺利开展的前提和基础，不同学者对水污染问题进行了剖析，但对其概念、类型、特点等方面均未达成确切性共识。因此，通过文献梳理和占用予以相关阐释，从系统科学的角度，对水污染公共安全事件的复杂系统特征、要素结构和过程结构特征等做出初步分析，并构建其演化研究的基本结构模型，以此提升政府组织对水污染公共安全事件的有效干预能力，是后文论述的逻辑起点。

2.1 水污染公共安全事件的界定

2.1.1 水污染公共安全事件的内涵与外延

由于水污染公共安全事件的相关研究处于起始阶段，相关文献较少，在概念界定上，各研究者提出了许多不同的表述方式，如水污染事件、突发性水污染事件、水污染事故、突发性水污染事故、突发性水环境污染事故、水污染突发公共事件、水污染公共安全事件等。国内学者的界定可归纳为如下4种：

定义 1：水污染事故是指含有高浓度污染物的液体或者固体突然进入水体，使某一水域的水体遭受污染从而降低或失去使用功能并产生严重危害的现象（黄辉金，2004）。

定义 2：水污染事故是指由于违反了环境保护法规的经济、社会活动与行为，以及意外的因素的影响或不可抗拒的自然灾害等原因使水资源受到污染，人体健康受到危害，社会经济与人民财产受到损失，造成不良社会影响的突发性事件（惠建利，2007）。

定义 3：突发性水污染事件，是指由于违反水资源保护法规的经济、社会活动与行为，以及意外因素的影响或不可抗拒的自然灾害等原因致使水资源受到污染，人体健康受到危害，社会经济与人民财产受到损失，造成不良社会影响的突发性事件（崔伟中和刘晨，2005）。

定义 4：水污染公共安全事件，是指具有极大的不确定性，发展途径和演变规律不确知，灾害程度难以预计，常规防治手段失效，对一个区域的生命财产和生态环境造成严重损害，甚至对整个流域社会稳定造成严重冲击的水体污染紧急事件[①]。

2000 年 7 月 3 日水利部颁布的《重大水污染事件报告暂行办法》中提出了重大水污染事件的界定标准，该暂行办法指出："重大水污染事件系指下列情形之一：①长江、黄河、松花江、辽河、海河、淮河、珠江干流、太湖及其他重要河流、湖泊、水库发生或可能发生大范围水污染；②县级以上城镇集中供水水源地发生水污染，影响或可能影响安全供水；③因水污染导致人群中毒；④水污染直接损失在 10 万元以上；⑤因水污染使社会安定受到或可能受到影响；⑥其他影响重大的水污染事件。

对比上述关于水污染事件的不同定义，可以发现，尽管各位学者对于定义的侧重点稍有不同，但是在定义过程中，对于主干事件的把握基本相同，即作为"事件"其表现方式、产生的影响可能各有不同，但都起源于水污染这一现象。

结合各位学者的观点，对水污染公共安全事件做出界定，即所谓水污染公共安全事件，是指在一定区域内，由水污染引发的，造成或者可能造成严重社会危害，需要采取应急处置措施予以应对的水污染状态及社会状态的集合。

对于这一定义，可以从以下 4 个方面理解：

（1）水污染公共安全事件本质上是水污染所导致的一系列后果。水污染与水污染公共安全事件的区别在于对"水污染"现象的视角的变化。对于同一问题，当从工程技术角度看待时，就是水污染；而当从社会角度考虑时，可看作水污染公共安全事件。从逻辑连续性上看，水污染是水污染公共安全事件出现的逻辑前提，前者是后者的必要而非充分条件。

（2）水污染公共安全事件是水污染在影响上的扩大。当水污染仅局限在水体范围内时，其不构成公共安全事件。只有当其影响范围扩大到对社会性功能发生损害的时候，才可能称作水污染公共安全事件。

（3）水污染公共安全事件是对社会自身容忍度的突破。即当水污染作为工程技术问题处于自然状态下能自我净化或社会可以容忍的状态下时，是不会作为水污染公共安全事件被提及。比如，在三峡库区重庆段，为了保护好三峡库区的水环境，实现三峡水库建成后的库区水质要基本达到 Ⅱ 类水质标准（滞水区达到 Ⅲ 类），国务院文件国函[1999] 9 号中，明确提出 2010 年重庆市的 COD 排放总量不能超过 $38 \times 10^5 t/a$（袁辉等，2004）。此时水污染物质的排放在允许范围内，造成的污染是三峡库区水体自净能力能够控制住的水污染，因而不能视为水污染公共安全事件。而一旦由于某种原因导致水污染程度加剧，对社会造成严重影响，如在特定的水文和气候条件下出现大规模的水华现象而造成供水中断、渔业危机等，需要紧急的人工干预、处置，此时即可确定为水污染公共安全事件。

---

① 佘廉教授在 2007 年国家自然科学基金申报书中提出了这一界定。

（4）水污染公共安全事件是具有阶段性的过程。水污染公共安全事件是水污染后果的累积性反应，是水污染的量变和质变。从广义上来讲，从水污染出现的时刻起，即在酝酿水污染公共安全事件。吴国斌和王超（2005）指出，任何突发事件都存在爆发、扩散、消亡的过程。水污染公共安全事件也不例外。从时间序列上来看，水污染公共安全事件也存在孕育、暴发和消亡的过程。

总之，水污染公共安全事件与水污染具有紧密的联系，同时也具有一定的差异，下文侧重于从过程上对水污染公共安全事件的内涵进行分析。

2.1.2　水污染公共安全事件有关概念、类型与特点

1. 水污染公共安全事件的有关概念比较

与水污染公共安全事件紧密联系的概念有水污染、水污染事故、突发性水污染事件等 3 个。根据现行《中华人民共和国水污染防治法》文件阐释，水污染是指水体因某种物质的介入，而导致其化学、物理、生物等方面特性的改变，从而影响水的有效利用，危害人体健康或者破坏生态环境，从而造成水质恶化的现象。根据这一解释，水污染可以看作是水的一种状态的表征。与作为状态集合的水污染公共安全事件相比，其少了对社会状态的描述，仅仅强调水的一种状态。

突发性水污染事件是水污染事故的一种表现形式，在此不作进一步详尽分析，而着重对水污染事故与水污染公共安全事件之间的关系进行辨析。

如前所述，尽管不同学者对水污染事故的界定不尽相同，但基本观点相对一致：①水体受到污染；②产生了不良后果。但是，并非所有的水污染事故都一定会导致水污染公共安全事件。

具体而言，二者之间存在如下差异：

（1）影响范围不同。水污染公共安全事件的不良影响远大于水污染事故。水污染事故的影响范围是单个的社会组织系统，如企业、工厂等；而水污染公共安全事件的影响范围则是区域内的多个社会组织系统，如松花江水污染公共安全事件的影响范围包括下游多个城市，并对国外造成影响，且各城市所有社会组织系统几乎都受到了影响。

（2）影响后果的表现形式不同。水污染事故的后果是某个企业或者组织的正常运作停滞或减缓，而水污染公共安全事件的后果是整个社会秩序紊乱。如松花江水污染公共安全事件中，造成当地出现弃城、抢购等非理性行为；四川沱江水污染公共安全事件中，事发地全城停止自来水供应一个月，所有的餐饮娱乐业全部关门歇业、工厂停工。

（3）演化发展的确定性。水污染事故的演化发展较为确定，针对各类水污染

事故都有较为成熟的处置技术和规范，在水污染事故出现后只需依照程序化的方案进行处置即可；水污染公共安全事件的演化发展具有极大的不确定性，尚无较成熟的处置技术和处置规范，需要决策者做出非程序化的创造性决策，并灵活地对事件中的各类突发意外进行处置。

2. 水污染公共安全事件耦合的界定

从协同学的角度看，系统由无序走向有序机理的关键在于系统内部序参量之间的协同作用，它左右着系统相变的特征与规律，而耦合作用及其协调程度决定了系统在达到临界区域时走向何种序与结构，即系统由无序走向有序的趋势。耦合的关键是打破原有系统界限，将关联要素，根据经济要素的自然关联和信息的自由流动相联系的原则，进行重新组合，形成具有自组织结构的、系统内各要素具有能动性的"活"的主体系统（崔晓迪，2009）。水污染公共安全事件本身是一个复杂系统，其中存在多种因素相互作用。本书认为水污染公共安全事件耦合是指水污染公共安全事件中的自然环境、社会环境等各种因素通过各种方式相互作用相互影响的现象（图 2-1）。

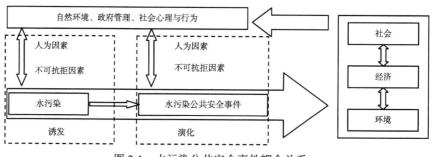

图 2-1　水污染公共安全事件耦合关系

在水污染出现后，自然环境、政府管理、社会心理与行为等都会与水污染体发生耦合作用，并对其造成一定的影响从而使水污染演化为水污染公共安全事件。在水污染公共安全事件由小到大的各阶段中，这些因素再次与事件发生耦合作用，导致社会生活遭受巨大冲击和影响，如此形成水污染公共安全事件的不断演化过程。

其中，自然环境、政府管理、社会心理与行为等能够影响水污染公共安全事件的产生和发展，故称之为水污染公共安全事件的耦合因子，即影响水污染公共安全事件诱发与演化进程的因素。良好的政府应急管理体制、信息公开政策会减少社会公众对于水污染公共安全事件的恐惧；合理的应急技术的应用会缩小水污染的影响范围，从而减少对社会秩序的冲击。对于水污染耦合因子的界定可以从以下 4 个方面来进行理解：

（1）水污染公共安全事件的出现必然有耦合因子的参与。

（2）水污染公共安全事件中的耦合因子往往数量众多。

（3）水污染公共安全事件耦合因子之间存在相互作用关系。

（4）水污染公共安全事件耦合因子相互作用的结果是事件进程受影响。

由于水污染公共安全事件耦合因子广泛参与到水污染公共安全事件的发生与演化进程中，对水污染公共安全事件的发生与演化具有重要影响，因而通过识别水污染公共安全事件耦合因子并对其进行干预，能够实现对水污染公共安全事件的预警与控制。

3. 水污染公共安全事件的类型

对事物进行分类有助于进一步明确与认清事物。依据不同分类标准，水污染公共安全事件可以分为不同类型。

（1）以发生的影响范围来划分。水污染公共安全事件可以分为流域级水污染公共安全事件和地区级水污染公共安全事件。前者指在一定的江河流域范围内影响严重的水污染公共安全事件。如吉林石化爆炸引发的松花江水污染公共安全事件，波及吉林、黑龙江两省甚至影响到邻国俄罗斯，即典型的流域级水污染公共安全事件。后者指一定地区范围内影响严重的水污染公共安全事件，如太湖水污染公共安全事件就是典型的地区级水污染公共安全事件。

（2）以水污染的类型来划分。水污染公共安全事件通常可以分为点源污染、面源污染、流动源污染，对应的水污染公共安全事件为点源水污染公共安全事件、面源水污染公共安全事件、流动源水污染公共安全事件。点源水污染公共安全事件是指工业废水、城市生活污水等以点状形式排放致使水体污染而引发的水污染公共安全事件。如 2004 年四川沱江水污染公共安全事件、2005 年广东北江水污染公共安全事件等。面源水污染公共安全事件是指因面源水污染而引发的水污染公共安全事件。流动源污染是指因流动源污染而引发的水污染公共安全事件。如1989 年宜昌市黄柏河水污染公共安全事件、2000 年陕西丹凤水污染公共安全事件等。

（3）以扩散形式来划分。水污染公共安全事件可以分为辐射型水污染公共安全事件和链式水污染公共安全事件。辐射型水污染公共安全事件是在水污染公共安全事件发生后，以点为中心，向四周扩散，其作用范围、影响对象环抱着事件的暴发地。如太湖蓝藻事件。一般来说，此类水污染公共安全事件的作用半径有限，发生变异的概率相对较低，可控性相对稍高。链式水污染公共安全事件是在水污染公共安全事件发生后，伴随着污染团的流动，沿流域向下游扩散，其作用范围和影响对象都在发生变化，如广东北江水污染公共安全事件。此类水污染公共安全事件中，由于污染团的流动性，导致与水污染这一事件本体相互耦合作用的影响因素增加，从而使事件的变异概率增加，可控性极低。

4. 水污染公共安全事件的特点

水污染公共安全事件与地震、海啸、危化品等事件不同，其是由水污染导致的社会性事件，污染水体危害持续的周期长且具有流动性，对社会的运行和民众具有长期性和大范围的影响。水污染公共安全事件的特点如下：

（1）社会性。水污染公共安全事件的社会性体现在其产生的后果会造成全面的社会影响，对正常的社会生活造成全面冲击。尤其是区域级水污染公共安全事件可以在大面积范围内对社会生活的各个方面，包括水体、水生物、社会基础设施、民众健康、社会心理、交通工具、商品价格、社会稳定、社会舆论等造成严重影响。以松花江水污染公共安全事件为例，松花江沿线的诸多城市都遭受到水污染公共安全事件的恶劣影响。

（2）爆发的偶然性、瞬间性与孕育的累积性。水污染公共安全事件的发生在时间、地点、规模等方面都具有不确定性。事件的发生往往毫无征兆或征兆很少，且具有随机性。同时，从时间过程来看，水污染公共安全事件暴发，即其各项特征、后果的全面展现是在一个非常短暂的周期内，有时甚至是以迅雷不及掩耳的速度暴发。这种暴发也是累积性孕育的过程，即污染的累积性和环境的累积性。污染的累积性指水污染通过量上的积累最后达到环境和社会承载能力的极限而形成水污染公共安全事件。如太湖水污染公共安全事件发生前，经历过长时间的太湖水环境恶化过程。环境的累积性指外部环境变量通过缓慢或快速作用于水环境而引发水污染公共安全事件。在水上危险化学品泄漏导致水污染公共安全事件中，环境的累积性表现为危险化学品泄漏前一系列诸如人为或机械等致错因子的积累。

（3）有限可控性。水污染公共安全事件的累积性特征表明水污染公共安全事件是有限可控的。人类可以对水污染或环境变量实施一定程度的干预，对水污染公共安全事件实现有限控制。同时，现代社会科学技术的迅猛发展也使得人类的控制和利用能力不断增强，随着科学技术发展所带来的社会能力的增强，有助于人类把水污染公共安全事件所造成的损失降低到尽可能小的程度。

（4）规律不确知性。实现水污染公共安全事件的有限可控性依赖于对水污染公共安全事件发生发展规律的认识。但水污染公共安全事件是一个多因素共同耦合作用的结果，具有复杂性的特征，在演化路径、发展规律上具有不确知性。因此，可以在一定程度上探索水污染公共安全事件的部分规律，寻求对水污染公共安全事件实现人工干预的对策。

（5）快速变异性。快速变异性表现为在水污染公共安全事件出现后，相关的次生或衍生事件会不断出现并发生相应变化，在事件早、中和晚期主要的次生事件均不同，且有可能在特定条件下甚至出现链式反应，从而产生与原生事件极大的差异。如松花江水污染公共安全事件最后变异成中俄之间的外交争端；沱江水污染公共安全事件最后变异为政府命令市区的八百余家餐饮娱乐企业停止营业。

（6）危害性

水污染公共安全事件的危害性是指水污染公共安全事件会给社会系统带来巨大的损失。一般情况下，水污染的危害的社会性程度远远高于生产事故、交通灾害等突发公共事件。水污染公共安全事件意味着一定时期内的社会结构和秩序的“过敏”反应，所带来的巨大损失既包括物质层面的人力、物力、财力甚至生命的损失，也包括在精神层面上造成社会秩序紊乱、民众心理恐慌等伤害。

（7）耦合性

水污染公共安全事件的产生、演化是各种耦合因子共同耦合作用的结果。在水污染公共安全事件的诱发过程中，各诱发因子会与水污染这一事件本体发生耦合，从而形成水污染公共安全事件。在水污染公共安全事件演化过程中，各演化耦合因子也会与水污染公共安全事件发生耦合作用，导致各类次生或衍生事件的产生。如对流域生态系统、区域供水系统和旅游系统的危害，会造成人员中毒、社会基础设施瘫痪、旅游行业停顿等次生事件，而这会造成医院饱和、交通拥堵、群体性事件等，继而又会导致社会紊乱等其他次生事件发生。

（8）处置手段的非常规性

由于使用常态下起作用的常规应急处置手段应对水污染公共安全事件时表现无力，因此必须采用各种非常规的手段来进行应急处置。水污染公共安全事件具有瞬时性、偶然性、不确知性等特点，需要在最紧迫的时间约束条件下做出尽可能满意的决策。此时，应急处置是一种极限状态下的行为，必须采取非常规的手段才能达到处置手段的有效性。

2.1.3　典型水污染公共安全事件案例分析

1. 松花江水污染公共安全事件案例分析

2005 年 11 月 13 日下午，位于吉林省吉林市的中国石油吉林石化分公司双苯厂（101 厂）新苯胺装置发生爆炸，引起化工原料火灾。爆炸后成百吨苯流入松花江，最高检测浓度超过安全标准的 108 倍。随着下泄减缓，污染带从 80 千米蔓延到 200 千米，导致下游松花江沿岸的大城市哈尔滨、佳木斯及松花江注入黑龙江后的沿江俄罗斯大城市哈巴罗夫斯克等面临严重的城市生态危机，从而形成震惊中外的松花江水污染公共安全事件。

陈力丹和陈俊妮（2005）依据媒体的报道过程将此次事件分为 4 个阶段：第

1 阶段为 11 月 14~18 日，媒体报道仅限于吉林石化分公司爆炸事件本身；第 2 阶段为 11 月 19~21 日，由于没有新的新闻源，媒体处于共同的沉默期；第 3 阶段为 11 月 22~28 日，媒体的报道对象由吉林转向哈尔滨，关注哈尔滨宣布四天停水的事件，并逐渐与吉林的爆炸联系起来。《吉林日报》在这一阶段报道主题是吉林的环保和支援哈尔滨的情况；12 月 3 日公布原国家环保总局局长解振华引咎辞职后，报道进入第 4 个阶段，关于松花江污染段的流向和沿途的防范情况逐日公布，信息基本公开化。

朱博瑞（2007）则依据处置的过程将此次松花江水污染公共安全事件分 4 个阶段：预警阶段、预控阶段、应急处理阶段和恢复阶段。

下面结合事件的处置过程和其中的信息流扩散的角度对该事件进行详细阐述。

（1）松花江水污染公共安全事件的酝酿

2005 年 11 月 13 日~2005 年 11 月 15 日：

2005 年 11 月 13 日下午，位于吉林省吉林市的中国石油吉林石化分公司双苯厂（101 厂）新苯胺装置发生爆炸，引起化工原料火灾，爆炸后成百吨苯流入松花江。在此前的 2001 年 10 月，该厂的苯酚车间也曾发生爆炸火灾；2004 年 4 月，吉化集团中部基地一个容器发生爆炸起火，造成 2 死 2 伤；2004 年 12 月，吉化 102 厂合成气车间爆炸，造成 3 死 3 伤；2005 年 1 月吉化公司辽源市精细化工厂一生产车间爆炸导致 2 死 2 伤；以上事件中各方都保持沉默，外界无从得知。

在吉林石化爆炸发生后，吉林市迅速启动消防应急预案，双苯厂附近实施了紧急疏散，2 天后疏散人员返回。同时中石油总部迅速作出反应，13 日，吉林石化召开新闻发布会，指出目前火势得到控制，基本消除了安全隐患，没有造成大气有毒污染，苯在燃烧前有毒性，但是在燃烧后分解成二氧化碳和水，对人体没有毒性。与此同时，吉林省领导亲临事故现场指挥救援抢险工作。

同一时期的信息生成与扩散：关于爆炸源是苯，含有剧毒的信息开始产生并开始在公众中传播扩散；同时，吉林电视台、吉林交通台等媒体迅速反应，播放危机信息、讲解苯等专业知识。

2005 年 11 月 14 日~2005 年 11 月 17 日：

11 月 14 日，吉林省环保部门发现有大量苯类污染物由吉化公司东 10 号线入江口流入第二松花江，苯胺、硝基苯、二甲苯等主要污染物指标均超过国家规定标准，最高达 108 倍；吉林市停水一天；15 日吉林市恢复供水；17 日吉林省松原市部分地区停水。

同一时期的信息生成与扩散：中石油对吉林石化爆炸造成松花江水的污染保持沉默；吉林省政府发现污染情况后立即启动应急预案，加大丰满水库的放流量，稀释污染物，但是对外否认水污染；就公众而言，吉林当地水污染已经是"公开的秘密",但下游沿江地区却毫不知情;媒体对水污染事件保持沉默。

2005 年 11 月 18 日~2005 年 11 月 20 日:

11 月 19 日,污染团进入省界缓冲区,苯超标 2.5 倍,硝基苯超标 103.6 倍。20 日,在吉林界内的第二松花江汇入黑龙江省界第一个监测断面即肇源断面开始检出苯超标。事件性质由企业重大安全责任事故转变为重大环境污染事件。

同一时期的信息生成与扩散:中石油对吉林石化爆炸造成松花江水的污染依然保持沉默;11 月 18 日,吉林省政府通知直接从松花江取水的企事业单位和居民停止生活取水,并对工业用水采取预防措施;吉林省政府办公厅,吉林省环保局分别将此次爆炸可能对松花江水质产生污染的信息通告了黑龙江省政府办公厅及省环保局,但黑龙江省政府并未将信息公开;吉林省已经无污染,下游沿江地区却毫不知情;各媒体仍旧对水污染事件保持沉默。

(2)松花江水污染公共安全事件的应急处置

2005 年 11 月 21 日:

11 月 21 日晚,哈尔滨市人民政府发出关于对市区市政供水管网设施进行全面检修临时停水的公告,由此,松花江水污染公共安全事件全面爆发。

同一时期的信息生成与扩散:中石油对吉林石化爆炸造成松花江水的污染依然保持沉默;黑龙江省地震局表示哈尔滨近期将发生地震是谣传,市民不惜恐慌;公众间"哈尔滨近期将发生地震"的传言竞相传播;对于官方"维修水网"的说法,大部分市民嗤之以鼻,各种关于停水的传言开始出现,民众用手机、电话、短信等方式相互告知,传言在短时间内即传遍哈尔滨全市,整个城市被恐慌的情绪所笼罩;官方媒体继续保持沉默,但是网上流传关于停水的原因说法。

2005 年 11 月 22 日:

22 日,哈尔滨市人民政府发布关于市区市政供水管网因可能受到上游来水污染临时停水的公告。

同一时期的信息生成与扩散:中石油对吉林石化爆炸造成松花江水的污染依然保持沉默;黑龙江省政府召开重大突发事件应对会议,就松花江水可能出现污染的防控情况进行通报和全面部署;就公众而言,市民对于停水的猜测和恐慌因信息的公开而开始平息,但仍然存有抱怨,既然早在 18 日,吉林方面已分别将此次爆炸可能对松花江水质产生污染的信息通报给了黑龙江,为什么哈尔滨市整整 4 天后才做出停水决定;媒体开始向公众发布真实信息,随时告知公众事态的发展。

2005 年 11 月 23 日:

23 日,哈尔滨市政府发布了第 3 次公告,全城停水事件延迟到 23 日零时,停水持续时间未知。

同一时期的信息生成与扩散:中石油对吉林石化爆炸造成松花江水的污染表示歉意;黑龙江省政府和哈尔滨市政府联合召开新闻发布会,通报松花江水污染情况；国家环保总局首次向媒体通报，受吉林石化爆炸事故影响，松花江发生重大水污染事件；哈尔滨市民心态开始平和，谣言逐渐平息，下游城市得知事情开始提前做好充分的准备以应对危机；媒体继续及时向公众发布真实信息。

（3）松花江水污染公共安全事件的应急处置

2005 年 11 月 24 日~27 日：

24 日开始，中央部委开始介入危机管理，27 日晚，停水 4 天的哈尔滨恢复供水。

同一时期的信息生成与扩散：吉林省及吉林市领导向哈尔滨人民表达歉意；温家宝总理飞抵哈尔滨指导工作；公众心态稳定；媒体继续及时向公众发布真实信息。

2005 年 11 月 22 日~29 日：

同一时期的信息生成与扩散：22 日，中国将松花江水污染事件的有关情况正式向俄罗斯通报，并每天及时向俄方通报水质情况和监测结果；26 日，中国外交部部长约见俄罗斯驻华大使，代表中国政府对此次污染事件给俄方带来的损害表示歉意；29 日，俄罗斯哈巴罗夫斯克边疆区政府宣布松花江污染带尾部残余当天已全部移出哈巴罗夫斯克市区阿穆尔河水域。俄民怀疑地方政府为了政治利益隐瞒真相，人们害怕明年春季冰块融化后可能造成更严重的污染，哈巴罗夫斯克谣言满天飞；国外媒体密切追踪事件进展，俄罗斯部分网站上出现辱骂中国人及呼吁惩处当地中国移民的声音。

2. 四川沱江水污染公共安全事件案例分析

沱江干流总长达 700 多千米，经成都、资阳、内江、富顺、泸州等城市注入长江，流域面积约 $3.29 \times 10^4 \ km^2$，其中仅内江市就有 80 万人靠它提供用水。2004 年 2 月 11 日长江上游一级支流沱江附近的川化集团有限责任公司（下称"川化集团"）的控股子公司川化股份有限公司所属第二化肥厂，因违规技改并试生产，设备出现故障，在未经上报环保部门的情况下，在 2004 年 2 月 11 日至 3 月 2 日的近 20 天里，将 2000 吨氨氮含量超标数十倍的废水直接外排，导致沱江流域严重污染。

2004 年 3 月 1 日晚 22 时，内江市环保局值班室接到市民反映：沱江简阳段发现大量死鱼，内江河段可能被污染。经水质检验，结果为基本没检验出汞、镉、砷、铅、氰化物等有毒物质，但氨氮超标 7~15 倍。按国家有关规定，人畜禁止饮用。

为缓解缺水污染带来的巨大恐慌，资阳市、内江市以及简阳、资中等受灾严重的地区有关部门使用救火车、洒水车等运输工具为群众运水，甚至紧急请求上级出动飞机进行了 20 小时的人工降雨，用从天而降的近 $4 \times 10^8 m^3$ 雨水试图降低江水污染程度，受污染事故影响正常生活用水的内江、资中、简阳等地在事发近 1 个月后，才恢复了从沱江取水。

　　事件中的信息生成与扩散：2004 年 2 月下旬，位于沱江中下游的四川省资阳市境内的简阳市沿江一带，有人发现一些死鱼在江中飘浮，但未重视；2 月 27 日，沱江河里的水颜色越来越污浊，水的气味也越来越难闻，浮到江边的死鱼也越来越多，才有市民向相关部门报告。城里多数居民并不感觉异样，只有少数警觉的市民稍稍感到有些不安；川化集团在酿成重大事故之后对前往的媒体概不配合；青白江污水厂已于 2 月 23 日检测出水污染，并当天向职能部门青白江环保局报告；青白江环保局事后保持"无可奉告"的沉默。以内江市政府近十个相关部门负责人为成员的"3.02"水污染应急指挥部成立。决定市、县（区）自来水厂、自备水源单位及沿江市民，立即停止从沱江河里取水；每天早、中、晚三次限时、限量提供三餐生活饮用水；供排水公司、环保、水利、卫生等部门尽快制定停水后城乡人畜饮用水应急方案；尽快开辟第二水源。省环保局自下而上迅速展开对沱江沿岸企业进行排查。同时，内江市人民政府向全市人民公布了《关于沱江水污染事件处置期间应急供水的通告》。

　　3. 神农溪水华事件案例分析

　　神农溪是湖北省长江流域巴东段最大一级支流，发源于神农架南麓，自北向南，经过 90 多千米流程后，在巴东县西壤口注入长江。长江巴东段，在三峡大坝蓄水之前曾有因交通事故引发的污染事故。2005 年后，部分支流出现轻度污染现象，2007 年支流出现回水湾和水华现象。水质特征是支流比干流好，但支流有水华，干流无水华。

　　2008 年 6 月，神农溪发生由水华引发的水污染公共安全事件，其具体经过如下：接到神农溪的水华威胁情况报告后，巴东县委、县政府高度重视，县委书记亲临现场指挥应急处置。县长于 25 日下午召开政府常务会专题研究，紧急调拨 30 万元开展水体清理，并成立了由副县长为组长的应急处置专项领导小组，采取紧急措施，对影响区群众加强宣传力度，禁止人畜饮用河水和捕捞水华河段鱼类，同时对水华发展趋势和水质加大监控力度，争取相关项目确保长效预防。根据湖北省环保局审定的《巴东县神农溪水华监测方案》，巴东县在小河口、鸭子嘴、燕子阡、神农溪入江口、神农溪入江口下游 1 千米处分别布设一个断面进行水质监测，强化监测预警，加大巡查力度，正确引导舆论，防止引起不必要的恐慌。而在此前 6 月 24 日宜昌市政府召开的专门会议上，湖北省政府副秘书长要求，加大对神农溪水华的监测、巡查、预警、打捞力度，坚决取缔河内网箱养鱼，排查污染水体的工厂，限 3 个月内达标，否则予以关闭。由于采取了一系列有效措施，此次神农溪水华事件所造成危害被控制在最小范围内。

　　事件中的信息生成与扩散：神农溪水华信息由环保监测部门第一时间内获取；相关信息迅速被报告到巴东县委和县政府；政府及时公布水污染信息，提醒公众不能使用神农溪水，禁止水华河段捕鱼；公众平静对待水华事件。

2.2 水污染公共安全事件的特征分析

2.2.1 水污染公共安全事件的复杂系统特征

1. 复杂系统理论概述

复杂性科学被称为 21 世纪的科学，其主要目的是揭示复杂系统中一些难以用现有科学方法做出解释的动力学行为。复杂系统理论是系统科学的一个前沿方向，对于复杂系统至今尚无明确定义（方美琪和张树人，2005）。但复杂系统理论经历了从自适应系统理论、复杂巨系统理论到复杂适应系统理论的发展过程。将复杂系统理论引入到水污染公共安全事件的研究中，有助于更加清晰地了解水污染公共安全事件，认识其发展变化的规律。

自适应系统理论始于 20 世纪 70 年代，是研究客观世界中自组织现象的产生、演化的系统理论。主要包括耗散结构理论、协同学、突变论等。一般来说，自适应系统是一个开放的、远离平衡态的耗散结构系统，系统内部各要素之间存在着非线性的相互作用关系。系统内部涨落导致系统失稳，使系统形成不稳定状态跃入新的稳定状态的过程。

复杂巨系统概念首先由钱学森等在 20 世纪 80 年代提出。钱学森等（1990）将复杂巨系统定义为：若构成系统的子系统（元素）数量非常大，则称为巨系统；如果子系统种类很多并且具有层次结构，它们之间的联系又很复杂，这就是复杂巨系统。复杂巨系统存在以下特点：①系统的子系统间可以有各种方式的通信；②子系统的种类多，各有其定性模型；③各子系统中的知识表达不同，以各种方式获取知识；④系统中子系统的结构随着系统演化会有变化，所以系统的结构是不断改变的。复杂巨系统是动态的，系统的功能与行为复杂，往往难以预测。

复杂适应系统理论首先由 Holland 教授于 1994 年提出，其最基本的思想如下（许志国，2000）："系统中成员称为具有适应性的主体，简称主体。所谓具有适应性，是指它能够与环境以及其他主体进行交流，在该交流过程中'学习'或'积累经验'，并且根据学到的经验改变自身的结构和行为方式。整个系统的演变或进化，包括新层次的产生、分化和多样性的出现，新的、聚合而成的、更大的主体的出现等，都是在这个基础上出现的。"复杂适应系统由 4 个特性（聚集、多样性、非线性和流）与 3 个机制（标识、内部模型和积木块）组成。该强调以下几方面：①主体是主动的、"活"的实体；②个体与环境、个体与其他个体之间的相互影响、相互作用，是系统演变和进化的主要动力；③通过主体的作用，微观的主体变化成为整个系统宏观变化的基础；④引入随机因素的作用。

2. 水污染公共安全事件的复杂性特征

Cilliers（1998）说："复杂性是复杂的"，水污染公共安全事件的复杂性也毋庸置疑。Rescher 对复杂性进行了分类（黄欣荣，2007）：在认识论上，复杂性可分为描述复杂性、生成复杂性和计算复杂性；在本体论上，可以分成组分复杂性、结构复杂性和功能复杂性。吴彤（2001）则将复杂性分为：结构复杂性、运动复杂性和边界复杂性。下述研究将从本体论意义上考察水污染公共安全事件的复杂性特征。

（1）组分复杂性。根据 Rescher 的分类，组分复杂性表现为构成复杂性和分类复杂性。所谓构成复杂性是指系统构成要素或组分的数目；分类复杂性是构成要素的种类的数量。水污染公共安全事件是对社会正常秩序的全面冲击。社会各方面都构成了公共安全事件的主体或客体。就构成要素而言，可以分为静态要素和动态要素。静态要素是水污染公共安全事件中相对稳定的一类要素，如各类应急决策系统、应急救援系统、应急监测系统等。动态要素则是在水污染公共安全事件中处于相对动态的要素，如媒体、受害者、潜在受害者等，这类要素的数量庞大，彼此之间存在巨大差异。

（2）结构复杂性。结构复杂性是指将要素组织起来的不同方式在种类上和彼此之间存在复杂的从属关系。由于水污染公共安全事件的组分复杂性，组分之间的排列组合关系相对复杂。仅以信息媒体为例，其在水污染公共安全事件中，就存在诸多要素之间的关系问题：媒体内部不同媒体之间的关系如何，不同的媒体与受害者团体的关系如何，媒体与应急决策者的关系如何等。

（3）功能复杂性。黄欣荣（2007）认为，"功能的复杂性，直观上是程序、程式的复杂性，实质为相互作用的复杂性。"表现为复杂系统在发展运作上的多样性与规则的精细性和错杂性。水污染公共安全事件的功能复杂性表现在：①子系统之间的相互作用关系和形式复杂；②相互作用的结果难以预料。松花江水污染公共安全事件中，应急决策系统与潜在受害者之间的作用关系就是典型，哈尔滨市政府出于维护社会稳定的"好意"而宣布全市自来水管检修，结果却导致更大范围内的骚动；出于防止公众恐慌的"好意"，信息发布强调苯装置爆炸燃烧后只产生水和二氧化碳，却导致公众疑虑、政府公信力下降。

3. 水污染公共安全事件的研究方法论

水污染公共安全事件具有复杂系统特征，因而，可以运用复杂性的科学方法论原则来指导水污染公共安全事件研究，深化对其本质规律的认识。

（1）还原方法与整体方法相结合。还原方法是将系统分解为部分或者更低层次加以研究。运用还原方法，可以把研究系统从环境中分离出来，把它分解为部分或把更高层次归约为低层次，再用部分及其相互组合来解释或预测整体功能。而整体方法是不破坏研究对象的完整性，不对其进行分解还原，在保持其整体性的基础上研究整体的性质（黄欣荣，2006）。单纯的还原方法和整体方法都无法完全揭示水污染公共安全事件的性质和规律，只有将二者结合起来，才能真正把握水污染公共安全事件的实质。

（2）微观分析与宏观综合相结合。所谓微观分析，是将一个整体或者系统分解为局部、子系统或要素，以期对之进行条分缕析的彻底研究。而宏观综合则是在对系统或整体进行"庖丁解牛"式的微观分解之后，为获得对事物或系统的整体理解，将微观的局部、子系统或者要素分析串联、整合起来，以获得宏观系统的性质。对于水污染公共安全事件，相关要素关系复杂，层次众多，仅仅采用整体或者还原的方法是不够的，无法对事件的结构、演化机制、控制方式有详细认识。因而，必须在微观分析的基础上实现宏观综合。

（3）定性判断与定量描述相结合。定性特性决定定量特性，定量特性表现为定性特性。只做定性描述，则难以深入把握系统行为特性。但若定性描述不准确，定量描述无论多精确，都难以刻画本质，定量描述应为定性描述服务。就水污染公共安全事件而言，只有首先对其有了基本的定性描述，才能够用定量方法进一步精确描述。

2.2.2　水污染公共安全事件的结构特征分析

1. 水污染公共安全事件的要素结构

从要素结构上看，水污染公共安全事件的要素可以分为 3 类：本体要素、行为主体要素和信息要素。

（1）本体要素。所谓本体要素是指引发水污染公共安全事件的本源性的因素，包括水污染及各类耦合因子。

各类污染物的排放导致水污染，是水污染公共安全事件发生的前提。包括点源污染、面源污染和流动源污染。耦合因子是指与水污染相互作用并最终影响水污染公共安全事件进程的因素集合。一般来说，水污染公共安全事件的耦合因子呈现多样化特征。

首先，多样化特征反映在引发水污染的自然因素方面。孟春红和赵冰（2007）以三峡水库为例对水文因素与水污染公共安全事件的关系进行研究，指出三峡库区发生水体富营养化的三个条件：氮、磷等营养盐相对比较充足；缓慢的水流流态；适宜的温度和光照。由此可以发现，水文状态并不是水体污染的直接主要原因，但会对水污染的程度造成影响，从而诱发水污染公共安全事件。国外也有学者对于环境地质污染以及由此造成的水污染的防治技术进行研究（李桂英，2001），认为地质因素在一定程度上会诱发水污染公共安全事件。在四川沱江水污染公共安全事件中，特定的气象状态是重要诱因之一。据此类文献的归纳可以得出，在自然因素方面，引发水污染公共安全事件的耦合因子主要包括水文因素、地理地质因素、气象气候因素等。

其次，多样化特征也反映在人文社会因素方面。刘晓敏（1997）、李栋等（2007）对人口分布与水污染之间的关系进行研究，认为人口因素对于水污染具有重大影响。此外，还有众多学者（戴维·波普诺，1987；刘毅，2003；张丽莲，2005；吴克蛟，2006；肖鹏军，2006；侯小阁和栾胜基，2007；安志放，2008；赖英腾，2008）分别从人口增长与分布、社会恐慌、社会行为变异、政府管理失效等方面对水污染进行了研究。上述各类研究表明，人口分布、社会心理、政府管理等因素是水污染公共安全事件产生和演化的耦合因子。

（2）行为主体要素。所谓公共安全事件，必须要有人为活动参与其中。因而，水污染公共安全事件的行为主体就是在不同程度和范围内参与到水污染公共安全事件过程中的个体或群体。水污染公共安全事件的行为主体主要有：承灾者和应急管理者。

承灾者是直接承受或潜在遭受水污染公共安全事件损害的个人或组织，是水污染公共安全事件的受害者。包括遭受或潜在遭受损害的人群，也包括遭受或潜在遭受损害的组织，如厂矿、企业、非经济组织等。在水污染公共安全事件中，承灾者依据自身所获取的信息以及对态势的评估做出趋利避害的行为选择。

应急管理者是在水污染公共安全事件中实施应急管理活动的个人或组织，包括管理活动的领导者、执行者、协调者等。从现实生活中来讲，承灾者与应急管理者在概念的外延上是有交集的，即对于作为个体的应急管理者，如领导、监测员，他们本身可能受到水污染公共安全事件的冲击而遭受损害，但从概念上要将二者区分开来。

（3）信息要素。信息要素是连接行为主体要素和本体要素的桥梁。在水污染公共安全事件中，耦合因子与水污染发生耦合作用，这些耦合作用被表征为信息并被特定的行为主体所收集和获取。在获取此信息后，信息通过不同渠道进一步在不同行为主体之间流动，从而引发行为主体的心理异常和行为变异，最终导致水污染公共安全事件爆发。

信息要素本身也可以作为一种特殊的耦合因子与水污染发生耦合作用。如"行为主体掌握信息"本身作为一种信息可以与水污染发生耦合。在松花江水污染公共安全事件中，哈尔滨市政府掌握了"松花江发生水污染"这一信息后，为维护城市稳定，发布了全市自来水管网检修的公告，结果是"哈尔滨市政府知道'松花江发生水污染'，却发布了自来水管网检修的信息"，导致全市市民人心惶惶，社会秩序一片紊乱。有关信息要素的详尽论述见下一节。

2.2.3　水污染公共安全事件的过程结构分析

水污染公共安全事件是突发事件的一个具体类型。而突发事件本身是一个不断变化过程，不少研究者对这一过程进行了研究。美国联邦安全管理委员会对突发事件管理的过程界定为：减缓、预防、反应和恢复。Heath（2001）提出 4R 模型，认为危机管理存在 4 个阶段：减少、预备、反应和恢复。Coombs（1999）认为突发事件的应急管理存在 4 个基本因素：预防、准备、绩效和学习。对于突发事件应急管理的模型，学界广泛认同的模型有 Fink 的四阶段模型、Mitroff 的五阶段模型等。

水污染公共安全事件的过程实际上是一个不同的耦合因子相互作用的过程。依据不同的耦合状态，水污染公共安全事件可以分为如下 4 个阶段：前耦合阶段、弱耦合阶段、强耦合阶段和解耦阶段。

前耦合阶段是水污染公共安全事件的前奏。此阶段水污染现象已经出现，但相关的耦合因子尚不明确，污染按照其物理、化学性质发生发展，可能已经对行为主体造成伤害而行为主体尚未感知。伴随着耦合因子的出现，耦合作用开始出现，此时即为弱耦合阶段。此阶段首先出现的耦合因子是自然类的耦合因子，这种耦合因子与水污染相互耦合，使水污染进一步恶化，水污染的危害后果进一步展现。由于社会环境中的耦合因子的介入，特别是社会信息要素的作用，水污染事件的危害公共安全的后果不断增加，此时即为强耦合阶段。在强耦合阶段，水污染公共安全事件的复杂系统特征完全展现，各种次生或衍生事件不断出现，此时的水污染公共安全事件表现为一个远离平衡态的社会开放系统。在向公共安全事件的会系统引入负熵—解耦之后，社会系统重新趋向于平衡，即水污染公共安全事件消除，社会重新走向有序，此时即为解耦阶段。

2.3　水污染公共安全事件演化的结构模型

众多学者对公共安全事件的演化过程进行分析，期望得到有效的应急干预措施和应急对策，但 Turner 和 Fink 等以应急资源准备为指导思想的事件演化模型，不能有效描述事件发展中次生事件间的关系，难以对灾体、成灾体进行详尽的阐释，这就要求建立一种能够对不同类型和不同阶段的事件演化过程进行有效描述的模型，探索事件内在的演化规律。

2.3.1　水污染公共安全事件的演化阶段

水污染公共安全事件是一个动态发展的过程，按照事件危害对象、性质和边界的不同，水污染公共安全事件可以分为若干个阶段。依据吉林石化水污染、四川沱江水污染、广东北江镉污染案例的发展过程，结合灾害阶段划分，佘廉等（2011）将水污染公共安全事件划分为水污染、水污染事件、公共安全事件、事件消散等 4 个阶段。水污染公共安全事件的具体阶段如图 2-2 所示。

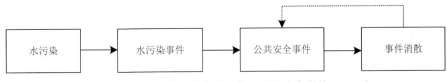

图 2-2　水污染公共安全事件阶段示意图（佘廉等，2011）

水污染公共安全事件阶段是一个由单纯水污染向社会事件演化的过程，到事件消散为结束。水污染公共安全事件水污染阶段影响的对象为水体、水污染事件影响的对象为水环境，公共安全事件阶段危害的对象是社会功能，事件消散阶段危害的对象是社会秩序。针对不同的事件阶段，水污染公共安全事件的主要职责也不同，在水污染阶段主要做好预防与准备工作，在水污染事件阶段的工作职责是监测与预警，在公共安全事件阶段工作内容是响应与救援，在事件消散阶段主要是恢复与重建。依据水污染公共安全事件不同阶段危害对象、主要工作内容等进行分类和比较（表 2-1）。

表 2-1　水污染公共安全事件阶段列表

序号	比较维度	水污染	水污染事件	公共安全事件	事件消散
1	状态	常态	非常态	非常态	非常态
2	边界与范围	水体	社会子系统	多个子系统	子系统趋于稳定
3	后果	水环境	社会运行	社会稳定性	社会趋于稳定
4	性质	单一	单一	复合	复合
5	危害对象	水体	社会功能	社会秩序	社会稳定性波动
6	工作内容	预防与准备	监测与预警	响应与救援	恢复与重建

资料来源：国家自然科学基金项目"三峡库区水污染公共安全事件耦合机理研究"（70771040）2011 年结题报告

表 2-1 中，从常态性、边界与范围、后果、性质、危害对象和工作内容等方面对水污染公共安全事件 4 个阶段进行比较。水污染公共安全事件的常态性从水污染的常态变化为非常态；边界范围由水体变化到社会子系统、多个子系统、子

系统趋于稳定；后果由水环境变化为社会运行、社会稳定性、社会趋于稳定；性质由水污染和水污染事件的单一变化为复合；危害对象由水污染的水体变化为水污染事件的社会功能、公共安全事件的社会秩序、事件消散的社会稳定性波动；工作内容由预防准备先后转变为监测与预警、响应与救援、恢复与重建。

通过对吉林石化、宜昌黄柏河（吴学德，1990）、广东北江镉污染等案例材料进行分析，发现水污染公共安全事件的演化并不一定严格遵循以上的阶段，如广东北江镉污染和四川沱江水污染事件就由水污染公共安全事件直接演化到事件消散阶段，宜昌黄柏河水污染由水污染事件演化到水污染公共安全事件，再演化到事件消散阶段。对以上事件的演化过程进行归纳，在水污染公共安全事件演化阶段分析结论基础上，得到水污染公共安全事件演化阶段的迁跃图。

水污染公共安全事件在演化过程中，不只服从 4 个阶段的发展过程，在某些因素的直接作用下，有可能导致事件发生迁跃，如由水污染直接导致公共安全事件或者事件消散，由水污染事件直接导致事件消散，因此，如果要对水污染公共安全事件进行有效的预警、预测与应急控制，需要探寻事件迁跃的动力原因，特别是水污染直接导致公共安全事件发生的原因，才能针对事件的现状采用及时地预警预控措施（图 2-3）。

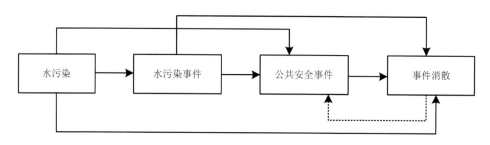

图 2-3　水污染公共安全事件演化阶段迁跃图

采用情景分析方法，分析水污染公共安全事件演化阶段发生迁跃的主要原因，可以得到以下基本结论（表 2-2）。

表 2-2　水污染公共安全事件迁跃式演化诱因结构表

迁跃式演化过程	诱因结构
水污染—水污染公共安全事件	发生大规模不明原因疫情；媒体报道强度大；政府信息公开不及时；无确定性应急干预措施；农作物死亡；鱼类大规模死亡；干预导致更大规模水污染

由表 2-2 可见，水污染导致公共安全事件迁跃的诱因主要包括：发生大规模不明原因疫情；媒体报道强度大；政府信息公开不及时；无确定性应急干预措施；

农作物死亡；鱼类大规模死亡；干预导致更大规模水污染。因此，需要对以上次生事件进行预警与监测，防止其发生迁跃，导致应急对象错误和应急方法失效。

2.3.2　水污染公共安全事件演化路径分析

对水污染公共安全事件的演化阶段进行深层次分析，可以看出每个阶段内包含的次生事件对象都有差异。要对水污染公共安全事件进行预警和有效干预，还需要在事件演化阶段的基础上，详细分析各阶段次生事件的影响和传递过程。在水污染相关研究和灾害演化相关理论的基础上，结合流域的基本特征，采用情景分析方法对吉林石化和沱江水污染等案例进行分析，水污染公共安全事件演化总体路径图可描绘如图 2-4。

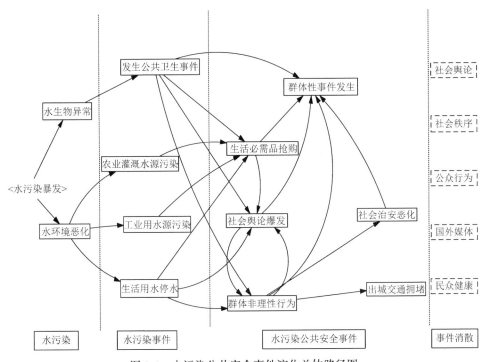

图 2-4　水污染公共安全事件演化总体路径图

水污染公共安全事件演化的总体路径是由水污染导致水污染事件，最后到水污染公共安全事件的过程。如果水污染公共安全事件中的社会舆论、群体性事件、社会治安、群体性非理性行为得到有效处置，突发公共事件将转到事件消散阶段；如果事件消散阶段未得到有效处理，社会舆论爆发、社会秩序混乱、公众非理性行为、国外媒体负面报道、危害民众健康等因素会导致水污染公共安全事件重新爆发，而且规模和破坏力度极有可能超过上次事件。图 2-4 对水污染公共安全事件演化路径的描述比较粗略，对水污染公共安全事件每个阶段进行详细分析，可以得到每个阶段详尽的演化路径，各阶段演化路径图（图 2-4）。

1. 水污染演化路径

水污染的演化路径是当污染物融入水中后，将导致酸碱度、悬浮物、化学需氧量、生化需氧量、总硬度、电导率、溶氧量、氨氮、亚硝酸盐氮、硝酸盐氮、挥发酚、氰化物、砷、汞、六价铬、铅、铬、石油、硫化物、氟化物、氯化物、有机氯农药、有机磷农药、总铬、铜、锌、可溶性固体总量、大肠杆菌等相关指标超标，这些有害物质和指标还会导致藻类（优势种）如浮游藻出现，并造成鱼类和浮游生物死亡。水污染的演化路径如图 2-5 所示。

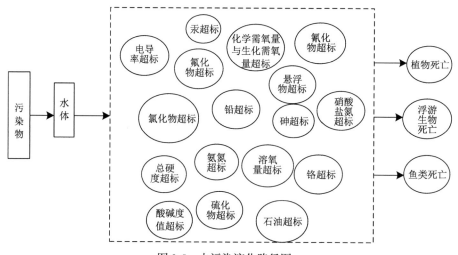

图 2-5　水污染演化路径图

水污染演化的路径如图 2-5 所示，污染物进入到水体后，会形成水体污染，进而导致水体生态环境恶化，从而导致植物、浮游生物和鱼类死亡。

2. 水污染事件演化路径

当水污染没有得到控制或者有效应对时，农业灌溉水源污染、工业水源污染、生活水源污染等取水口会关闭，如果区域内没有备用水源或对取水口的依赖程度非常高，将会导致区域的工农业生产供水短缺。如果水污染造成了公共卫生事件，还会导致水污染事件的发生（图 2-6）。

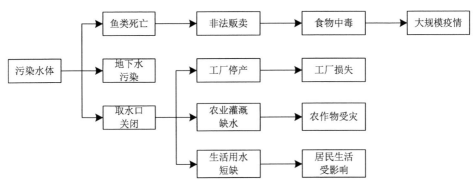

图 2-6　水污染事件演化路径图

在灾害学理论的基础上，采用情景分析方法，描述水污染事件演化的路径图。图 2-6 表示，当污染水体形成时，首先导致鱼类死亡，如果有非法贩卖将导致食物中毒，最终导致大规模疫情；其次，当污染水体形成将导致取水口关闭，从而分别造成工厂停产、农业灌溉缺水、生活用水短缺，它们分别造成工厂损失、农作物受灾、居民生活受影响；最后，污染水体还会造成地下水污染。

3. 水污染公共安全事件演化路径

当水污染事件没有得到有效的控制时，其会造成医院饱和，社会舆论爆发，群体性事件，药品、食品、饮用水等商品抢购，大规模弃城行为，谣言出现，出城交通拥堵，燃油短缺，治安事件频发等次生事件，从而导致水污染公共安全事件的发生。

水污染事件如果没有得到有效的控制，污染水体将导致大规模疫情的出现，从而造成医院饱和与人员死亡；也会造成社会舆论和谣言出现，进而导致药品、饮用水和食品抢购；还会造成弃城行为的出现，进一步导致市内交通及出城拥堵和燃油短缺等现象。这些事件的持续暴发将导致人群聚集，极易导致群体性事件的发生；而主要商品的抢购导致治安事件和群体性事件的发生，交通拥堵会导致治安事件的发生，并扩大群体性事件的规模，当群体性事件和治安事件都发生时就会造成区域内部警力不足的次生事件（图 2-7）。

4. 事件消散的演化路径

当水污染公共安全事件得到有效的控制时，水污染公共安全事件将转变为事件消散阶段。在此阶段内，因污染水体已经流出该区域，城市开始能够恢复供水，社会秩序也逐步恢复正常，水污染导致的公共安全事件几乎已经完全消散。但是，在事件消散期间，如果社会舆论重新暴发，加之国外有关媒体失真报道、大规模疫情得不到改善、出现新的污染源等将导致群体性事件发生，最终诱发水污染公共安全事件重新发生（图 2-8）。

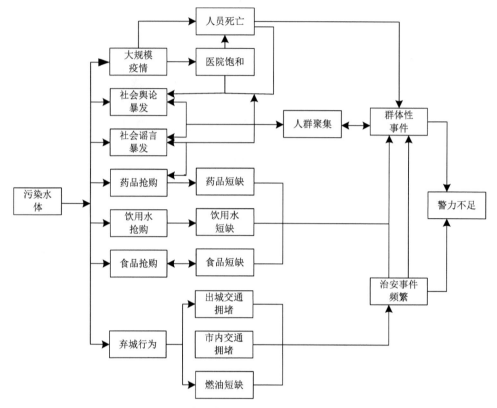

图 2-7　水污染公共安全事件演化路径图

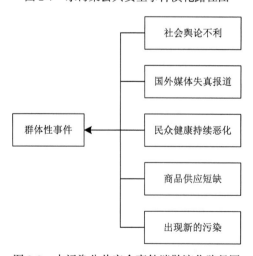

图 2-8　水污染公共安全事件消散演化路径图

2.3.3　水污染公共安全事件生成与演化基本模型

依据灾害学理论和相关案例材料，将水污染公共安全事件分为水污染、水污染事件、水污染公共安全事件与事件消散 4 个阶段。将导致事件不断演化的动力因素提炼出来，并从 4 个阶段来考虑事件的生成与演化，更能清晰地刻画出事件演化的原因。水污染是指污染物进入河流、湖泊、海洋或地下水中，使水质和底泥的物理、化学性质或生物群落组成发生变化，降低了水体的使用价值和功能的现象。水污染事件是指由于人为造成水体的化学、物理、生物或者放射性等方面特性发生改变，可能危害人体健康或者破坏生态环境，水质发生恶化导致社会某些功能不能正常发挥的事件。水污染事件是在水污染形成，且致灾因素、自然因素、应急干预等耦合作用下形成的。同理，致灾因素在应急干预失效或不当的情况下，水污染事件就会演化为水污染公共安全事件。

在水污染公共安全事件演化模型中，WP（water pollution）指水污染；WPI（water pollution incidents）指水污染事件；PSIWP（public safety incidents of water pollution）指水污染公共安全事件；ID（incidents dissipate）指事件消散阶段。其中 WP（water pollution）是一种经常性状态（图 2-9）。

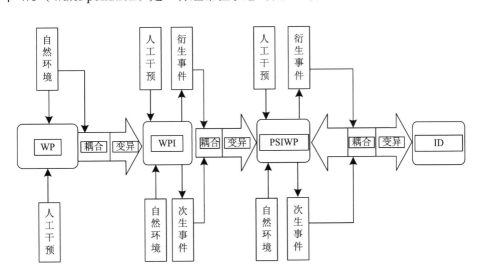

图 2-9　水污染公共安全事件演化模型

水污染突发事件起始于 WP，WP 与各种因素进行耦合并且扩散，演化为 WPI（水污染事件）。WP 之所以会造成水污染事件是因为污染水体本身与自然因素（如暴雨）、应急干预（处理措施不当）等因素耦合，最终使 WP 失去控制，导致水体污染事件发生。水污染事件产生的一些衍生事件和次生事件在水污染事件没有得到控制的情况下，会继续参与到下一个阶段，即水污染事件向水污染公共安全事件演化，使水污染事件对社会稳定和公众生命健康产生威胁并造成损害。由于信息不完整导致的各种负面消息在社会中不断传播，引起公众恐慌，从而引发一些诸如哄抢事件等衍生事件。水污染公共安全事件的危害程度还因城市规模、人口密度、取水口位置、备用水源情况等不同而不同。城市规模越大、人口密度越高，一旦发生水污染，应急供水就非常困难，引发的不稳定因素就越多，更容易使事件进一步恶化。被污染的水体由于没有得到有效控制和处理，人在未知的情况下饮用了这些水就会出现大规模疫情。在松花江水污染事件中，水污染发生后由于政府应急干预不当或效果较差，导致下游各城市用水紧张加剧，居民出现恐慌，各种衍生事件、次生事件发生，水污染危害了城市或区域的公共安全。水污染公共安全事件发生后，如果得到有效干预或事件动力消失，将转入水污染事件消散阶段。到事件消散阶段后，如果社会舆论重新爆发或没有得到有效干预、国外媒体失真报道、出现大规模疫情、生活必须品供应短缺、出现新的污染源都会导致社会秩序混乱，事件将回到水污染公共安全事件阶段。

第 2 篇　信息扩散条件下水污染公共安全事件的耦合机理

　　水污染公共安全事件具有复杂系统性特征，其发生与发展受与之相关的，诸如引发事件的本源性要素、行为主体要素以及信息要素等多种耦合因素的影响，在这些因素自身、因素之间和系统外部环境的共同作用力下，整个事件过程可能被诱发或演化而成为新的突发事件，并产生相应的后果。其中，信息问题是各类突发事件的重要影响因素，也是事件应急处置的基础，许多事件均是因为信息沟通不畅产生连锁扩散反应，水污染公共安全事件亦如此。在国家全面构筑水污染公共安全事件的预警防范、应急救援体系以达到高效率应急救援为目标的背景下，现实的应急过程中却由于信息沟通障碍导致救援效率低下。如松花江水污染事件充分暴露出应急处置过程中因信息管理不善而导致的事件应对延误致使事件升级的问题。

　　如果将信息因素剥离开来作为参照点，那么其他各耦合因子就可用与之相关的因素更准确地分析整个事件过程。相关研究拟分析水污染公共安全事件的信息结构及其特征与主体构成，建立事件中正式信息和非正式信息的社会扩散模型。在信息扩散的条件下，通过描述各类耦合因子参与事件演化的路径及基本耦合模型，提出水污染公共安全事件的基本耦合概念模型。在此基础上，建立耦合因子与水体事件之间相互作用关系的动力机制及耦合度测度模型，并以巴东县神农溪的水华事件为案例进行实证分析，验证该模型的可靠性。

第3章 水污染公共安全事件信息结构

水污染公共安全事件由本体、行为主体和信息要素构成，信息在其中起着至关重要的作用。如果以信息要素为基准，可将其分为正式信息与非正式信息，与之相关的行为主体可大致划分为信息发出和接收主体。因此，各种相关耦合因素及其内在关系都以信息的形式作用于社会主体即"人"，当特定信息对人的社会心理造成冲击时，人的行为发生变异，此时社会秩序紊乱，水污染公共安全事件爆发。尽管国内已有学者对信息的发布与水污染公共安全事件之间的关系进行了初步研究，但进一步深入分析事件信息结构特征才能有助于认识水污染公共安全事件的内在规律，下文将对水污染公共安全事件信息的主体进行分析，探讨不同信息的生成机制。

3.1 水污染公共安全事件的信息特征

3.1.1 水污染公共安全事件信息的内涵与外延

信息一词拉丁语为 informatio，有描述、陈述、概要等含义。英语 information 有通知、报告、消息、报道、情报、知识、资料、数据等多种含义。汉语"信"和"息"二字都有消息、音信的意思。将"信"和"息"连用为一个词，最早见于唐代李中《暮春怀故人》中的"梦断美人沉信息"的诗句。

伴随着现代信息技术的发展，信息的重要性也日益体现，对信息的研究也日渐深入。不同的学者从不同学科出发，对信息概念做出了不同的界定。

定义 1：信息既不是物质，又不是能量，信息就是信息。

定义 2：信息是能够用来消除不确定性的东西。

定义 3：信息就是收信者事先所不知道的报道。

定义 4：信息是客观世界各种事物变化和特征的反映。

定义 5：信息是物质存在的一种方式、形态或运动形态，也是事物的一种普遍属性，一般指数据、消息中所包含的意义，可以使消息中所描述事件中的不定性减少。

定义 6：信息是一种场。

定义 7：信息是负熵（Brillouin and Hellwarth, 1956）。

定义 8：信息是物质、能量、信息及其属性的标识。

定义 9：信息是被反映的物质属性。

定义 10：信息就是主体所感知或所表述的事物运动状态和方式的形式化关系。

定义 11：信息是通信传输的内容。

定义 12：信息是事物之间的差异。

定义 13：信息是集合的变异度。

定义 14：信息是指自然界和社会中的事物和人所发出的消息、指令、数据、符号等所包含的内容（李来儿，2006）。

信息的定义繁多，除了经典的界定外，相当一部分定义都是对经典定义的简单模仿或者"替换词"练习。孙蕾和蔡镭（2004）类似的将信息定义为："信息是对客观世界中各种事物运动变化和特征的反映；是客观事物之间相互作用和联系的表征；是客观事物经过感知或认识后的再现"。

本书将不再重新定义信息，而是倾向于使用定义4。所谓水污染公共安全事件信息是指水污染公共安全事件状态以及引发这一状态的因素的表征。从外延上看，水污染公共安全事件信息既包括水污染公共安全事件的各个状态的信息，如人员疾病死亡信息、工厂停工信息、社会骚乱信息等；也包括相关的耦合因子的信息，如社会心理恐慌信息、被污染水体的状态信息等。

3.1.2　水污染公共安全事件信息的特征

根据李来儿（2006）归纳，信息具有如下特征：普遍性、客观性、无限性、动态性、依附性、计量性和传递性。也有学者认为信息具有可识别性、可存储性、可转换性等特征。可以认为，水污染公共安全事件信息具有信息的基本特征，同时也具有一些其他类型信息不一定具有的特征，即定域性、时滞性或时效性、快速流动性、变异性等。

1. 定域性

定域性是指水污染公共安全事件信息的有效性局限于特定范围之内。主要表现为对象和范围的特定性，即特定的水污染公共安全事件信息通过特定渠道在特定范围内流动并发生作用，而且信息的流动指向和作用对象都是特定的。如水污染发生，关联区域的水文、气象、地质等信息都将由相关部门收集、整理、处置，并对最终的应急处置产生有效的辅助决策作用。此时信息的流动有针对性，信息也将在特定的部门聚集，并根据需要再作不同程度的公布、扩散。同时，定域性并不标志着水污染公共安全事件信息只局限于公共安全事件的承灾体范围，相反则是不同类型的信息都将会在不同层次范围内传播。在现代信息技术条件下，水污染公共安全事件信息的受体极为广泛，但真正能够起有效作用的受体的地域分布相对有限，主要集中在水污染公共安全事件的直接受灾地，因而，水污染公共安全事件信息的定域性也表现为接收信息的承灾体的地域分布相对确定。

2. 时滞性或时效性

水污染公共安全事件信息的有效性局限于特定的时间内。提前或滞后于某一特定时间段，信息将会失效。不同类型的水污染公共安全事件信息的有效性存在于不同时间段。比如，在三峡库区神农溪的水华事件中，当地政府在收到相关报告后，第一时间内对沿线居民发布消息，有效避免了因使用神农溪水而导致的疾病与死亡，如果这类信息提前和滞后发布都将不利于正常的社会生产生活。

3. 快速流动性

流动性本身就是信息的特征之一，但是，水污染公共安全事件信息的特征在于其流动"快速"上。由于水污染公共安全事件的危害巨大，在应急执行者和应急决策者的组织架构内，信息流动快速；同时，面向公众和承灾体的信息，其流动也是链式的。流动的快速性得益于现代信息技术的发展，现代技术的发展导致信息扩散的技术手段的多样化。如报纸、广播、电视、手机、网络等加快了水污染公共安全事件信息的流动速度，同时，也在一定程度上实现了信息的全方位、全工具、全天候的流动。

4. 变异性

水污染公共安全事件信息的变异是建立在时间和技术约束条件基础之上的。依据信息流动的渠道不同，变异性表现为应急执行者和应急决策者组织架构内的信息变异和公众的信息变异。应急执行者和决策者的组织架构内的信息变异主要表现是信息的瞒报、缓报、误报和谎报，公众的信息变异主要表现是谣言、流言。

3.1.3　水污染公共安全事件信息的来源

根据前文对于水污染公共安全事件信息的界定，水污染公共安全事件信息来自于水污染公共安全事件的对象。根据对象的不同，水污染公共安全信息包括来自于水污染爆发地的人文、自然信息、应急处置信息和承灾者信息。

人文、自然信息是水污染公共安全事件爆发地人文自然状况的表征。在水污染公共安全事件中，首先是依据此类信息进行应急决策和应急处置，从源头上阻断水污染公共安全事件，因而具有基础作用。应急处置信息是应急处置过程中的事态信息，往往和人文、自然信息紧密结合在一起，这类信息主要是提供给决策者使用。承灾者信息则是承灾者状态的反映，在水污染公共安全事件中，承灾者的状态必须首先予以考虑，一方面要减少人民群众的生命财产损失，另一方面也是为了更好地控制水污染公共安全事件的扩大化。因而，水污染公共安全事件中，信息来源是多元化的。

信息的第一个来源是水体。根据《环境科学大辞典》的解释，水体是指水的积聚体。一般指地面水体，如江、河、溪、池塘、湖泊、水库、沼泽、海洋等。水体按类型可划分为海洋水体（包括海、洋）和陆地水体（包括河流、湖泊等）。本书中的水体特指江河湖泊的水体。水污染公共安全事件由水而来，所以首先必须搞清楚水体的状态，才有可能采取针对性的应急处置措施。有关水体的信息包括水文信息、地质信息、地理信息、气象信息等，同时还包括污染物的排放种类、排放量、毒害性大小。

信息的第二个来源是政府。政府既是信息的收集整理发布者，同时也是信息的制造者，来自于政府的信息包括应急救援队伍（包括应急救援人员的数量、专业技术水平等），应急资源储备（包括应急资源的数量、种类、储存点、调动能力等），应急机构的组织协调能力，应急预案，应急技术方案。

信息的第三个来源是承灾者。承灾者的信息主要依靠其心理和行为表现出来。在吉林石化爆炸的系列事件中，承灾者的心理和行为显著地改变了整个事件的进程（表3-1）。

表3-1　水污染公共安全信息的主要来源

信息来源	信息类型	具体构成
自然环境	①水文状态	水位、流速、流量等
	②气候气象	污染发生时的天气状况、气候情况、水域的季节特点
	③地理地质	地质灾害发生的种类、频率、损害程度、地理环境状况
	④污染物排放	污染物性质、排放量、种类、毒害性
政府	⑤应急资源储备	应急资源的储备量、储备地点、储备种类、调度能力
	⑥社会、经济、人口结构	暴发地的人口密度、人口分布、相关产业
	⑦应急预案	预案的数量、完备性、可操作性以及演练频率
	⑧政府协调机制	责任主体、责任大小、协调能力、协调程度、协调组织保障
	⑨应急队伍	应急救援人员数量、专业技术水平、专家库状态
	⑩技术方案	水污染治理技术方案库、技术方案的可靠性、适用性
	⑪风险信息	水污染公共安全事件的危害范围、可能后果、危害状态
社会	⑫危机意识	应急教育、危机意识
	⑬社会舆论	媒体报道、报道的性质、舆论倾向
	⑭心理恐慌	公众的忧虑、公众的恐慌
	⑮行为倾向	公众的发泄行为、公众的消极回避行为、公众的积极应对行为

3.1.4　水污染公共安全事件信息的分类

对于信息的分类，最通常的分类方法是将信息分为自然信息、社会信息和机器信息，然后再作进一步细分，如有学者将自然信息分为生物信息和非生物信息，将社会信息分为政治信息、经济信息、文化信息、科技信息等（靖继鹏，2002）。也有学者将信息分为自在信息、自为信息和积存信息（李来儿，2006）。

对概念的分类不是为了分类而分类。分类的目的是提出更好的概念框架，进而更有效地开展下一步研究。由此，对水污染公共安全事件信息做如下分类。

1. 二维度分类

依据信息的不确定性高低和更新速度两个维度，对水污染公共安全事件信息可进行（图 3-1）分类。

图 3-1　水污染公共安全事件信息分类

（1）第一类信息（不确定性高、变化速度快）：④污染物排放⑪风险信息⑬社会舆论⑭心理恐慌⑮行为倾向；

（2）第二类信息（不确定性高、变化速度较慢）：①水文信息②气候气象③地质地理；

（3）第三类信息（不确定性低、变化速度快）：⑤应急资源储备⑨应急队伍⑩应急技术方案⑫危机意识；

（4）第四类信息（不确定性低、变化速度较慢）：⑥社会、经济、人口结构⑦应急预案⑧政府协调。

对信息的控制是水污染公共安全事件应急管理中首要考虑的问题。不同类型、不同性质的信息会对水污染公共安全事件的应急管理产生不同程度的影响。第一类信息由于变化速度迅速，不确定性高，对水污染公共安全事件的影响巨大。其特点是，信息之间存在复杂的耦合作用，而且在耦合作用的基础上会形成信息的变异并导致事件的进一步复杂化，尤其是风险信息。作为应急管理的主体，在水污染公共安全事件出现后首先要全面收集和谨慎处理此类信息。

第二、三、四类信息是操作层面上的。此 3 类信息主要是为应急决策提供辅助信息或直接置身于应急处置，是实现有效应急管理的必要条件。由于此类信息的不确定性相对较低，除气候气象、地质地理等信息的程序性强外，主要依靠常规的信息收集和积累，因而可行做法是建立良好的信息管理平台。

2. 正式信息与非正式信息

依据信息传播的渠道，可以将水污染公共安全事件信息划分为正式信息和非正式信息。所谓正式信息是指在现有信息管理体制的渠道内正常流动的信息。如水污染公共安全事件中，环保部门根据要求将污染状态、水质状态等信息传递给事件的决策机构；决策机构根据所获得的信息提出具体的应急处置建议；政府宣传部门将水污染公共安全事件的相关信息发布给公众等。所谓非正式信息是指并未在现有信息管理体制框架内流动的信息，如水污染公共安全事件发生后，在承灾者之间相互私下传播的各种谣言。

一般来说，正式信息等同于官方信息，非正式信息则是非官方信息。

（1）正式信息与非正式信息的转换关系在于：正式信息只要内容未发生变化，无论是在正式渠道还是在非正式渠道内流动，都始终是正式信息。只有当其在非正式渠道流动且内容发生变化的时候，才会变成非正式信息。而非正式信息则只有在得到官方认可，并通过政府管理架构内的正式渠道确认之后，才转变成正式信息。正式信息是可控信息，其发布的数量、发布的时间节点、发布的工具以及真伪性都是可以控制的。而非正式信息由于渠道的原因，其可控性较差。

（2）信息传播渠道同信息真实性的关系在于：正式信息并不一定与事实相符，而非正式信息也并不一定是与事实相左。实践表明，正式信息的发布者也会出于各种考虑通过正式渠道发布错误的信息。典型例子就是松花江水污染公共安全事件中，哈尔滨市人民政府发布了关于全市自来水管停水检修的公告。非正式信息也有可能与事实相符的，只不过在得不到官方证实或证伪的条件下很可能因流动渠道的不规范而导致以讹传讹，最终变成错误信息。

3. 核心信息与非核心信息

依据信息的重要程度可以将信息分为核心信息和非核心信息。核心信息是对水污染公共安全事件的产生和发展有绝对影响作用的信息。此类信息的作用力巨大，其不合适的流动将会导致事件的复杂化，并造成巨大的破坏作用。在实践中，此类信息保密等级要求高，信息流动的对象明确、流动渠道畅通，主要是应急决策者所掌握的部分信息，比如各类风险信息。水污染公共安全事件中，风险信息的不恰当使用，有可能引起社会的恐慌以及公众和承灾者的不恰当行为。非核心信息是对水污染公共安全事件产生的影响相对较小的信息。

4. 源信息与权变信息

水污染公共安全事件的产生始于水污染。社会各相关行为主体基于对水污染的反应而引发水污染公共安全事件。因而，产生水污染公共安全事件的源信息主要有：水体污染的状态信息，包括污染物的性质、毒害性、排放量等；可能影响水污染状态的自然信息，包括水污染所在水域的水文信息、气候气象信息、地理地质信息等。

源信息的特点是信息的内容客观，不以人的意志为转移（排除人为的篡改数据）。源信息的另一个特点是可观测性，表现为其可以通过特定的仪器设备予以测量，在形式上以定量的数据为主。

从信息流动的程序来看，源信息不能直接为社会公众和承灾者所获取，必须经专门机构采集和处理，并由专门的信息发布机构予以发布才能被获得。

权变信息是关于源信息的反应性信息，即水污染公共安全事件中的行为主体对源信息的回应及两者之间反复回馈所表征出来的信息。水污染公共安全事件中，各行为主体对源信息做出反应，这种"反应"本身就是以一种信息来表征的。

水污染公共安全事件中，源信息是客观的。行为主体通过获取源信息来寻求解决水污染问题的具体技术方案。但是，权变信息则具有较大的主观性。所谓权变，亦即信息具有一定的灵活性，主体可以根据需要对信息进行处理。

权变信息可以进一步被分为外显信息和内隐信息。所谓外显信息是指用内容和含义可以明确无误地获取的信息，如政府宣布某个地方发生了水污染公共安全事件。所谓内隐信息是指其含义必须要通过一定的推理所获得的信息。比如，在松花江水污染公共安全事件中，政府在爆炸发生的 11 月 13 日反复强调爆炸产生的物质不会对正常的社会生产生活造成影响，但却在 23 号当天突然发布全市自来水停水检修的公告，而市民对于此信息进行最简单的推理即发现其中的不合理，造成全市谣言四起。内隐信息容易被误读，从而形成各种各样的"小道消息"和"谣言"。因此，在水污染公共安全事件出现后，政府管理者必须要用最明确无误的形式来表达事件的状态信息，尽可能消除可能存在的内隐信息。

3.2 水污染公共安全事件信息主体的构成

政府信息公开模式的构建涉及主体结构、客体结构、时间结构和空间结构4 个方面，其中，政府信息公开的主体结构又包括权利与义务主体、服务主体、管理主体和监督主体4个方面（周毅，2005）。所谓权利主体是指有权请求政府公开其信息的自然人、法人或其他组织；义务主体指根据有关规定有义务公开政府信息的机关；服务主体是政府信息公开活动的具体组织实施机关；管理主体是指组织、指导、推动政府信息公开的有关信息资源主管部门或主管人员；监督主体是指受理信息申请者的申诉并就政府信息公开提出咨询意见的有关主体。

一般而言，信息传播过程涉及信源、信息、媒介、反馈、信宿（郭庆光，1999）。就水污染公共安全事件而言，从信息传播的角度来看，信息主体主要包括水污染公共安全事件中的应急决策者、应急执行者、承灾者和公众。

3.2.1　应急决策者

水污染公共安全事件的应急处置是一个管理的过程。"管理即是决策"，因而，应急决策者处于整个事件的核心。

狭义上看，应急决策者指的是对突发事件应急管理进行决策的个人和组织。广义上看，应急决策过程是包括从事件信息接收到决策信息发布的全过程。因而，应急决策者应包括整个过程中的各行为主体（组织和个人）。从广义上定义应急决策者，将其细分为3个构成部分（图3-2），即接收主体、决策主体、操作主体。

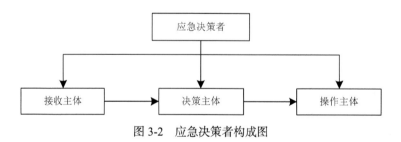

图 3-2　应急决策者构成图

接收主体是获取水污染公共安全事件信息的组织机构和个人。在我国，应急信息的接收主体主要是各级政府的应急管理办公室。从获取信息的渠道来看，应急管理办公室可以通过诸如热线电话、政府办公邮箱、来信来访、下级汇报等途径获取相关信息。其职能是以最快的速度接收水污染公共安全事件的相关信息，并经过程序化处理后提交给决策主体。

决策主体是直接参与应急管理决策的组织和个人。从构成上看，决策主体可以进一步分为核心决策主体和辅助决策主体。核心决策主体是在水污染公共安全事件出现后所成立的应急指挥机构，如指挥部、领导小组等。由于水污染公共安全事件应急管理工作的专业性，作为核心决策主体的领导者由于专业限制而无法直接提出可行性应急处置方案（如水污染公共安全事件发生、消除水污染的技术方案等），因而必须有辅助决策主体帮助。所谓辅助决策主体是指为核心决策主体提供决策辅助的组织和个人，如专家库及其专家成员。水污染公共安全事件应急决策中，可从专家库中选择合适的专家，通过分析水污染公共安全事件状态，提出不同备选方案，再由实际决策主体权衡利弊予以决策并付诸实施。

操作主体是发布决策信息的组织和个人，如水污染公共安全事件中的协调小组、对外关系小组、公共关系小组、事件发言人等。操作主体的职责在于将决策主体提供的相关信息有针对性地传达。

水污染公共安全事件的决策过程如图 3-3 所示。

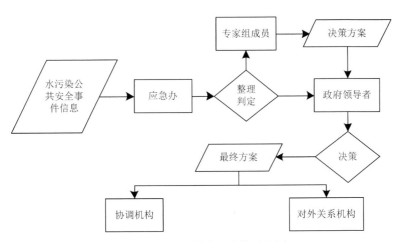

图 3-3　应急决策者的决策过程图

3.2.2　应急执行者

应急执行者是在水污染公共安全事件的事前、事中、事后直接参与应急处置的组织和个人，由监测者和实施者组成（图 3-4）。

监测者是源信息的收集者，主要包括环保部门、海事部门、气象部门等，负责收集水污染有关的信息，并上报给应急决策者。监测者与应急决策者中的操作主体是两个具有不同职能的行为主体。监测者的职能在于源信息的收集，操作主体的职能在于发布决策信息。

实施者是指在水污染公共安全事件中直接参与应急处置和救援的组织和个人，是权变信息的生产者也是权变信息的收集者。

水污染公共安全事件应急管理不同于群体性事件的应急管理。水污染公共安全事件的应急管理既要解决社会问题，也要关注水污染所带来的工程技术问题，如果水污染所带来的工程技术问题不被解决，社会问题就也将无法解决。即工程技术问题的解决是水污染公共安全事件最终得以解决的前提。基于此，在应急过程上实施者可被分为 2 个部分：治理水污染的实施者和维护社会秩序的实施者。治理水污染的实施者的任务在于：根据现有的物资资源和技术方案实施水污染的技术性治理。维护社会秩序的实施者的任务在于：利用现有的应急资源，实施预定的处置方案来维护社会秩序的稳定。

监测者与实施者在构成上存在一定的交叉，即监测者在承担监测任务的同时也参与水污染的治理过程。

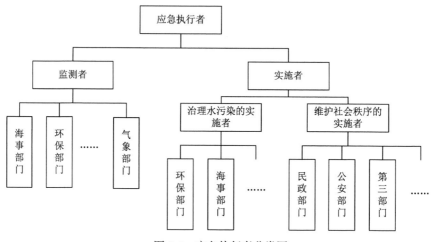

图 3-4　应急执行者分类图

3.2.3　承灾者

承灾者是水污染公共安全事件的实际或潜在受害者。并不是只有直接的受害者才是承灾者，那些受到水污染公共安全事件威胁的人群也是承灾者的一部分。

一般来说，公共安全事件的承灾者具有特定的地域分布特征。在群体性事件中，承灾者（或受害者）相对比较固定，比较集中在某一个区域范围内。如重庆万盛群众聚集事件①，什邡事件②等。这类事件的承灾者的影响范围可能很大，但实际造成损害的范围相对有限。在公共卫生事件中，承灾者是根据疾病的流行特征分布，如 SARS 事件等。

就水污染公共安全事件而言，其承灾者的分布特点是：根据水体的物理特性

①重庆万盛群众聚集事件是 2012 年 4 月 10~11 日，因重庆市万盛区和綦江县合并为綦江区，万盛区当地群众利益诉求未予有效解决而聚集闹事的群体性事件。

②什邡事件是 2012 年 7 月 2~3 日，四川省什邡市市民因担心钼铜多金属资源深加工综合利用项目引发环境污染问题，部分市民聚集在市委市政府门口反对项目建设，而演变为群体性事件。

和水污染特性来分布的。即伴随着污染水体的流动，承灾者也在发生变化。在太湖水华事件[①]中，由于受污染水体是相对静态的，所以水污染公共安全事件的受害者主要是太湖的临近周边地区。而在松花江水污染公共安全事件中，由于水体的流动，在上游爆炸发生后，承灾者却是下游的哈尔滨市居民。

承灾者与应急决策者、应急执行者存在一定交叉。即应急决策者和应急执行者作为个体存在，其本身也是应急事件的直接或间接受害者，会在一定程度上表现出承灾者的心理和行为特征。为简化研究，可以将承灾者和作为受害者的应急决策者、应急执行者区分开来，即假定应急决策者和应急执行者与承灾者之间不存在交集。

作为信息传播主体，承灾者在水污染公共安全事件既可以生成非正式信息，包括谣言和流言，也可以生成正式信息，如通过举报、报告、官方渠道等方式将信息传送给应急决策者和应急执行者。但如果是在承灾者系统内部形成，则是非正式信息。

3.2.4　公众

从广义上讲，水污染公共安全事件中，除应急决策者和应急执行者之外的所有人员都是公众。这些人员中，有一部分人员是直接或间接的受害者，即承灾者；另一部分人员并未受到水污染公共安全事件的冲击和影响，他们是水污染公共安全事件信息的舆论关注者，此即狭义的公众。本书中的公众定义取其狭义解释。公众主要通过对水污染公共安全事件的社会意见，形成社会舆论压力和社会化情绪，影响水污染公共安全事件的演化。

水污染公共安全事件中，公众形成的信息如同承灾者信息一样，既可以是正式信息（公众可能对应急决策者进行信息反馈），也可以是非正式的（主要是流言和谣言）。公众的舆论压力在一定程度上影响应急决策者的决策。下面对公众所形成的信息作简化处理，即假定水污染公共安全事件非正式信息的构成是公众以及承灾者内部形成的谣言和流言。

综上所述，应急决策者、应急执行者、承灾者和公众共同构成水污染公共安全事件中的信息传播主体。这 4 类主体的比较见表 3-2。

表 3-2　水污染公共安全事件信息主体特性比较

特性	应急决策者	应急执行者	承灾者	公众
信息态性	正式信息	正式信息	非正式信息	非正式信息
边界与范围	政府机构	政府机构/非政府组织	公民群体/个体	公民群体/个体

---

①太湖水华事件是 2007 年 5 月 29 日起，太湖蓝藻集中暴发而导致无锡部分地区自来水发臭，无法饮用，社会生产生活陷入困境的公共事件。

续表

特性	应急决策者	应急执行者	承灾者	公众
信息流向	多向	单向	多向	多向
信息拥有量	极多	相对较少	多	多
信源	社会信源、知识信源	自然信源、技术信源	社会信源	社会信源
信息流动形式	简单/复杂	简单	复杂	复杂

3.3　水污染公共安全事件的信息生成

3.3.1　水污染公共安全事件正式信息的生成

水污染公共安全事件正式信息的生成是一个复杂的过程，它并不是简单的信息收集，而包括信息收集、信息加工、对事件定性等。只有当信息被加工到可供应急决策部门使用，能清晰表征事件后果趋势，且可以被正式传递时，才表明事件信息的生成阶段完成。

1. 生成主体

如前所述，正式信息是在现有信息管理体制的渠道内正常流动的信息。因而水污染公共安全事件正式信息的生成主体由两部分构成，即信息的收集主体和信息的加工主体。

（1）信息收集主体。信息收集是信息传递及据此进行决策的前提。由于水污染公共安全事件信息的专业性，事件中的不同信息必须有专门的主体进行收集。如《国家突发环境事件应急预案》规定，环境污染事件信息接收、报告、处理、统计分析由环保部门负责。《突发公共水事件水文应急测报预案》规定，水利部水文局为全国水文应急测报管理工作的领导机构，组织指导全国水文应急测报工作，水文局水文应急管理办公室为其办事机构，具体负责值守应急、信息汇总、综合协调等日常管理工作；各流域水文机构负责管辖区域的水文应急测报工作，组织协调流域片的水文应急测报工作；各省、自治区、直辖市（以下简称省级）水文机构负责管辖区域的水文应急测报工作。根据信息的分类，水污染公共安全事件正式信息的收集主体主要包括环保部门、气象部门、水文部门、地质部门、舆情监测部门、物资储备部门、组织协调部门、统计部门、救援部门等。

（2）信息加工主体。信息加工是在信息收集的基础上，对所收集的原始信息进行标准化处理，以形成规范形式。信息加工包含两个层次的加工，包括原始信息的加工和信息的再加工。原始信息的加工是指对部门所收集的信息进行处理以便使其他信息需求者可以获取，即将专业性的信息转变为一般性的信息。比如，将所收集到的水污染的各项指标进行加工处理,形成对水污染状态的判断性信息,以便于需求者使用。信息的再加工是信息整理者对信息的再次处理。如在水污染公共安全事件发生后,相关部门对来自不同部门的不同类型的信息进一步加工,以便于决策者做出判断。

2. 生成动因

(1)信息监测和收集机构是正式信息生成的物质前提。信息的生成需要特定主体成员来完成。《中华人民共和国突发事件应对法》首先对此进行了规定,其第三十八条要求:"县级以上人民政府及其有关部门、专业机构应当通过多种途径收集突发事件信息。县级人民政府应当在居民委员会、村民委员会和有关单位建立专职或者兼职信息报告员制度。获悉突发事件信息的公民、法人或者其他组织,应当立即向所在地人民政府、有关主管部门或指定的专业机构报告。"这表明突发事件的信息监测和收集不是某个或某几个机构和部门的任务,而是全社会各主体的公共职责。

(2)信息监测收集者的职业道德和业务素质是正式信息生成的可靠保证

从实践上看,光有理论上的信息生成主体并不一定产生正式信息。四川沱江的案例显示,2004年2月23日,青白江污水处理厂就检测发现氨氮最高达到两千多毫克/升,当天即向青白江区环保局报告,但未见下文。由于职业道德和业务素质的缺乏,青白江区环保局迟迟不对相关信息进行调查和上报,导致截至3月3日,共有2000t纯氨氮排入到沱江(唐建光,2004)。在其后的相关报道中,青白江区环保局竟然反复强调未曾收到污水处理厂的报告。这是典型的职业道德素质低下导致正式信息无法生成,也无法向上级报送。只有当信息监测者和收集者具有良好的职业道德和业务素质的时候,正式信息才能有效生成。

(3)信息主体之间的信息链结构是正式信息产生的重要条件。水污染公共安全事件的信息链结构是由信息主体的组织结构关系组成。信息主体即前文所述的各类主体,主体间的结构关系是正式信息生成的重要条件。缺乏信息链,则信息为单个主体所掌握,不能被社会或其他应急主体利用。目前,我国通过不同法律规定了不同应急主体之间的信息链结构。在机构安排上,中央及各级地方政府的应急管理办公室是信息链中的关键环节,各具体专业部门是信息链中的沟通环节,从而(图3-5)。

图 3-5　信息链

3. 生成环境

(1)信息管理制度是正式信息生成的制度环境。我国正逐步加强突发事件应急管理的法制建设，先后制定《中华人民共和国突发事件应对法》、《国家突发公共事件总体应急预案》、各部门预案等，应急管理的法制体系已初步建立。在应急管理的相关法律法规中，对信息管理提出了相应的法律要求。

2007 年 8 月 30 日，第十届全国人民代表大会常务委员会第二十九次会议通过了《中华人民共和国突发事件应对法》，该法对信息生成提出法定要求。其中第三十九条要求："地方各级人民政府应当按照国家有关规定向上级人民政府报送突发事件信息。县级以上人民政府有关主管部门应当向本级人民政府相关部门通报突发事件信息。专业机构、监测网点和信息报告员应当及时向所在地人民政府及其有关主管部门报告突发事件信息。"

《国家突发公共事件总体应急预案》进一步对信息报告制度做出规定。该预案要求："特别重大或者重大突发公共事件发生后，各地区、各部门要立即报告，最迟不得超过 4 小时，同时通报有关地区和部门。应急处置过程中，要及时续报有关情况。"《国家突发环境事件应急预案》也要求："国务院有关部门和地方各级人民政府及其相关部门，负责突发环境事件信息接收、报告、处理、统计分析，以及预警信息监控。"

水利部于 2008 年出台的《重大水污染事件报告办法》规定："重大水污染事件遵循'谁获悉、谁报告'的原则。各级地方水行政主管部门或流域管理机构对发生在辖区内的重大水污染事件，应立即逐级上报上一级水行政主管部门，并报告当在人民政府。紧急情况下，可以越级上报。省级水行政主管部门或者流域管理机构应相互通报重大水污染事件信息。省级水行政主管部门或者流域管理机构根据具体情况，及时通报有关环境保护主管部门和可能受到影响的下游水行政主管部门，其中流域管理机构可直接通报下游地方人民政府。"

在信息报送的时限上，《重大水污染事件报告办法》则进一步对信息生成中时限做出了具体要求："各级水行政主管部门发现或得知重大水污染事件后，应在 1 小时内上报上一级水行政主管部门和当地人民政府，经领导同意后可用电话简要报告；并立即调查有关情况，按统一表格登记，将有关情况，采取或需要采取的措施及时报上一级水行政主管部门。省级水行政主管部门在确认重大水污染事件后，应在 1 小时内将有关情况，采取或需要采取的措施及时报水利部，并通报相关流域管理机构。流域管理机构发现或得知重大水污染事件后，应在 1 小时内上报水利部并通报相关省级人民政府，经领导同意后可用电话简要报告；并立即调查有关情况，按统一表格登记，将有关情况、采取或需要采取的措施及时报上一级水行政主管部门。"

《国家突发环境事件应急预案》对于时限的则要求："突发环境事件责任单位和责任人以及负有监管责任的单位发现突发环境事件后，应在 1 小时内向所在地县级以上人民政府报告，同时向上一级相关专业主管部门报告，并立即组织进行

现场调查。紧急情况下，可以越级上报。负责确认环境事件的单位，在确认重大
（Ⅱ级）环境事件后，1 小时内报告省级相关专业主管部门，特别重大（Ⅰ级）
环境事件立即报告国务院相关专业主管部门，并通报其他相关部门。地方各级人
民政府应当在接到报告后 1 小时内向上一级人民政府报告。省级人民政府在接到
报告后 1 小时内，向国务院及国务院有关部门报告。重大（Ⅱ级）、特别重大（Ⅰ
级）突发环境事件，国务院有关部门应立即向国务院报告。"

　　伴随着国家基本法律法规的实施，各地各部门又相继出台了更为详尽的水污
染公共安全事件信息管理办法，如《长江流域重大水污染事件报告办法》《黄河流
域重大水污染事件报告办法》等。尽管各种法律法规并未涉及具体的水污染公共
安全事件的信息生成，但这些法律法规规定了信息报告的主管机构、时间要求、
信息报告的渠道，这在制度上保证了水污染公共安全事件信息的生成。

　　（2）信息管理平台建设是正式信息生成的物质保障。信息管理系统研究是近
年来应急管理研究的一个重要方向。池宏等（2005）以城市突发事件为例提出了
应急管理的框架体系，认为信息管理系统、宣传系统等都是应急管理中的重要子
系统。谢旭阳等（2006）则提出应急管理信息系统总体框架（图 3-6），也有学者
对信息系统的重要性进行论述。

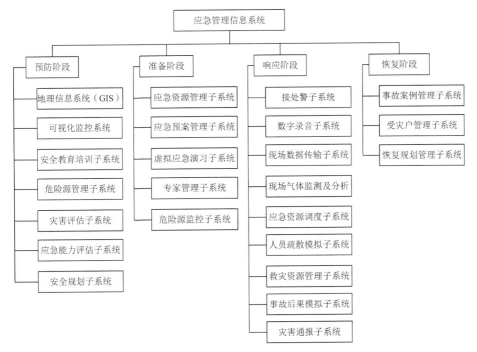

图 3-6　应急管理信息系统功能组成（谢旭阳等，2006）

　　信息系统平台的重要性反映到法律层面上就是我国相关法律法规的明文规定。《中华人民共和国突发事件应对法》第三十七条要求："国务院建立全国统一的突发事件信息系统。县级以上地方各级人民政府应当建立或者确定本地区统一的突发事件信息系统，汇集、储存、分析、传输有关突发事件的信息，并与上级人民政府及其有关部门、下级人民政府及其有关部门、专业机构和监测网点的突发事件信息系统实现互联互通，加强跨部门、跨地区的信息交流与情报合作。"

　　正式信息形成的是一体化信息结构。在组织形态上，所形成的是高度集权化的组织形态，各层级、各信息主体之间形成制度化的信息链结构。在信息的流动正规化，在信息量、信息的准确性、信息的可控性上，此类信息有较高的保障。

3.3.2　水污染公共安全事件非正式信息的生成

1. 信息涡流与非正式信息生成

　　信息涡流与非正式信息的关系在于，非正式信息会加剧信息涡流，信息涡流会产生非正式信息。

　　涡流是物理概念，即电磁感应作用在导体内部感生的电流，是 1851 年法国物理学家莱昂·傅科发现的一种电流现象。导体在磁场中运动，或导体静止但有着随时间变化的磁场，或两种情况同时出现，都可以造成磁力线与导体的相对切割，按照电磁感应定律，在导体中产生感应电动势，从而驱动电流。这样引起的电流在导体中的分布随着导体的表面形状和磁通分布而不同，其路径往往有如水中的漩涡，因而称为涡流。涡流在导体中要产生热量，所消耗的能量来源于使导体运动的机械功，或者建立变电磁场的能源。导体在非均匀磁场中移动或处在随时间变化的磁场中时，因涡流而导致能量损耗称为涡流损耗。

　　据此类比可以发现，在信息与主体发生关系时，会 "感应"出新信息。主体在"涡流"出现后，也会产生"热量"。这种"热量"会造成不同的、一定的损耗。所谓信息涡流是指，伴随着现代信息技术的发展，信息在主体中传播扩散时所形成的紊乱现象，是信息流中的异常现象。

　　政府对正式信息的垄断，造成全社会信息饥渴，产生信息涡流。《重大水污染事件报告办法》《国家突发环境事件应急预案》《国家突发公共事件总体应急预案》等，虽然都对信息报送做出规定，但这些规定大都强调信息在政府体制内的流动，相关法律法规对于面向承灾者和公众的信息发布尚未做明确且可行的规定。导致水污染公共安全事件出现后，政府可以根据意愿任意决定对公众和承灾者的信息发布。由此一来，政府在实践中更多的是从所谓的"稳定"、"安全"角度发布有限的信息，从而在事实上造成占社会主体大多数人的信息饥渴。这种信息饥渴的结果导致有限的信息在主体内部反复流动，伴随着承灾者和公众情绪的发酵，导致信息涡流。松花江水污染公共安全事件中，政府已经掌握了松花江水污染的相关信息，但迟迟未对外做完整透明公布，反而发布诸如全市自来水管网检修之类的虚假信息，导致全市范围内的信息涡流。

与信息垄断向对应的是信息过剩，也可能导致信息涡流。信息过剩来自于对正式信息的变异以及由此产生的各类流言。信息过剩的结果是承灾者和公众丧失对信息的正常辨别能力，只能盲从于五花八门的信息。

2. 水污染公共安全事件非正式信息的生成机制

水污染公共安全事件非正式信息的生成机制可从生成基础、内在机理和逻辑过程三个方面予以说明。

（1）生成基础

第一，水污染公共安全事件非正式信息扩散的无尺度网络特征是生成条件。

无尺度网络以 Barabasi 和 Albert 与美国圣母大学合作开展描绘互联网站点链接项目的研究为起始点，而逐步形成的新的网络理论。1995 年 Watts 和 Strogatz 正式提出小世界网络模型（WS 网络模型）。在此基础上，美国物理学家 Barabasi 和 Albert 通过研究万维网，发现万维网中网页连接的度分布服从于幂律分布，二人把度分布的幂律分布复杂网络称为 scale-free 网络，亦即无尺度网络。

无尺度网络的特性是（董献洲和胡晓峰，2007）：①生长性。无尺度网络随着时间处于不断生长的生长过程，网络中的节点或节点之间的关系可能会因某种原因消失或失去联系，但更多的是不断有新的节点与连接加入该网络。②优先连接性。在新节点加入网络的过程中，并不是按照随机网络理论中的假设随机选取节点建立连接，而是按照一定的优先次序、倾向性、范围或偏好加入网络中来，更倾向于连接具有较多连接数的节点。③有集散节点的存在。④强柔韧性。由于网络节点数量巨大，因此它能够承受意外的故障与损伤。也就是说当大量的节点或连接消失或断开后，并不影响网络的总体结构与功能，也不会导致该网络的瘫痪。⑤幂律分布特性。对无尺度网络的拓扑结构深入研究分析，有助于更好地了解和掌握复杂网络的特点，也有助于理解无尺度网络的动力学行为。

水污染公共安全事件的非正式信息扩散网络也具有无尺度网络特征。其他类型的公共安全事件，如社会安全事件，只要不主动参与或采取一定的隔离措施，是可以避免主体自身损害的。水污染公共安全事件则是在强烈不确定性条件下的"被参与"。在"被参与"的条件下，非正式信息的扩散节点具有无限的生长性，且节点之间的连接按照一定的优先次序、倾向性、范围和偏好来建立，网络具有很强的柔韧性。

第二，水污染公共安全事件非正式信息扩散中的信息涡流是触发条件。

如前所述，非正式信息会加剧信息涡流，信息涡流会产生非正式信息。水污染公共安全事件中，信息涡流的基础性地位表现在使主体产生判断失误。具体而言，表现为①信息涡流使承灾者和公众所关心的信息内容发生变化，即在信息涡流的作用下，主体所关心的原有信息被导向到其他相关主题。②在信息涡流的作用下，主体的心理及行为发生变化。③信息涡流的作用下，信息的关注者发生分化，即原本对同一事件或信息比较关注的行为主体，依据自身利益与兴趣会对事件中的某一局部产生兴趣，从而由原来的利益共同体分化为小的利益团体。

在松花江水污染公共安全事件中，正式信息"哈尔滨市自来水管网将停水检修"出现后，引发了信息扰动源：社会公众与承灾者从常识角度质疑此正式信息，猜测该信息所包含的内隐信息。此时，出于对此信息的多方不同解读，公众和承灾者的基本判断出现分化，信息涡流出现。信息涡流伴随着触发条件的形成，非正式信息由此而产生。

（2）内在机理

水污染公共安全事件非正式信息的生成不仅需要一定的社会基础，更需要一定的内部动因。非正式信息的价值通过其流动性表现，即通过流动性缓解因正式信息的垄断所带来的实质性信息的缺乏，且这种流动具有指向性。这种内部动力，可以从正向和负向动力的角度分析。

第一，水污染公共安全事件的主体行为是决定非正式信息发生的正向动力。①利益需求。非正式信息的产生主要来自3方面，正式信息的变异、官方信息的非正式渠道获取和凭空捏造。其中，正式信息的变异又包括选择性解读和正式信息失真两种情形。作为理性人，实现利益最大化是其追求的目标之一。在水污染公共安全事件的实践中，往往存在这样的情形：公众在接收到水污染相关信息后，通过选择性解读再传播。公众在接收到点滴信息后，通过信息重组再传播，或者将正式信息或保密信息通过非正式渠道传播出去。无论何种形式，都是为了实现自身或他人利益。比如，将水污染公共安全事件信息演变为地震谣言，并劝他人尽快离城，是一种出于对他人生命安危关心的传播；而纯粹的造谣则是为了满足某些人自身不良的利益需求。水污染公共安全事件非正式信息的生成所带来的另一种利益需求的满足，表现为可以给予一部分公众或承灾者以心理的满足感。对于这类行为主体来说，生成和传播非正式信息能够缓解其心理压力。②群体压力。所谓群体压力，即群体中的多数意见对成员个人意见或少数意见所产生的压力。在群体内部，传播活动经常是在"一对多"或"多对一"、"少数对多数"或"多数对少数"的场合下进行。在这种情况下，无论是传播者还是受传者都会感到某种程度的群体压力。在面临群体压力的情况下，大多数的个体和少数意见者一般会对多数意见采取服从态度（郭庆光，1999）。产生群体压力的原因之一是信息压力下产生的从众心理。一般人在通常情况下会认为多数人提供的信息正确性的概率要大于少数人，基于这种认知，个人对多数意见会采取信任和随同的态度，即个人希望与群体中的多数意见保持一致，避免因孤立而遭受群体制裁。群体压力的存在导致水污染公共安全事件中公众和承灾者关注其他人的行为和信息，非正式信息容易被受信者认同和传播，因而成为水污染公共安全事件中非正式信息产生的助推力。③政府的不当作为。水污染公共安全事件中，政府在信息管理上的不当作为表现在以下两方面：一方面对谣言、流言的漠视，正式信息的有限性。政府的不当作为行为所带来的后果是政府在公信力方面的缺失和对非正式信息内容的默认。另一方面，公信力的丧失导致公众和承灾者丧失对政府正式信息的信任，政府对非正式信息内容的默认则鼓励了非正式信息的产生与传播。

第二，水污染公共安全事件非正式信息生成的负向动力。①政策法规的管制。法律在保障公民的言论自由的同时也对与之相关的各种违法行为进行了规定。我国刑法第 291 条有专门的编造、故意传播虚假恐怖信息罪对相关行为进行制裁。在水污染公共安全事件发生后，应急管理机构也往往会成立相应的组织机构对诸如谣言和流言之类的非正式信息的生成进行控制。在松花江水污染公共安全事件发生后，哈尔滨市政府成立了松花江水污染事件应对处置工作领导小组，在该小组中有社会稳定组和宣传报道组。其职责就是：严厉打击造谣、破坏、趁火打劫等各种违法犯罪活动；负责组织新闻发布，保障人民群众的社会知情权；确保信息畅通，为人心安定、社会稳定提供保障。非正式信息并非都是不真实的，也并非都是有害的。但无论如何，在水污染公共安全事件发生后，相关的处置措施都在一定程度上影响了有害的非正式信息的生成。②辟谣。对于水污染公共安全事件非正式信息而言，辟谣是最直接的负向阻力。通过辟谣能够让公众和承灾者获取充分的事件发生信息，是处理公共事件的常用手段。但是辟谣的成功与否取决于 2 点：政府的公信力和辟谣内容的真实性。政府公信力是辟谣成功的前提，对于公信力缺乏的政府，辟谣行为反而可能成为下一轮谣言产生的源头。辟谣内容的真实性则是指政府在辟谣中公布的信息要经受住推敲。

第三，水污染公共安全事件非正式信息生成的扰动源。

在水污染公共安全事件中，若干扰动源会导致非正式信息的生成，主要有以下 2 方面：①危机意识。危机意识是水污染事件态势的感知。危机意识是非正式信息生成的扰动项，对于非正式信息的生成无正或负的直接作用。它伴随着特定水污染公共安全事件的状态而呈现出不同作用。淡薄的危机意识可能导致在面对水污染公共安全事件时惊慌失措而盲目从众；强烈的危机意识可能会使公众和承灾者合理绸缪，从容应对。危机意识主要是对公众和承灾者的心理产生冲击而影响非正式信息的生成。②生活和社会常识。水污染公共安全事件产生后，公众和承灾者往往将所获得的信息与自身的生活和社会常识进行比对，从而做出初步判断，并为下一步行为做准备。生活和社会常识作为扰动源本身受主体的教育和知识背景限制。所以，其扰动的效果与教育层次相关。经受较高层次教育的行为主体在面对水污染公共安全事件时可能更为冷静，反之则更容易冲动。

（3）逻辑过程

在了解水污染公共安全事件非正式信息的生成基础和内在机理后，可以描述一个完整的非正式信息的生成逻辑过程（图 3-7）。

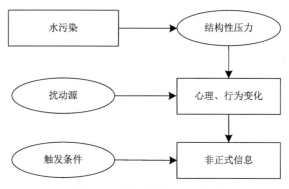

图 3-7　非正式信息的生成过程

水污染构成了水污染公共安全事件非正式信息的起点。水污染为外界感知后，会在承灾者和公众内部形成结构性压力，而且这种结构性压力会产生涟漪效应，迅速在承灾者和公众内部扩散，此时，已经具备非正式信息生成的基础性条件：无尺度网络和信息涡流（无尺度网络是非正式信息生成后不断扩散的前提——只能在人内传播的信息不构成非正式信息）。结构性压力会导致公众和承灾者的心理和行为变化（如抢购水、心理恐慌、从众等），这些心理和行为的变化在扰动源作用下使承灾者和公众做出判断，基于此判断初步做出自己的行为选择，在一定的触发条件下，非正式信息由此产生。

第4章　水污染公共安全事件的信息扩散

随着信息化社会时代的到来，人们对于信息的需求超乎想象，尤其是在一些公共安全事件中，尽可能获取更多信息已成为人们的第一守则。伴随着信息传播技术手段的多样化，现代社会生活中的信息扩散不可避免。而在公共安全事件中，信息是一种十分独特和关键的资源。从目前的实践来看，在公共安全事件发生的第一时间对信息进行控制已经成为管理的"惯例"。研究信息的扩散效应及信息扩散的影响因素、正式信息与非正式信息的扩散路径及扩散模型，并借鉴博弈基本理论，分析应急管理各主体信息博弈模型，有助于更好地进行水污染公共安全事件应急管理。

4.1　水污染公共安全事件的信息扩散效应

公共安全事件中的信息扩散是一柄双刃剑，可能带来正向或负向两种迥然不同的效果。在水污染公共安全事件中，信息扩散效应也具有一般公共安全事件中信息扩散的正负效应。不同的信息扩散会带来不同的社会作用。

4.1.1　水污染公共安全事件信息扩散的正效应

1. 正式信息扩散的正效应

从应急决策者和应急执行者的角度来看，其最为关注的是正式信息扩散所可能带来的后果。对此，从应急决策者和应急执行者对待正式信息的谨慎态度即可发现端倪。

正式信息扩散关乎应急决策的可靠性。在正式信息的流动渠道中，由应急执行者到应急决策者的信息扩散通道有助于应急决策者获取更多的决策支持信息。由应急执行者到应急决策者主要存在着水文信息、地质地理信息、气象信息、污染物排放信息、技术方案信息和风险信息等6类正式信息的扩散。在这6类信息中，除技术方案信息外，其余的正式信息都直接为应急决策服务，直接关系到决策的可靠性与可行性。而技术方案信息本身就是由应急执行者在应急处置过程中根据应急处置的需要向应急决策者提出的，是决策的对象之一。显然，充分的、准确的正式信息有助于提升应急决策的可靠性和可行性。

正式信息扩散关乎于应急决策的执行效果。根据图3-5，从应急决策者到应急执行者存在应急资源储备、社会经济人口结构、应急预案、政府协调机制、应急队伍、技术方案等 6 类信息的流动和扩散。在这几种信息共同为应急处置的执行服务。其中，技术方案由应急决策者对应急执行者直接下达，对应急处置的最终效果起决定性作用。而应急资源储备信息、社会经济人口信息、应急预案信息、协调机制信息、应急队伍信息，此 5 类信息则在一定程度上影响执行效果。如协调机制不健全、相关协作部门的信息和状态不能及时沟通等。因而，充分准确的正式信息有助于提升应急处置的执行效果。

正式信息扩散关乎于提升应急管理的效率。水污染公共安全事件应急管理是在极其紧迫的时间约束条件下进行的一项极其复杂的活动。应急管理效率的高低在一定程度上会左右事件发展的全局，高应急管理效率将会减少可能带来的损失和伤害。应急管理是一项多部门联合行动的过程，由于彼此的专业性和部门差异，各自所获取的以及所需要的信息各不相同，如果无有效的正式信息流动和扩散，各部门各自为战，将会严重影响应急管理的效率。而通过正式信息的有序扩散，不同的部门和单位能够了解各自的目标和任务，实现部门和单位之间的协作，提高应急管理效率。

正式信息扩散关乎于社会公众的心理及行为。水是生命之源，一旦水污染公共安全事件发生，污染发生地的人群都将会不可避免的受影响，因而，水污染公共安全事件的一大特点是事件的影响范围广，对公众的心理冲击大。面对巨大的心理冲击，公众的行为将会发生变异从而有可能将事件导向更不可控的局面。如松花江水污染公共安全事件、四川沱江水污染公共安全事件、太湖蓝藻事件等发生，导致当地人心惶惶，出现抢购、弃城等情形。此时，由政府应急决策者扩散到承灾者和公众的正式信息即扮演了辟谣的重要作用。从实践来看，来自于应急决策者的水文状态、气候气象、地理地质、污染物排放、应急资源储备、社会经济人口结构、应急预案、政府协调机制、应急队伍、风险信息等正式信息的有序扩散，将在一定程度上消除水污染公共安全事件发生后的社会恐慌和社会行为变异。

2. 非正式信息的正效应

水污染公共安全事件关乎于社会公众的生命健康与心理行为，事件的影响范围广，公众的心理与行为可能发生变异而扩大事件的范围与增加应急管理的复杂程度。其中，非正式信息的发生及其公众扩散效应是客观的社会反应，所谓"存在即是合理"。非正式信息的积极面在于：对应急决策者形成强大的舆论压力，不管这种压力的好坏，都将迫使政府以更积极的态度来应对事件，产生非正式信息的正效应。如松花江水污染公共安全事件中，哈尔滨市人民政府成立松花江水污染事件应对处置工作领导小组，设立社会稳定组负责严厉打击造谣、破坏、趁火打劫等各种违法犯罪活动。

4.1.2　水污染公共安全事件信息扩散的负效应

1. 正式信息扩散的负效应

尽管正式信息扩散对于水污染公共安全事件的正效应是巨大的，但从实践来看，政府对于正式信息的控制却相当严格。比如，对待重大公共安全事件，规定各类媒体不得随意发布相关信息等。政府如此谨慎对待公开发布的正式信息，并非担心正式信息的真实性，而是担心正式信息在扩散中被异化后可能产生的后果。无论是太湖蓝藻事件还是松花江水污染公共安全事件，政府的正式信息的扩散在一定程度上印证了公众最初的猜想，这在一定程度上加剧了人们对水污染公共安全事件潜在威胁的恐慌，严重时会导致恶劣后果。

2. 非正式信息扩散的负效应

在包括水污染公共安全事件在内的公共安全事件中，政府管理者一般都将非正式信息扩散视为洪水猛兽，这源于非正式信息扩散在公共安全事件的负效应。一般来说，非正式信息扩散的负效应主要有两种表现形式，即劣币驱逐良币效应与羊群效应。

（1）劣币驱逐良币效应。劣币驱逐良币，又称格雷欣法则，是经济学中的一个著名定律。它描述的是铸币时代，当那些低于法定重量或者成色的铸币——"劣币"进入流通领域后，人们会倾向于将那些足值货币"良币"收藏起来而使用"劣币"，最后，良币将被驱逐，市场上流通的就只剩下劣币了。在水污染公共安全事件信息扩散中，同样也存在"劣币"和"良币"，即非正式信息和正式信息。当政府正式信息供给不足（即政府无法持续可靠的更新和供给正式信息来保证公众的知情权）的情况下，非正式信息的扩散将占据主要地位，这时政府部门必须增加正式信息的供给量才能保证正式信息与非正式信息的均衡。

（2）羊群效应。在一群羊前面横放一根木棍，第一只羊跳了过去，第二只、第三只也会跟着跳过去；这时，把那根棍子撤走，后面的羊，走到这里，仍然像前面的羊一样，向上跳一下，尽管拦路的棍子已经不在了，这就是所谓的"羊群效应"，也称"从众心理"。羊群效应是指由于信息不充分且缺乏了解，行为者很难对事物未来的不确定性做出合理预期，往往是通过观察周围人群的行为而提取信息，在这种信息的不断传递中，许多人的信息将大致相同且彼此强化，从而产生的从众行为。"羊群效应"是由个人理性行为导致的集体非理性行为的一种非线性机制。在非正式信息扩散中，最初的非正式信息生成之后，会在扩散过程中通过羊群效应的作用，产生非正式信息扩散的负效应。

4.2　影响水污染公共安全事件信息扩散的因素

信息扩散是人类社会生活的基本特征之一。所谓扩散是指信息经由特定的渠道，在某一社会团体的成员中传播的过程（罗杰斯，2002）。宫辉和徐渝（2007）认为，影响信息传播的因素有信息的内容、性质以及信息传播者的社会地位。张军华（2007）分析了影响网络信息传播的因素，并将其归结为自身因素（包括信息价值大小、保密程度、语言表达方式）、环境因素（包括社会政治、经济发展、教育水平、科技水平、民族特点）和传播因素（传播方职业、知识结构、年龄、性别、信息素质和传播者的经济水平）。魏玖长和赵定涛（2006）则进一步就危机信息传播的影响因素予以分析。在申农等人的信息传播模型的基础上，指出危机事件、危机编码、通道、危机解码、噪声和危机反馈6个方面的因素都会影响危机信息传播。

影响信息扩散和传播的因素是繁杂的。信息传播中的信源、信道、技巧和信宿都会对信息的扩散与传播产生影响（赵建国，2008）。就水污染公共安全事件而言，其信息扩散和传播的最主要影响因素有如下几个：

1. 信息主体的价值观和立场

所谓价值观是指主体对客观事物按其对自身及社会的意义或重要性进行评价和选择的标准。价值观对个人的思想和行为具有一定的导向或调节作用，使之指向一定的目标或带有一定的倾向性（郭莲，2002）。在水污染公共安全事件中，信息主体的价值观会直接影响到其对待信息的行为，政府作为最主要的利益相关者，在水污染公共安全事件中，对信息的抉择具有最大的处置机会和权力。这样，信息主体在信息扩散中首先就要考虑是站在何种立场上对待信息扩散。显然，不同立场和价值观会导致在信息扩散和传播中的不同结果，这种影响表现在是否扩散以及扩散什么信息内容、扩散多少信息等。在实践中，信息被"瞒报"是一个极其普遍的现实（何如旦，2006）。当信息主体以本人或本部门的利益为主时，其行为将会严重影响到信息扩散和传播，这一点在SARS事件、松花江水污染公共安全事件中都得到过表现。

"发送者是什么人，这本身就是任何信息的一个至关重要的组成部分。它的作用之一就是帮助确定对该信息相信到什么程度。"一个普遍的认知心理定势是只有那些来自可靠信息来源的信息才更可靠，从而此类信息也更容易被扩散（赵建国，2008）。赵建国认为信息主体的可信度是指传播媒介和传播者在受众中得到接受、认可与信任的程度。可信度包含传播者的信誉和专业权威性这两个要素。

2. 信息接受者的知识结构和知识水平

所谓知识结构，是指一个人为了某种目的需要，按一定的组合方式和比例关系所建构的、由各类知识所组成的、具有开放、动态、通用和多层次特点的知识构架（王学，2004）。知识水平是专业知识所达到的高度，也就是人员本身具有的科学文化的程度。知识结构和知识水平构成了人的知识能力。水污染公共安全事件信息与其他信息不同的一大区别是此类信息具有很强的专业性，只有具有一定的专业知识的人才能有效认知。因而，人的知识能力对信息扩散和传播造成影响。从信息的接收方来看，信息在对具有不同知识能力的人之间传播扩散，会形成一定程度的"过滤"，即不同信息会有指向性的扩散传播到特定人群。具有较强的知识能力的人在水污染公共安全事件中会依据自身的知识能力进行判断，不会轻易对谣言、流言形成恐慌，而会对各种信息进行独立思考，最后形成个人看法并付诸相应的行动。相反，自身知识能力较弱、知识结构不全或知识水平低下的人群，则更容易对社会上流传的各种信息敏感而盲目从众。

3. 信息的价值

信息的价值在于满足信息需要者的需求，特定的信息对特定需要的用户有强烈的时效性，信息的价值随着时间的改变而改变。信息价值的有效周期，一般分为 4 个阶段：升值期、峰值期、减值期和负值期，不同的周期呈现不同的价值（张军华，2007）。信息的价值不同，人们对信息的需求程度就不同，传播信息的热情也不一样。老化的信息会失去任何价值，对处于减值期和负值期的信息需求度不高，其扩散和传播也就会受到影响。刘新军和刘永立（2007）以煤矿事故的瞒报为例构建了瞒报的定量分析模型，该模型表明，当瞒报成功的概率较大且行为者偏好风险时，瞒报信息所带来的期望收益大于如实上报的收益，就会选择瞒报。因此在信息扩散中，信息扩散者存在成本效益分析的过程。对于处于升值期或峰值期的信息，其扩散速度十分迅速，反之则相对缓慢。以松花江水污染公共安全事件为例，在政府发布全市自来水停水检修的公告后，诸如地震、洪水等新鲜"出炉"的信息就是处于升值期的信息，此类信息满足了人们对于政府发布的信息的质疑心理，具有极高的价值，故其扩散速度十分迅速；当政府进一步发布更加真实透明的信息之后，此类谣言信息的价值即已归零，在社会上逐渐销声匿迹。

4. 信息扩散的渠道

渠道是连接信息发送方和接收方的桥梁。高旭辰等（2008）对信息传播中的渠道方式进行实证分析，得出不同的信息扩散渠道和方式对信息传播的效果会产生影响。殷玉平（2008）则以公共事件中的谣言扩散为例，分析认为谣言主要有4 个途径扩散，分别是网络扩散、手机短信扩散、广播电视和报刊图书、口头扩散。由于网络和手机的广泛使用，信息扩散的速度非常迅速，网络和手机已经成为影响信息扩散的重要因素。

手机尤其是手机短信由于具有即时获收、传播快捷、方便携带、信息可群发、高互动性、不需要语音支持等特点，日益成为一种普及率高的扩散手段（邓媛，2008）。在公共安全事件中，手机短信的正面影响在于"传递民声，化解危机"、"紧急预警，保障民益"、"破除障碍，畅通信道"、"传递关爱，安抚民心"等功能。张文娟（2007）认为在危机事件中手机短信对于正式信息的影响在于对潜伏期、突发期、蔓延期、恢复期都有不同的影响。在潜伏期，手机短信可以实现快速预警和适度免疫；在突发期，可以第一时间告知和辟谣；在蔓延期，可以参与决策和引导舆论；在恢复期，可以安抚情绪和人文关怀。就非正式信息而言，其传播扩散具有"失真大、传播快、误信度高、规模反差效应、反馈迅速、选择性和目的性强"等特点（代晓红，2004），故手机短信对于非正式信息的传播扩散具有负的影响，这表现在能够在一定程度上助长了谣言和流言的扩散（邓媛，2008）。

5. 信息扩散的技巧

信息的扩散是信息由发送方传达到接收方的完整的过程。在这一过程中，一些特殊的信息扩散技巧有助于信息扩散，并达成预期目标。所谓扩散技巧就是指扩散者在扩散过程中，为达到预期目标所采用的方式（田大强，1995）。李希光和孙静惟（2009）认为，一些技巧有助于信息的扩散，提出危机扩散中的四个原则："表态也是行动；握紧'真诚'这张入场券；让大家看到你的措施；一种声音说话"。松花江水污染公共安全事件中，黑龙江省省长喝下了松花江恢复供水后第一口水；在太湖蓝藻事件中，无锡市委书记和市长亲自饮用了烧开后的自来水；通过这些方式，有关水污染公共安全事件已经终结的信息得到有效传播。

4.3　水污染公共安全事件信息扩散路径

国外不同学者对信息扩散的路径进行研究。其中比较有影响的是莱维特根据实验得到的 5 种正式信息扩散路径，戴维斯提出的非正式信息扩散的 4 种路径。调研发现，水污染公共安全事件中，信息扩散具有同样的扩散路径。

1. 水污染公共安全事件正式信息的扩散路径

水污染公共安全事件正式信息是通过正式渠道来扩散的信息，其扩散路径也是根据组织机构、规章制度来设计的。根据莱维特的研究，正式信息的扩散路径有链式、环式、轮式、全通道式和 Y 式 5 种。巴维拉斯曾对 5 种扩散路径进行了实验比较。

水污染公共安全事件正式信息的链式扩散路径如图 4-1 所示。代表一个五级层次逐级传递，信息可以向上传递或向下传递。它也可以表示主管与下级部属间有中间管理者的组织系统。此路径模式的优点在于传递信息的速度快、解决问题时效高；缺点则是信息经层层筛选后容易失真、信息传递者接收的信息差异较大（陈亮，2005）。

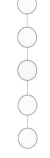

图 4-1　链式

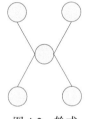

图 4-2　轮式

水污染公共安全事件正式信息的轮式扩散路径如图 4-2 所示：表示管理人员居中，分别与四个下级沟通，而四个下级之间没有相互沟通，所有的沟通都通过管理人员。此路径模式的优点在于：集中化程度高、解决问题速度较快；解决问题精度高；对领导人的预测能力要求较高：处于中心地位领导人的满足程度较高。其缺点是：沟通途径少，平行沟通不足，不利于士气提高，组织成员心理压力较大，成员平均满足程度较低（陈亮，2005）。

水污染公共安全事件正式信息的环式扩散路径如图 4-3 所示。表示信息扩散主体之间依次联系沟通。这种结构可能发生于 3 个层次的组织结构。此路径模式的优点在于：组织内民主气氛较浓、团体的成员具有一定的满意度。其缺点是：组织内集中化程度和领导人的预测程度较低、畅通速度较慢、信息易于分散、往往难以形成中心（陈亮，2005）。

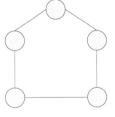

图 4-3　环式

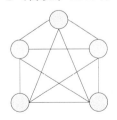

图 4-4　全通道式

水污染公共安全事件正式信息的全通道式扩散路径如图 4-4 所示：表示组织内每个行为主体都可与其他四个直接地自由沟通，并无中心物，所有成员都处于平等地位。此路径模式的优点在于：网络高度分散、所有成员相互平等、各沟通者全面开放。其缺点是：沟通途径太多、对较大的组织不适合、沟通路线和数目限制信息的接收和传出能力（陈亮，2005）。

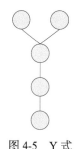

图 4-5　Y 式

水污染公共安全事件正式信息的 Y 式扩散路径如图 4-5 所示：Y 式是一个纵向信息传递途径，表示 4 个层次的信息逐级传递的过程。这种沟通的优点是：集中化程度较高、较有组织性、信息传递和解决的速度较快、组织控制比较严格。其缺点是：组织成员之间缺乏直接的横向沟通、不能越级沟通、信息层层筛选、造成信息失真（陈亮，2005）。

对于此 5 种扩散路径的比较如表 4-1 所示：

表 4-1　五种正式信息扩散路径对比（余凯成，2006）

扩散路径模式	效率	精确度	效果	领导者的作用	士气	其他影响
链式	快	准	较易产生组织化，组织很稳定	显著	低	任何环节都不能有误或打折扣
轮式	快	准	迅速产生组织化并稳定下来	非常显著	很低	成员之间缺乏了解，工作很难以配合、支持
Y 式	快	准	较易产生组织化和组织稳定	显著	低	
环式	慢	低	不易产生组织化，不稳定	不存在领导作用	高	邻近成员之间联系，远一点则无法沟通，临时性的
全通道式	慢	较准	不易产生组织化	不存在领导作用	高	成员之间真正相互了解，适合解决复杂问题

2. 非正式信息扩散路径

非正式信息是通过非正式的沟通网络来扩散的。美国心理学家戴维斯通过对非正式信息扩散路径的研究提出非正式信息扩散的 4 种形式——单串型、饶舌型、概率型和密集型。在水污染公共安全事件中，非正式信息扩散的沟通形式不拘，传递速度较快，可提供正式途径难以获得的信息，是正式信息传递途径的必要补充。这种非正式信息扩散同样具有此四类。

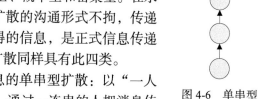

图 4-6　单串型

水污染公共安全事件非正式信息的单串型扩散：以"一人传一人"为特征，通过一连串的人把消息传播给最终接受的人（图 4-6）。

水污染公共安全事件非正式信息的饶舌型扩散：以"一人传多人"为特征，信息由一个人告诉其他人（图 4-7）。

水污染公共安全事件非正式信息的概率型扩散：以"一人偶然传"为特征，信息由一个人随机地传给某几个人，再由这些人传递给其他人，并无一定的中心人物（图 4-8）。

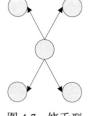

图 4-7　饶舌型

水污染公共安全事件非正式信息的密集型扩散：以"一人成串传"为特征，在信息传递途径过程中，可能有几个中心人物，由他人转告若干人，而且有某种程度的弹性（图 4-9）。

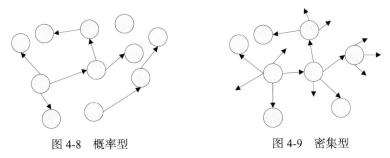

图 4-8　概率型　　　　　　　　　图 4-9　密集型

4.4　水污染公共安全事件信息扩散模型

4.4.1　水污染公共安全事件信息扩散模型概述

信息扩散在方式上是多种多样的。从流向上看，有一对一、一对多等；从持续性上看，有持续扩散和间断扩散；从模式来看，可以分为线性模式、控制论模式等。

对于信息扩散，有 2 个不同的领域对此进行研究——传播学和情报学。基于不同的研究思想和方法，有不同的信息扩散方式或模式被学者提出。根据，英国学者丹尼斯及其助手斯文（1990）的总结共有 28 种代表性的模式，其中影响最大的有如下几种：

1. 拉斯维尔模式

拉斯维尔在 1948 年就提出著名的 5W 模式，即谁（Who）、说了什么（says What）、通过什么渠道（in Which channel）、对谁（to Whom）、取得了什么效果（with What effect）？拉斯维尔模式显示了信息扩散的一般原则，对信息扩散活动的机制及要素进行了简洁直观的说明。但此模式是一个信息单向流动的线性模式，忽略了循环往复的双向流动过程（图 4-10）。

图 4-10　拉斯维尔模式（丹尼斯和斯文，1990）

2. 申农-韦弗模式

1949 年，信息论的创始人申农和韦弗从通信工程的技术设施抽象出发，将通讯原理运用于信息的传播扩散，从而形成了申农—韦弗模式（图 4-11）。

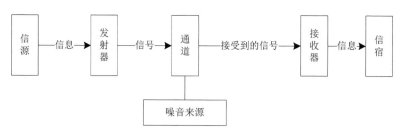

图 4-11　申农—韦弗模式（丹尼斯和斯文，1990）

该模式中，信息从信源出发，通过发射器产生适用于所用通道的信号，传到接收器，接收器将信号还原为信息，被信宿所理解和接收。该模式区别于其他模式的要点在于它提出了"噪音"的概念，噪音被定义为所有对正常信息传播的干扰，其中包括发射器本身出现的故障以及外界的干扰，客观地反映出传播扩散过程中由于各种干扰所引起的信息失真。同一时刻、同一通道内如果通过许多信号，就有可能发生相互干扰，导致发出的信号与接收的信号间产生差别。

这一模式的不足在于仍旧是单向的、线性的信息流动模式。德福勒对此模式进行改进，形成了德福勒模式（图 4-12）。

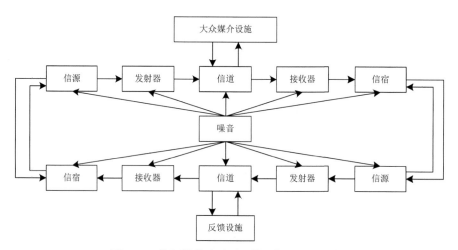

图 4-12　德福勒模式（丹尼斯和斯文，1990）

3. 施拉姆模式

施拉姆模式的中心是媒介组织,其执行功能是编码、释码和译码。媒介组织将来自信源的信息,转化为一种适宜传递工具和预期接受者的语言或代码发送给广大受众,广大受众是由个体组成的,而绝大部分个体是分属于各个基本群体和次要群体的,个体在此群体内对接收到的信息进行再解释,并据此行动(图 4-13)。

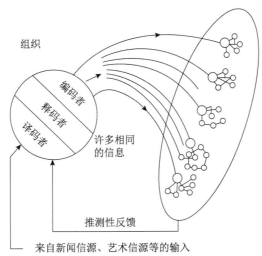

图 4-13　施拉姆模式(丹尼斯和斯文,1990)

4. 米哈依洛夫模式

米哈依洛夫是从情报学的角度来研究信息的传播扩散。米氏将科学情报生产者与使用者之间的情报交流过程分解为非正式和正式交流 2 种类型,提出了广义的情报交流模式(图 4-14)。

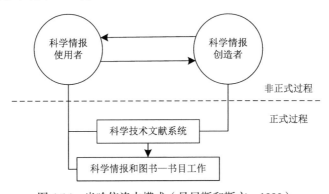

图 4-14　米哈依洛夫模式(丹尼斯和斯文,1990)

5. 热传导模式

热传导是物理学中热量传递的一种基本方式，是指能量从物体的温度较高的部分传递到温度较低部分的过程。信息的扩散具有与热传导相似的性质，即信息的流动也是从密度大的地方向密度低的地方扩散。据此，Avramescu 于 1973 年最早提出信息扩散中的热传导模式。

Avramescu 认为，信息扩散函数可以表述为

$$\mu(x,t) = \frac{1}{\sqrt{4\pi at}} e^{-\frac{x^2}{4at}} \qquad (4\text{-}1)$$

6. 传染病模式

传染病模式是由美国情报学家 Goffman 在 20 世纪 60 年代提出。该模式以生物学为参照学科，与流行病与情报在科学研究中的传播之间进行类推。应用流行病学特征，使用疾病的流行过程或传染过程描述情报的传播过程。其中一个简单的传染病数学模型是其逻辑模型，公式表示如下：

$$\frac{\mathrm{d}n}{\mathrm{d}t} = \beta \cdot n(N - n) \qquad (4\text{-}2)$$

式中，N 为研究人员总数；n 是接收情报的人数；$N\text{-}n$ 则为未接收到情报的人数；t 为时间；β 为人际传播系数。

4.4.2　水污染公共安全事件中的正式信息扩散

水污染公共安全事件中，正式信息的扩散对象包括应急决策者与应急执行者之间的正式信息互动，以及应急决策者对承灾者以及公众之间的正式信息扩散。前者实际上是在政府应急管理体制内的信息流动，故信息流动是规范性的。后者的信息扩散是开放性的，对于正式信息扩散的研究主要是应急决策者对承灾者和公众的信息扩散。作为研究起点，以 Avramescu 提出的信息扩散热传导模型为基础模型，作进一步的理论推导。

1. 基本假设和符号定义

为规范研究，对于由应急决策者对承灾者和公众的正式信息扩散作如下假设：

（1）由于承灾者与公众在信息扩散中性质差异细小，在分析中对承灾者和公众作无差别处理，都作为信息的接收者统一称作公众，并假设应急决策者为信息输出者。

（2）假设信息扩散是单方向的，即只由应急决策者扩散到公众，而不考虑公众对应急决策者的信息反馈。

为方便表述，作如下的符号定义：

Q——信息扩散总量；

q——信息扩散过程中信息流量；

μ——应急决策者具有的信息势；

λ——应急决策者对信息的传导系数；

x——公众对信息的吸收能力；

t——信息扩散时间。

2. 水污染公共安全事件的正式信息扩散模型

由于水污染公共安全事件的政府管理体制的原因，应急决策者在水污染公共安全事件中对于正式信息具有绝对的垄断地位，即具有强大的信息势。这样，可以发现由应急决策者到公众的信息扩散过程中，信息扩散的总量 Q 与信息势差 μ、信息扩散时间 t 以及信息扩散对象 F 之间存在如下关系：

$$Q \propto F \frac{\Delta \mu}{\Delta t}$$

引入信息吸收能力系数 x，则上式中的比例式变成等式：

$$Q = xF \frac{\Delta \mu}{\Delta t} \tag{4-3}$$

式（4-3）表明，信息扩散的总量与信息势差、信息扩散对象以及信息传导系数成正比，与信息扩散时间成反比。式（4-1）根据导数的概念可得

$$\lim_{\Delta x \to 0} \frac{\mu_1 - \mu_2}{\Delta t} = \frac{\mathrm{d}\mu}{\mathrm{d}t} \tag{4-4}$$

则

$$q_q = \frac{Q}{F} = x \frac{\mathrm{d}\mu}{\mathrm{d}t} \tag{4-5}$$

因此，公众接收（下标为 p）的信息流量为

$$q_p = x \frac{\mathrm{d}\mu}{\mathrm{d}t} \tag{4-6}$$

在水污染公共安全事件中，正式信息对公众的扩散具有从信息密度大的地方

（应急决策者）向信息密度小的地方（公众）扩散的特点，这一点与物理学中的热传导相似。根据 Avramescu（1973）并由式（4-6）可得正式信息由应急决策者向公众扩散的傅里叶方程：

$$\lambda \frac{\partial^2 \mu}{\partial x^2} = x \frac{\partial \mu}{\partial t} \tag{4-7}$$

进一步简化，得

$$a \frac{\partial^2 \mu}{\partial x^2} = \frac{\partial \mu}{\partial t} \tag{4-8}$$

式中，$a = \lambda / x$，即信息扩散率。式（4-8）是水污染公共安全事件中的正式信息扩散方程。

设式（4-8）的定解条件为（倪波和霍丹，1996）

$t = 0, x = 0, \mu = \infty$ ；

$t = 0, x \neq 0, \mu = 0$ ；

$$x = +\infty, \frac{\partial \mu}{\partial t} = 0$$

则

$$\mu = \frac{1}{\sqrt{4\pi at}} e^{-\frac{x^2}{4at}} \tag{4-9}$$

则式（4-9）是水污染公共安全事件中应急决策者对公众的正式信息扩散的信息密度函数，该函数是一条高斯曲线。

3. 水污染公共安全事件正式信息扩散模型的启示

（1）信息扩散率 $a = \lambda / x$ ，λ 是应急决策者对信息的传导系数。传导系数越大，则在相同信息势条件下，可以传导更多信息。水污染公共安全事件中，信息传导系数与应急决策者所采取的信息扩散方式紧密相关，即传导系数是指应急决策者所扩散出来的信息相对于公众而言的可获取性。比如，在水污染公共安全事件中，采取电视滚动播报事件信息的方式与采取新闻报纸报道事件信息的方式相比，前者的传导系数更大，后者则由于报纸的发行原因，传导系数相对较小。再如，水污染公共安全事件中，政府通过电视发布相关信息，其信息扩散面是针对具有看电视习惯和看电视条件的公众群体，对于高校学生则影响不大；同理，利用手机发布信息或利用网络发布信息则是针对手机拥有者或上网便利者。显然，信息的可获取性增加能够促进尽可能多的社会公众获取信息。

因此，在水污染公共安全事件中，信息扩散率的意义：a 越大，表示水污染公共安全事件正式信息扩散时，公众获取事件信息的速度越快。

（2）信息势差。对式（4-9）求导可得

$$\frac{\partial \mu}{\partial t} = \frac{1}{\sqrt{4\pi a}}\left(-t^{-\frac{3}{2}}e^{-\frac{x^2}{4at}} + \frac{x^2}{4a}t^{-\frac{5}{2}}e^{-\frac{x^2}{4at}}\right) \tag{4-10}$$

令 $\frac{\partial \mu}{\partial t} = 0$，则

$$\frac{1}{\sqrt{4\pi a}}\left(-t^{-\frac{3}{2}}e^{-\frac{x^2}{4at}} + \frac{x^2}{4a}t^{-\frac{5}{2}}e^{-\frac{x^2}{4at}}\right) = 0 \tag{4-11}$$

式（4-11）化简后可得 $t = \frac{x^2}{4a}$，即在 $t = \frac{x^2}{4a}$ 时，正式信息扩散的密度函数取最大值，即信息势差最大。

4.4.3　水污染公共安全事件的非正式信息扩散

1. 基本假设和符号定义

水污染公共安全事件中，非正式信息的扩散在公众和承灾者内部的流动，故对非正式信息扩散的研究做如下假设：

（1）研究非正式信息在公众和承灾者内部的扩散。假定公众和承灾者是同质的，无论是公众还是承灾者都具有相同的非正式信息获取能力、信息传播扩散能力，并对信息做出相同的行为反应。因此，为便于表述而将公众和承灾者统称为公众。

（2）非正式信息的扩散不考虑公众的出生、死亡、人口流动等因素，并假定水污染区域内的公众数量保持常数 N。

（3）公众可以分为 3 类：不知道非正式信息的人群 S；知道非正式信息并且有能力继续传播非正式信息的人群 I；知道非正式信息但是对信息的传播已经失去兴趣的人群 R。

为方便表述，作如下的符号定义：

N——公众的总人数；

$s(t)$——t 时刻不知道非正式信息的人的数量比例；

$i(t)$——t 时刻知道非正式信息并且有能力继续传播非正式信息的人的数量比例；

$r(t)$ ——t 时刻知道非正式信息但是对信息的传播已经失去兴趣的人的数量比例；

k ——非正式信息的传播率（每个具有传播能力的人每天传播信息的人数），常数；

l ——恢复率（每天对信息失去兴趣的人占知道信息的人的比例），常数；

σ ——传播期的传播数（$\sigma = l/k$）。

2. 水污染公共安全事件的非正式信息扩散模型

根据前述假设及信息扩散的 SIR 模型，可以建立水污染公共安全事件非正式信息扩散的微分方程组：

$$\begin{cases} \dfrac{\mathrm{d}i}{\mathrm{d}t} = ksi - li \\[2mm] \dfrac{\mathrm{d}s}{\mathrm{d}t} = -ksi \\[2mm] s(t) + i(t) + r(t) = 1 \\[1mm] i(0) = i_0, s(0) = s_0 \end{cases} \qquad (4\text{-}12)$$

式（4-10）消去 $\mathrm{d}t$，可得

$$\begin{cases} \dfrac{\mathrm{d}i}{\mathrm{d}s} = \dfrac{\sigma}{s} - 1 \\[3mm] i\big|_{s=s_0} = i_0 \end{cases} \qquad (4\text{-}13)$$

则

$$i(s) = (s_0 + i_0) - s + \sigma \ln \frac{s}{s_0} \qquad (4\text{-}14)$$

这样，在 $i(s)$ 的定义域 $D = \{(s,i) | s \geqslant 0, i \geqslant 0, s+i \leqslant 1\}$ 上，可以发现非正式信息的扩散具有如下特征：

（1）当 $s_0 = \sigma$ 时，$t \to \infty$，则 $i \to 0$。

（2）当 $s_0 > \sigma$，$i(t)$ 先升后降至 0，即传播非正式信息的公众人数会增加，在到达峰值后，逐渐减少为 0，此时非正式信息是传播的。

（3）当 $s_0 < \sigma$，$i(t)$ 单调降至 0，即非正式信息不会在公众中大量传播蔓延。因此，σ 构成了非正式信息在公众之间传播与否的阈值。从 σ 的意义可知，为了减少非正式信息传播，应该降低传播率，提高恢复率，即加大政府正式信息供应。

3. 水污染公共安全事件非正式信息扩散的模型改进

水污染公共安全事件中非正式信息扩散 SIR 模型在一定程度上描述了非正式信息的扩散过程，但实际上存在 2 种不同的信息扩散，一是非正式信息扩散，二是正式信息扩散。这两种信息扩散存在彼此相互影响的关系，即正式信息扩散会影响公众对于非正式信息的判断，从而影响其是否决定继续传播扩散非正式信息；反过来，非正式信息的传播扩散状态也会反馈到应急决策者，并调整进一步的正式信息发布策略。为便于表述，做出假设如下：

（1）正式信息的扩散会减少非正式信息的扩散[①]。假定公众由有能力继续传播非正式信息到对其传播扩散失去兴趣的转变，即由 I 到 R 的转变，是由于正式信息扩散导致的，而不考虑因公众对非正式信息的反感、麻木等而导致的转变。

（2）假定对于处于 S 状态的公众，即便是得到了正式信息，仍然会变成 I 状态的公众，因为 S 状态的公众只有同时得到正式信息和非正式信息之后，才能通过自己的判断决定不再对非正式信息感兴趣。

（3）假定恢复率 l 由正式信息的扩散来决定。联立式（4-12）以及式（4-8）中信息扩散率的界定，可以建立新的水污染公共安全事件信息扩散的微分方程组：

$$\begin{cases} \dfrac{\mathrm{d}i}{\mathrm{d}t} = ksi - li \\ \dfrac{\mathrm{d}s}{\mathrm{d}t} = -ksi \\ s(t) + i(t) + r(t) = 1 \\ i(0) = i_0, s(0) = s_0 \\ l = \lambda / x \end{cases} \tag{4-15}$$

则，可得

$$i(s) = (s_0 + i_0) - s + \frac{\lambda}{kx}\ln\frac{s}{s_0} \tag{4-16}$$

$$s(t) = s_0 \mathrm{e}^{-\frac{xk}{\lambda}r(t)} \tag{4-17}$$

---

① 在特殊条件下，正式信息的扩散也有可能会导致非正式信息扩散的增加。松花江水污染公共安全事件中，哈尔滨市人民政府公布的自来水网管停水检修即为典型例子。但是，通过后续正式信息的纠正，对水污染状态进行信息公开，则进一步消解了水污染公共安全事件的非正式信息扩散。在其他的相关案例中（如四川沱江水污染公共安全事件、神农溪的水华事件），由于政府正式信息的扩散，非正式信息生成较少，在一定程度上表现为了二者此消彼长的关系。

$$r(t) = 1 - s(t) - i(t) \tag{4-18}$$

另，根据式（4-15）可得

$$\frac{\mathrm{d}i}{\mathrm{d}t} = ki(s - \frac{\lambda}{xk}) \tag{4-19}$$

令 $\frac{\mathrm{d}i}{\mathrm{d}t} = 0$，可得

$$s = \frac{\lambda}{xk} \tag{4-20}$$

对式（4-20）进行讨论：

当 $s_0 \leqslant \frac{\lambda}{xk}$ 时，$\frac{\mathrm{d}i}{\mathrm{d}t} \leqslant 0$，此时，非正式信息扩散无法实现，处于 I 状态的公众数量，将会由 Ni_0 逐渐减少为 0。

当 $s_0 > \frac{\lambda}{xk}$ 时，$\frac{\mathrm{d}i}{\mathrm{d}t} > 0$，则开始时 $i(t)$ 单调递增，但在 $i(t)$ 增加的同时，$s(t)$ 单调递减。当 $s(t)$ 减少到小于或等于 $\frac{\lambda}{xk}$ 时，$i(t)$ 开始减小，直至非正式信息完全消失。

因此，控制非正式信息扩散的关键是使 $s_0 \leqslant \frac{\lambda}{xk}$，即增大 $\frac{\lambda}{xk}$，降低 s_0。这样，对于控制水污染公共安全事件中非正式信息的扩散具有如下启示：

增大 λ。λ 是应急决策者向公众扩散正式信息时的传导系数。在同等条件下，λ 越大，则应急决策者能够向公众传播扩散更多的正式信息以引导视听。一般来说，增大 λ 的手段有选择恰当的信息传播扩散工具，发布恰当的信息内容等。李旸熙（2008）对哈尔滨的二次水污染公共安全事件进行案例分析，表明政府通过及时有效的正式信息供给向公众发布更多、更透明的水污染公共安全事件信息，有助于快速减缓非正式信息的扩散传播。该案例中，仅经过 24 个小时非正式信息扩散即已基本消失。

降低 x。x 是公众对各种信息的吸收能力。公众的信息吸收能力对水污染公共安全事件中信息的传播扩散具有双重的影响作用：对正式信息扩散而言，较低的信息吸收能力不利于公众获取正式信息，因而不利于政府通过发布正式信息的方式实现对非正式信息扩散的控制；同时，对非正式信息扩散而言，公众较低的信息吸收能力不利于非正式信息在公众内部的传播扩散。公众的信息吸收能力与其教育状况、信息获取手段等密切相关。

降低 k。k 是每个具有传播非正式信息能力的人每天传播信息的人数，其值越

小则表明在单位时间内非正式信息扩散的速度越慢。k 与多个因素相关。日常应急教育可以使公众在面对水污染公共安全事件时降低对非正式信息兴趣，努力做到不听不信不传。

4.5 水污染公共安全事件中的信息博弈

4.5.1 水污染公共安全事件中各主体信息博弈的典型代表

博弈论是一种关于行为主体策略相互作用的理论，已形成一套完整的理论体系和方法论体系。博弈由局中人、行动、信息、策略、支付、结果和均衡等要素构成，主要研究人们的策略相互依赖行为，以及研究人们的行为在直接相互作用时的决策及决策均衡等问题。博弈论认为，决策主体都是理性的，即决策主体都会在一定的约束条件下最大化自身的利益，而其利益不仅受自身决策的影响，同时还受其他决策主体的选择的影响，而且反过来影响其他决策主体的决策问题和均衡问题。

研究者一般将危机事件或公共安全事件中的政府、大众媒体和公众这三方主体的信息博弈作为研究对象。郑旭东（2009）对地震危机中的信息博弈问题进行分析，将局中人确定为政府、媒体和公众，并分别描述了三方主体的策略和信息博弈模式。彭宇（2008）也将参与博弈的局中人划分为政府、传媒和公众，分析了各博弈主体的信息诉求，并对博弈模式进行分析，提出良性博弈模式和恶性博弈模式的划分。

水污染公共安全事件中，信息主体都具有各自内在利益要求，这些利益所追求的目标各不相同且存在冲突，从而，各主体的信息博弈在一定程度上均可以还原成利益的博弈。由于信息有正式信息和非正式信息之分，且信息主体可以分为水污染公共安全事件的应急决策者、应急执行者、承灾者和公众，这样，水污染公共安全事件中存在如下的信息博弈关系。

作为组织，无论是应急决策者还是应急执行者都面临着 3 个方面的利益：公共利益、组织利益和个体利益。在水污染公共安全事件中，各信息主体都是在一定的利益下决定对信息的取舍，追求的目标是公共利益、组织利益和个体利益之和的最大化。当应急执行者如实的向应急决策者报告了水污染公共安全事件信息，则应急决策者据此进行决策可以维护社会的公共利益，但是应急执行者却可能面临因对事件预防不力、前瞻性不够等带来的组织处分和个人处分。此时，应急决策者在三个利益方面都实现了最大化，但是应急执行者却承受了组织利益和个体利益受损的风险。当应急执行者选择瞒报或虚报，应急决策者不能正确地做出决策并付诸实施时，会导致公共利益受损，同时组织利益和个体利益也会受损。就公众和承灾者而言，公众和承灾者的公共利益也是应急决策者的公共利益的一个构成方面，当应急决策者的正式信息不足，非正式信息四处扩散时，公众和承灾者的行为选择会被引到向极端，从而导致其利益受到损害。

通过对水污染公共安全事件中不同信息博弈主体的分析，有助于进一步认识信息扩散和信息管理的规律，为水污染公共安全事件提供更好的应急处置服务。

4.5.2　水污染公共安全事件中的信息博弈

1. 应急决策者与应急执行者之间的信息博弈模型

（1）局中人：应急决策者 D，应急执行者 E。

（2）行动：应急决策者的行动集合假设为 A_D={发现，不发现}；应急执行者的行动集合假设为 A_E={虚报，实报}。

（3）信息：假设局中人的信息是完全信息。

（4）收益：应急执行者在虚报信息而未被发现时获得的额外收益为 R；在虚报信息而被发现时遭到的损失为（H_1+H_2）（H_1 为组织的纪律处分；H_2 为个人罚款和职务撤处等）；不虚报则不遭受任何损失，即收益为 0。应急决策者的收益假设为：在应急执行者虚报信息而未发现时，应急决策者将会遭受到损失 L（比如，上级处罚、威信降低、职务变动等），在应急执行者虚报且未发现时，收益为 0；应急决策者对应急执行者的信息审查是自身职责，额外收益为 0，同时，发现虚报花费的成本为 C（比如，如果发现虚报则需要投入更多的人力物力进行处置，分散决策者的精力）（表 4-2）。

表 4-2　博弈模型的规范式

		应急决策者	
		发现	不发现
应急执行者	虚报	$-(H_1+H_2)$，$-C$	R，$-L$
	实报	0，$-C$	0，0

假设：应急执行者以 P_1 和 $(1-P_1)$ 的概率选择虚报和实报；应急决策者以 P_2 和 $(1-P_2)$ 的概率选择发现与不发现，则本模型为混合战略均衡模型，其纳什均衡求解如下。

应急执行者的期望效用函数为

$$U_E=P_1[P_2(-H_1-H_2)+(1-P_2)R]=P_1[R-P_2(H_1+H_2+R)] \qquad （4-21）$$

对式（4-21）求偏导，得 $\dfrac{\partial U_{\mathrm{E}}}{\partial P_1} = R - P_2(H_1 + H_2 + R)$。

当 $\dfrac{\partial U_{\mathrm{E}}}{\partial P_1} > 0$，则 $P_2 < \dfrac{R}{H_1 + H_2 + R}$ 时，U_{E} 单调递增。

应急决策者的期望效用函数为

$$U_{\mathrm{D}} = P_2[P_1(-C) + (1 - P_1)(-C)] + (1 - P_2)[P_1(-L) + (1 - P_1) \times 0] = P_2(P_1 L - C) - P_1 L$$

（4-22）

对式（4-22）求偏导，得 $\dfrac{\partial U_{\mathrm{D}}}{\partial P_2} = P_1 L - C$。

当 $\dfrac{\partial U_{\mathrm{D}}}{\partial P_2} > 0$ 时，则 $P_1 > \dfrac{C}{L}$，此时 U_{D} 单调递增。

故，此博弈的纳什均衡为 $\left(\dfrac{C}{L}, \dfrac{R}{H_1 + H_2 + R} \right)$，即

$$P_1^* = \frac{C}{L}$$

（4-23）

$$P_2^* = \frac{R}{H_1 + H_2 + R}$$

（4-24）

应急执行者与应急决策者的信息博弈模型的启示在于：

（1）应急执行者虚报信息的最优概率 P_1^* 与 C 成正比，与 L 成反比。这表明，要有效降低应急执行者虚报信息概率，必须从降低应急决策者发现信息虚报的额外成本和加大对应急决策者失职的惩处力度两个方面来考虑。

（2）应急决策者发现信息虚报的最优概率 P_2^* 与应急执行者在虚报信息而被发现时获得的额外收益为 R 成正比，与应急执行者在虚报信息而被发现时遭到的损失为（H_1+H_2）成反比；因此，要增大应急决策者发现信息虚报的概率，就需要从加大对信息虚报的惩处力度和减少应急执行者信息虚报的额外收益两个方面予以考虑。

2. 应急决策者与承灾者和公众之间的信息博弈模型

模型的假设：

（1）局中人：应急决策者 D 和承灾者 B。

（2）行动：应急决策者的行动集合假设为 $A_D=\{$虚报，实报$\}$；承灾者的行动集合假设为 $A_B=\{$接受正式信息，不接受正式信息而扩散非正式信息$\}$。

（3）信息：假设局中人的信息是完全信息。

（4）收益：应急决策者的利益构成。在上一节的博弈分析中，假定应急决策者的利益只有作为个人的决策者的个体利益和作为组织的决策者的组织利益。个人利益主要包括决策人员的职务变迁、物质奖惩等；组织利益主要包括组织的威信、组织级别的升降、集体的荣誉等。这一假设忽略了应急决策者的公共利益，故本模型中假设水污染公共安全事件应急决策者同时具有公共利益和组织个体利益。同时假定承灾者的利益构成也为个体利益和公共利益。

假设：如果应急决策者实报正式信息，承灾者接受正式信息并据此作出合理行为选择，则应急决策者由于自己的通报信息，所获得的额外收益为 R_1（由于信息的如实公布，应急决策者代表的公共利益获得额外的收益 R_1，但由于如实报告正式信息是应急决策者的职责所在，不会给其组织或个人带来额外的收益），承灾者则由于接受了正式信息并作出合理的行为选择而规避损失，得到的收益为 0；如果应急决策者实报正式信息，但承灾者不接受正式信息并扩散非正式信息，则应急决策者会获得 R_2 的额外收益（公共利益的额外收益为 0，但是组织和个体利益如政府威信提高、承灾者更信任政府、等额外收益为 R_2），承灾者则会因为传播扩散非正式信息而得到 C_1 的惩罚（个体利益的损失）；如果应急决策者虚报正式信息，承灾者接受正式信息，则应急决策者会因虚报信息而使公共利益受到 R_3 的损失，但同时会由于虚报成功而得到 R_2 的组织和个体利益的额外收益，承灾者会因误导而受到损失 C_2（承灾者公共利益的损失）；应急决策者虚报正式信息，且承灾者不接受正式信息，则应急决策者的额外收益为 0（由于是虚报，且没有被接受，因而应急决策者没有因为虚报而使其公共利益受到损失，也没有因此获得额外的收益），承灾者则受到 C_2 的损失（承灾者公共利益的损失）（表4-3）。

表4-3　应急决策者与承灾者之间的博弈

		承灾者	
		接受正式信息	不接受正式信息，传播非正式信息
应急决策者	实报	R_1, 0	R_2, $-C_1$
	虚报	R_2-R_3, $-C_2$	0, $-C_2$

从纯策略上来看，无论应急决策者是选择实报还是虚报，承灾者的最佳选择都是"接受正式信息"。但在现实中，由于种种原因，承灾者往往会在一些因素的影响下选择传播非正式信息，同样，应急决策者也会在一些因素的作用下选择虚报。因而，假设承灾者分别以概率 P_1 和（$1-P_1$）来选择接受正式信息和不接受正式信息，应急决策者以 P_2 和（$1-P_2$）的概率选择实报和虚报。这样，本模型就构成了混合战略均衡模型，其求解如下：

$$U_D = P_2\left[P_1R_1 + (1-P_1)R_2\right] + (1-P_2)\left[P_1(R_2 - R_3)\right] \tag{4-25}$$
$$= P_2\left[P_1R_1 + R_2 - 2P_1R_2 + P_1R_3\right] + P_1R_2 - P_1R_3$$

U_D 是 P_2 的线性函数，对 U_D 求导，可得

$$\frac{\partial U_D}{\partial P_2} = P_1\left(R_1 + R_3 - 2R_2\right) + R_2 \tag{4-26}$$

当 $\dfrac{\partial U_D}{\partial P_2} > 0$，即 $P_1 < \dfrac{R_2}{2R_2 - R_1 - R_3}$ 时，U_D 单调递增。

$$U_E = P_1\left[(1-P_2)(-C_1)\right] + (1-P_1)\left[P_2(-C_2) + (1-P_2)(-C_2)\right] \tag{4-27}$$
$$= P_1\left(C_2 + P_2C_1 - C_1\right) - C_2$$

U_E 是 P_1 的线性函数，对 U_E 求导，可得

$$\frac{\partial U_E}{\partial P_1} = C_2 + P_2C_1 - C_1 \tag{4-28}$$

当 $\dfrac{\partial U_E}{\partial P_1} > 0$，即 $P_2 > 1 - \dfrac{C_2}{C_1}$ 时，U_E 单调递增。

故，此博弈的纳什均衡为 $\left(1 - \dfrac{C_2}{C_1}, \dfrac{R_2}{2R_2 - R_1 - R_3}\right)$。

应急决策者与承灾者的信息博弈模型的启示在于：

（1）应急决策者可以从政治、经济等资源来影响承灾者的选择行为。此博弈结果表明承灾者的最优概率 P_1^* 与 R_1、R_2 和 R_3 都成正方向的变化，当应急决策者越看重其个体或组织利益，则越会对承灾者施加影响使其选择接受正式信息；当应急决策者越看重其所代表的公共利益，即越是"代表最广大人民群众的根本利益"时，也会促使承灾者选择接受正式信息。

（2）应急决策者的最优概率 $P_2^* = \left(1 - \dfrac{C_2}{C_1}\right)$ 表明，应急决策者选择虚报与否与承灾者所受到的惩罚和损失相关。若能使承灾者所遭受的公共利益损失更小，则应急决策者更愿意实报正式信息；同时加大对承灾者的传播非正式信息的惩处力度，也会增加应急决策者实报的概率。这表明，应急决策者应该更多的代表承灾者的公共利益，这也是和政府的性质相一致。

第5章 信息扩散条件下水污染公共安全事件耦合原理

信息扩散与事件耦合是水污染公共安全事件中最为关键的 2 个环节, 会对事件的发展进程以及决策者、承灾者和公众等 3 个层次行为主体的行为选择产生影响。因此, 研究水污染公共安全事件的多种耦合因子的构成、特征及其对事件产生与演化的推动作用, 能够更有效地形成事件演化的路径, 并建立水污染公共安全事件的基本耦合模型及单一和复合型的耦合路径, 有助于把握信息扩散条件下事件耦合规律。

5.1 水污染公共安全事件耦合特征及分类

5.1.1 水污染公共安全事件耦合的特征

1. 复杂性

水污染公共安全事件耦合涉及到自然的、社会的、心理的等多个方面, 表现出很强的复杂性。这种复杂性主要表现在耦合因子数量的庞大性和因子间关系的复杂性。因而, 在对水污染公共安全事件耦合过程实施人工干预时, 所使用的方式也相当复杂, 具体涉及到多学科、多部门、多领域的协同。

2. 广泛关联性

水污染公共安全事件耦合过程实际上构成了一个多专业、多领域、多层面的复杂网络。在这个网络中, 耦合的广泛关联性体现在两个方面: 影响的广泛性和耦合因子之间的关联性。耦合影响的广泛性表现为因子会对水污染公共安全事件的产生和发展造成直接影响, 在耦合作用发生当时和发生之后都会产生影响; 耦合因子之间的关联性主要表现为耦合因子不是独立产生作用, 往往是众多耦合因子交织在一起共同作用。如 "蝴蝶效应", 不同耦合因子在不同阶段有不同程度的参与, 都会对水污染公共安全事件的产生和演化影响巨大。

3. 不确定性

不确定性主要表现在耦合因子参与耦合作用的方式、路径与后果是不确定的。实际上, 虽然管理者可以事先对结构化耦合因子的作用进行预测, 但无法预测的是：耦合因子将在何时、何地、何种条件下产生何种程度的参与耦合，以及会带来何种后果。尤其是耦合因子的作用节点、参与度等，直接关系到水污染公共安全事件的性质和后果。

4. 信息高度缺失性

水污染公共安全事件的突发性表明事件发生后在短时间内会出现信息真空状态，这种信息真空状态主要来自于以下几方面原因：①水污染公共安全事件造成原有信息流动的中断，致使信息无法对外传送；②对耦合因子识别存在较大困难，在水污染公共安全事件出现后无法短时间内将耦合因子从千丝万缕的线索中剥离出来，并迅速获取相关耦合因子的具体状态信息。

5.1.2　水污染公共安全事件耦合的分类

水污染公共安全事件的演化是一个动态的过程。从时序上看，部分耦合因子仅在特定的阶段发生耦合作用，部分耦合因子则在水污染公共安全事件的诱发与演化全过程中都发生作用。水污染公共安全事件的耦合作用会导致水污染的程度、性质、影响范围、影响程度等不可控，使其由工程技术问题转化为社会问题并可能进一步形成复杂的社会问题。简而言之，水污染公共安全事件在时间上是连续的，在空间上是区域甚至流域性的。

耦合作用过程贯穿于水污染公共安全事件的全过程，同时各种耦合因子既相互区别又相互交叉。如自然环境既可以诱发水污染公共安全事件，又可在水污染公共安全事件出现后影响其演化发展，表现为事件耦合的多样性。

1. 持续性耦合、间断性耦合和一过性耦合

在耦合的表现形式上，水污染公共安全事件耦合可以分为：持续性耦合、间断性耦合和一过性耦合。持续性耦合是指部分甚至全部耦合因子在水污染公共安全事件产生和演化的全过程中持续作用。如太湖水污染公共安全事件中，水温、日照等自然环境类的耦合因子始终与水污染这一事件本体发生耦合。间断性耦合指水污染公共安全事件中的耦合作用不连续。造成间断性耦合的原因主要是耦合的条件性，即只有达到特定的条件才会发生耦合作用，或者说在水污染公共安全事件中，提供了若干个"窗口期"，"窗口期"可以发生耦合作用，一旦"窗口期"关闭，则不再发生耦合作用。如沱江水污染突发事件出现后，为了降低污染，多次采取人工干预天气的方式来增加地表径流，这就是间断性耦合。再比如，在水污染公共安全事件出现后，社会谣言往往是间断性地与水污染公共安全事件发生耦合。一过性耦合是指仅一次性发生作用的耦合。一过性耦合在危险品泄露类的

水污染公共安全事件中较为常见。比如，松花江水污染公共安全事件中，苯泄露与松花江水污染发生耦合，虽一直持续产生后续影响，但未再次发生耦合。同时，必须指出的是，这三种耦合出现后其产生的后果影响可能伴随着耦合的完成而结束，也可能是持续的。

2. 条件性耦合和随机性耦合

以耦合的发生条件为划分依据，水污染公共安全事件耦合可以分为：条件性耦合和随机性耦合。条件性耦合指在特定条件下耦合因子会与水污染公共安全事件发生耦合。如对水污染公共安全事件造成重大影响的耦合因子"社会谣言"往往是在特定条件"信息沟通不畅下"发生耦合，从而对水污染公共安全事件的演化变异产生巨大影响。在山西丹凤水污染公共安全事件中，一辆运送氰化钠的货车在陕西省丹凤县境内翻车，氰化钠泄漏流进汉江流域的丹江支流武关河中，造成汉江流域重大水污染。在松花江水污染公共安全事件中，水污染公共安全事件与耦合因子"政府发布隐瞒实情的全市停水公告"共同导致全城范围内的抢购饮用水以及弃城出逃行为。条件性耦合是社会性的。而随机性耦合指耦合因子在偶然条件下与水污染公共安全事件发生耦合，随机性耦合是自然性的。四川沱江水污染公共安全事件中，特定水文条件"枯水期"与水污染偶然产生耦合，导致同等条件下水污染浓度变高，开闸放水稀释等技术措施无法有效实施。

3. 诱发性耦合与演化性耦合

诱发性耦合，即诱因，是指与水污染发生耦合，促使水污染的程度、性质、影响范围、影响程度等出现不可控性演变，使其由工程技术问题转化为社会问题的耦合。比如三峡大坝蓄水后，大坝库区内长江支流流速减缓，加之适宜的温度导致神农溪、香溪等长江支流发生水华事件；在陕西丹凤水污染公共安全事件中，运载危险化学品的卡车出现事故造成武关河污染，成为此次水污染公共安全事件的诱发性耦合。诱发性耦合作用是水污染公共安全事件产生和发展的前提，也是水污染公共安全事件演化耦合作用的起点。演化性耦合指在水污染由工程技术问题转化为社会问题即水污染公共安全事件出现后，导致水污染公共安全事件的影响程度、影响范围、演化路径出现不确定性的特定的耦合。比如，公众在水污染公共安全事件出现后的心理恐慌、政府的管理行为等都会与事件发生耦合作用，从而引导公共安全事件的发生进程性变化，即都为演化性耦合。诱发耦合与演化耦合既相互区别又相互交叉。比如自然环境既可以诱发水污染公共安全事件，在水污染公共安全事件出现后又可以影响其演化发展。

4. 结构化耦合与非结构化耦合

结构化耦合是指在现有自然条件、社会结构等约束条件下不可避免的发生耦合作用。比如，特定的社会结构、人文因素等。结构化耦合的作用规律容易为人们所认识，也容易通过一定的手段进行干预，实现有效的"解耦"。非结构化耦合是随机性出现的耦合，在作用方式、作用路径、影响程度、影响范围等方面很难为人们事先所认识，因而在人工干预上具有很大的难度。非结构化耦合往往以特殊的形式出现，不同的水污染公共安全事件往往具有不同的非结构化耦合过程，比如，松花江水污染公共安全事件中，作为非结构化耦合因子的特定河流条件（中俄界河）最后引发了中俄之间的国家外交行为。

5. 国际耦合和国内耦合

国际耦合主要是国外的各种影响因素与水污染公共安全事件发生耦合。在全球化背景下，各国的联系不断加强，彼此之间的影响也在加深，因此，在一国发生影响巨大的水污染公共安全事件后，他国很可能会有众多因素对其产生影响。典型的就是吉林松花江水污染公共安全事件后，由于污水下泄，导致俄罗斯民众抗议，最后出现外交事件（苏青，2005）。国内耦合也可以分为区域层面和国家层面的耦合因子。不同层面的耦合对于水污染公共安全事件的演化具有不同的导向作用。

5.2　信息扩散与水污染公共安全事件的耦合过程

5.2.1　信息扩散与水污染公共安全事件耦合的辩证关系

在事件耦合中，相关耦合因子与水体事件相互作用，信息的扩散不可避免。信息扩散与事件耦合既相互区别又相互联系、相互促进，作为矛盾的统一体存在于水污染公共安全事件过程中，二者之间存在辩证的逻辑关系。

1. 信息扩散孕育于耦合作用过程之中

耦合作用贯穿于水污染公共安全事件发生发展的始终。从水污染公共安全事件耦合作用的后果来看，包含两方面后果：直接后果和间接后果。所谓直接后果是由耦合作用所直接可能导致的后果。比如，在四川沱江水污染公共安全事件中，事件发生时的水文、天气条件与水污染耦合的直接后果，是水污染程度得到强化。时值冬春相接的枯水期，沱江水位低，上游来水量不足，在违规排放污染物后，水污染的同比程度明显增高；由于处于枯水期，上游也无充足的水量下泄以供稀释污水；而且同一时期，天气状况良好，相关部门试图通过人工降雨的方式来增加地表径流，缓解污染压力的措施无法得到有效实施。所谓间接后果是耦合作用间接导致的后果。同样是四川沱江的案例，此耦合的间接后果之一是全城的餐饮娱乐场所被强制性停业。因此，在水污染公共安全事件耦合作用中，信息的扩散始终存在。

水污染公共安全事件耦合可以分为信息输出型耦合和信息输出输入型耦合。信息输出型耦合主要是在水污染公共安全事件的孕育期和爆发初期，水污染的水体事件与自然环境所发生的耦合。这类耦合主要以自然状态下的客观现象为代表，比如，当时特定的水文状况、气候状况、地理地质状况以及污染物的排放等。这种耦合完全按照自然客观规律演化。耦合中以及耦合后，相关信息对外输出，没有其他相关信息能够对这种耦合产生影响作用。信息输入输出型耦合主要是在水污染公共安全事件爆发期和恢复期，由政府管理、社会心理等与水体事件所发生耦合。这种耦合包含了循环耦合的过程，即耦合作用对社会或水污染公共安全事件的进程产生影响，有关这种影响的信息被各行为主体所感知，反过来又进一步与水体事件发生耦合。

2. 信息扩散作为耦合因子参与耦合过程

信息扩散对水污染公共安全事件耦合的影响分为两个阶段：第一个阶段是指事件孕育和爆发的初期，即信息输出阶段。客观上，此时的信息扩散不会对耦合的直接后果产生任何影响。第二个阶段是信息输出输入阶段。在此阶段，信息已经与水污染公共安全事件本身发生双向交互作用，即耦合作用对社会或水污染公共安全事件的进程产生了影响，影响结果被各行为主体所获知，各行为主体（应急决策者、应急执行者、承灾者、公众）依据自己所获得信息来调整行为，这种调整行为又会与水体事件发生耦合，从而引导事件的演化发展方向。

5.2.2　信息扩散对水污染公共安全事件耦合的影响作用

1. 信息扩散强度与耦合作用

信息扩散强度由两方面因素，即信息扩散的速度和信息扩散过程中所携带的信息量构成。信息扩散强度是应急主体信息扩散能力的表现之一。水污染公共安全事件发生后，无论是对于正式信息还是非正式信息，其主体都会借助于一定的工具将其传播扩散出去。比如对于正式信息，应急决策者可以利用报纸、广播、电视、网络、手机短信等形式进行发布和传播；对于非正式信息，承灾者则可以利用网络、手机以及面对面的人际传播的方式传播扩散。信息扩散强度主要是从质上影响水污染公共安全事件的耦合作用。

就正式信息而言，应急执行者和应急决策者之间强信息扩散，有助于处于第一线的应急处置者了解水污染公共安全事件的演化现状和趋势，及时明确自身任务，采取最有效的措施来处置水污染公共安全事件，及时向应急执行者反馈应急处置的状态；有助于应急执行者及时获取水污染公共安全事件的相关信息，及时做出行为选择。应急决策者与承灾者、公众之间的强信息扩散，有助于承灾者和公众及时了解水污染公共安全事件应急处置的现状，防止谣言和流言的兴起，维护社会的稳定。因此，正式信息的强扩散实际上起到解耦的作用，通过信息的传播扩散，能够在一定程度上消除或减少潜在的耦合作用，防止事件复杂化。

就非正式信息而言，信息扩散方向有：①承灾者和公众的非正式信息到应急决策者的扩散；②承灾者和公众内部之间的信息扩散。

承灾者和公众的信息向应急决策者的扩散包含两种形式：一种是承灾者和公众通过正式的渠道，如政府热线、政府信箱、信访等，将水污染公共安全事件的相关信息传递给应急决策者。这实质上是信息的正式传播。此类信息越是强扩散，越有助于政府决策者获取更充分的决策信息，制定更合理的决策方案。另一种是承灾者和公众通过非正式渠道将信息传递给应急决策者，即非正式信息由承灾者和公众向应急决策者的扩散。在表现形式上，有随机的聚众、集会、游行等。造成这种情况的出现，可能原因有承灾者和公众的不满无处发泄、对水污染公共安全事件的恐慌无助等，目的则在于表达自身的利益诉求。此种信息的强扩散带来的后果是进一步增加了耦合作用的复杂性，为水污染公共安全事件演化带来更多的变数。

承灾者和公众内部之间的非正式信息强扩散，表明非正式信息能够在较短时间内为社会公众所获知。在社会成员处于恐慌不安的情绪之下，承灾者和公众的行为选择处于理性和不理性的临界点，微小的扰动都会导致社会情绪的总体转向。这实质上为应急决策者和应急执行者增加了巨大的舆论压力。此时，特定的耦合因子（如社会行为）极易与水体事件发生耦合。

信息扩散强度与水污染公共安全事件的耦合作用存在一定的相关性。正式信息扩散强度越大，公众所获知的信息越充分，获取信息的速度也越快，这在一定程度上能够消解潜在的耦合因子与水污染事件耦合的机会，耦合作用所带来的负面影响相对也更小；非正式信息扩散强度越大，会促成潜在耦合因子参与耦合作用的机会，越容易引发耦合作用。

2. 信息扩散范围与耦合作用

信息扩散范围是信息接收主体的数量，而非一般意义上的地域范围。因而，接收信息的人越多，则表明信息扩散的范围越广。信息扩散范围主要是从程度上影响水污染公共安全事件的耦合作用。

信息扩散范围包括 3 个层次：应急决策者层次、承灾者层次和公众层次。

在应急决策者层次上，水污染公共安全事件应急决策主体在功能划分上由接收主体、决策主体和操作主体构成；在层级上，根据我国现有的应急管理体制，应急决策者由县级决策者、市级决策者、省级决策者和国家级决策者（国务院）。此层次的信息扩散范围大表明水污染公共安全事件相关信息能够为更多层级的决策者所获知。

在承灾者层次上，信息扩散范围越广则表明有更多的承灾者获取水污染公共安全事件的相关信息。在这个层面上同样包含两方面的信息扩散，即正式信息扩散和非正式信息扩散。一般来说，正式信息的扩散有助于推动承灾者持乐观态度，非正式信息尤其是谣言则会导致承灾者持悲观态度（程勉贵和梁工谦，2009）。

5.3　信息扩散条件下水污染公共安全事件的耦合因子构成

5.3.1　水污染公共安全事件耦合因子的多样性

多样性是指系统内部各要素的差异化程度和分布特征。以一个组织为例，组织的多样性是指组织成员之间的差异性及其对组织发展进程和组织产出的影响。组织多样性一般是指组织成员在年龄、性别、种族、受教育程度、文化背景、职业（职务）背景、在组织中的服务年限以及在组织中某个职位上的任职年限等方面的差异性（徐细雄等，2005）。因此，耦合因子多样性是指水污染公共安全事件系统内各耦合因子之间的差异性和分布特征。

实际上有学者利用多样性指数来进行相关分析。李连德等（2007）利用申农—维纳多样性指数分析我国一次能源供应的多样性，认为我国能源供应的比例趋于均等，能源供应多样性指数显著增加、结构趋于优化。梁巧转等（2008）则对多样性指数进行归纳总结，认为存在熵基指数、关系型多样性指数、Herfindahl 指数、Allison 差异系数等。利用多样性指数，分析耦合因子多样性有助于厘清水污染公共安全事件中的耦合关系。

耦合因子多样性与水污染公共安全事件的复杂系统特性关系紧密。水污染公共安全事件具有复杂系统特征，同时水污染公共安全事件是开放的、远离平衡态的耗散结构。耗散结构理论揭示，当一个系统处于开放状态，在该系统从平衡态到近平衡态、再到远离平衡态的演化过程中，当达到远离平衡态的非线性区时，一旦系统的某个参量的变化达到一定的阈值，通过涨落，该系统就可能发生突变（即非平衡相变），由原来的无序混乱状态转变为一种时间、空间或功能有序的新状态（陈士俊，2003）。在耗散结构中，"涨落"是耗散结构形成的"种子"和动力学因素。"涨落"达到或超过一定的阈值，则是使系统形成新结构或使系统结构遭到破坏的关键。在水污染公共安全事件中，要在远离平衡态下形成新的、稳定的宏观有序结构，需要不断与外界交换物质和能量才能维持，也需要"涨落"。耦合因子构成了耗散结构中的序参量，通过多次迭代形成巨涨落，从而引导事件的演化。

耦合因子多样性与水污染公共安全事件中的混沌现象紧密相关。混沌理论是20 世纪最伟大的科学理论之一，影响了物理、化学、生物、社会、政治、经济、军事等几乎所有学科领域。美国混沌科学家格莱克曾指出："如果说相对论排除了绝对空间和时间的幻觉，量子力学排除了可控测量过程的牛顿迷梦，那么，作为复杂性科学中的一个组成部分的混沌论则排除了拉普拉斯决定论的可预见性的狂想"。混沌理论相关研究表明：复杂现象具有内在规律性，可来自简单的、确定的规律；有些似乎强烈相关的因素之间其实并不存在任何直接的联系；小的不起眼的原因也会形成惊人的结果（傅毓维等，2008）。混沌理论的经典表述是，巴西丛林一只蝴蝶偶然扇动翅膀，几个月后可能会在美国德克萨斯州掀起一场龙卷风，即"蝴蝶效应"。混沌理论表明，混沌系统对初始条件十分敏感。当初始条件有一极为微小的变化，它在短时期内的结果还可以预测，但经过长时间演化之后，它的状态就根本无法确定，因为在最后的现象中会产生极大差别（陈岩，2009）。在水污染公共安全事件中同样存在某个因子的微小扰动导致事件发展出现巨大偏差的情形。耦合因子多样性表现为，水污染公共安全事件中，引起微小扰动的因子在性质和数量上极其复杂且具有异质性。

5.3.2　水污染公共安全事件耦合因子构成

水污染公共安全事件耦合因子可以在所有的阶段和时刻与水污染公共安全事件本体相耦合，从而推动水污染公共安全事件的产生与演化。从实践上看，依据相关文献以及以往水污染公共安全事件的案例，水污染公共安全事件耦合因子的构成主要有 3 个方面构成：自然环境因素、政府管理、社会心理与行为。

1. 自然环境因素

特定的自然环境因素能够诱发与加剧水污染公共安全事件。如吉林松花江水污染公共安全事件中，由于松花江江面结冰封冻，导致水流速度减慢，污染带到达连河取水口的时间延后，造成取水口关闭时间延长，自来水恢复供应的时间延后。在四川沱江水污染公共安全事件中，由于季节原因，沱江处于枯水期，导致同样的污染物造成更高的污染物浓度，并且常规的清水稀释处理方法很困难（王斌，2004）。作为耦合因子的自然环境因素主要包括水文状态、气候气象状态、地理地质状态等3个方面。

（1）水文状态。水文状态包括水体的流速、流量、水深等。以三峡库区为例，三峡水库二期蓄水后的流速、流量、水深等水文情势都发生了变化。变化的主要特征就是，干流流速为0.13~0.24 m/s，远低于天然河道状态下2 m/s的平均流速；支流回水段流速普遍低于0.05 m/s，远低于天然状况下1~3 m/s的平均流速。其研究结果表明，三峡库区的河流型水体为贫营养状态，过渡型水体为中营养状态，部分湖泊型水体为富营养状态，三峡水库存在着发生藻类异常繁殖的"水华"现象的可能（孟春红和赵冰，2007）。水文状态并不是水体污染的原因，但是可以对水污染的程度造成影响，从而诱发水污染公共安全事件。同时，水文状态信息是水污染公共安全事件的模拟预测的基本参数（李合海等，2007）。

（2）地理地质状态。刘英对和王峰（1998）通过对济南市水文地质状态的分析指出，水文地质背景会对水污染造成影响。国外也有学者对环境地质污染以及由此造成的水污染的防治技术进行研究，特定的环境地质状态会与水污染相耦合从而影响事件的演化发展。

（3）气象气候状态。适宜的温度与光照（25~30℃）是发生水华的重要条件之一。在四川沱江水污染突发事件中，特定的气象气候状态也是重要诱发原因之一。当时由于季节性的气候状况，上游来水减少，区域内降水也不多，导致在同样的污染物排放量下却形成更高浓度的污染。特定的气象状态会对水污染造成影响，且容易通过耦合作用诱发水污染公共安全事件。

自然环境因素作为耦合因子，其作用特点表现在以下2个方面：①耦合的客观性，即特定的自然环境必然与水污染公共安全事件相耦合，而较少受到其他因素的影响；②耦合的不可控性，即在与水污染公共安全事件发生耦合时，耦合范围、强度、时间是作为从事应急管理的人类主体无法控制的，从而导致水污染公共安全事件在初期就具有不可控特性。

2. 政府管理

水污染公共安全事件发生后的政府应急管理活动以及应急管理体制作为一个系统，也与水污染公共安全事件相耦合。吉林松花江水污染公共安全事件中，没有如实对外公布事件进展。2005年11月，吉林石化发生爆炸并污染松花江后，哈尔滨市政府以全市市政供水管网设施要进行全面检修为由宣布停止自来水供应，导致全城出现前所未有的恐慌，造成社会的不稳定，不利于事件处置（陈思融和章贵桥，2006）。2006年6月，吉林市境内松花江支流牤牛河化工污染事故后，哈尔滨市政府主动地、及时地公布事件的相关信息则未导致社会的恐慌（李旸熙，2008）。在四川沱江水污染公共安全事件中，企业偷排废水达20天后才因媒体举报发现水污染事故，其中，政府职能部门不作为是事件恶化的重要因素。

作为耦合因子的政府管理主要包括如下 4 个方面：政府决策、应急处置、应急协调和信息沟通。

（1）政府决策。应急决策是高度集权的决策主体在紧急状态下和不确定性很高的情境下，受有限时间、资源和人力等约束压力，以控制危机蔓延为目标，调动有限决策资源，经过全局性考量和筹谋后，通过非常规、非程序化手段所作的一次性快速决断（桂维民，2007）。水污染公共安全事件的应急决策应该是在最短时间内力求做最科学的决策。应急决策作为耦合因子在应急决策意识、应急决策速度、应急决策工具多样化等 3 个方面与水污染公共安全事件紧密关联。首先，应急决策是一种寻求满意解的对策性决策，是群体性决策。应急决策的观念意识影响决策的过程和方式以及结果。当缺乏对应急决策特点（非程序性、权变性、博弈性、高成本性）的认识时，在决策时会采取程序性的按部就班行为，大大降低决策效率。其次，应急决策的速度与水污染公共安全事件之间存在着一定的相关性。低效率或者缓慢的决策不利于事件的迅速解决，“小事拖大，大事拖炸”。最后，多样化的决策工具和手段有利于提高政府决策的速度与可靠性。当前已有不少学者对应急决策工具和手段进行研究。李保富和刘红玉（2008）研究了全局数据包络分析法在应急决策中的应用；云健等（2009）研究了蚁群聚类在民族突发事件应急决策中的应用；徐志新等研究多属性效用分析方法在核事故应急决策中的应用等。桂维民（2007）也指出应急决策中至少有 5 种简明工具，即交互决策领域分析法、因果鱼骨图、力场分析法、影响图和系统图。

（2）应急处置。应急处置是公共安全事件应急管理的核心。应急处置作为耦合因子在应急预案、应急组织机构、应急救援等 3 个方面与水污染公共安全事件紧密关联。

首先，应急预案是突发事件应急管理的指针，是降低突发事件损失的有效手段（董春波，2008）。我国应急预案建设的一个不足就在于预案缺乏针对性，导致预案无法发挥出预期效果（郑永寿，2008）。2007 年 11 月 16 日，通过在宜昌市政府应急办组织宜昌市环保局、三峡工委、民政局、移民局、安监局等 11 个政府部门的座谈会中，受访者表示，虽然当前已经编制了应对水污染事故的预案，但对不同的具体的水污染事故的预案却不充分，这将在一定程度上影响应急处置的效果，进而对水污染公共安全事件的演化产生不良影响。应急预案的演练频率也是影响应急处置的重要因素。同时，受访者表示该市已经建立比较健全的预案体系，各类预案都有机要部门保存，没有对公众公布。同时郑永寿（2008）认为我国应急预案总体缺乏演练，导致在公共安全事件出现后，相关部门面对崭新的预案手足无措，手忙脚乱，从而贻误应急处置的有利时机。应急预案的可操作性也是影响应急处置的一个因素。张英菊等（2008）认为，应急预案的可操作性是预案成功与否的评价指标之一，当前我国虽然已经制定了数量庞大的应急预案，但在预案的可操作性上却存在很大的不足。张红（2008）认为，我国的应急预案总体而言属于"纲领性"、"宣言性"的文件，"预案内容简单，篇幅较短，更多的是颇具原则性的语句，没有情景描述，不易操作"。王珂（2009）进一步针对突发环境事件应急预案的现状，指出突发环境事件应急预案也具有可操作性不强的问题。事件发生后，预案难以起到应有的作用，反而对正常应急处置起副作用。

其次，应急组织机构行为与水污染公共安全事件发生耦合。应急组织机构在耦合中的影响主要表现在组织机构的响应速度上。政府应急能力的一个重要体现是政府应对突发事件的响应速度（汪永清，2008）。一些学者也提出从组织机构设置、资源整合等方面提出提升应急响应速度的建议。付跃强等（2007）从组织机构设置上提出提升应急响应速度的建议，提出要成立面向过程的组织来提升应急响应速度。实际上，就我国而言，危机管理能力不足的一个表现就是应急响应速度不快（吕浩和王超，2006），由于应急响应速度在突发事件应急处置中的重要作用，水污染公共安全事件的变异迅速、耦合性强等特点，事件出现后应急组织机构的应急响应速度值得关注。在应急组织机构设置上，各主要国家大都设立了专门性应急机构，比如，美国联邦应急管理署（FEMA）等机构、国土安全部的其他各部门、联邦调查局在一定权限内都参与突发事件的应急处置和调查，还包括如联合行动办公室（JFO）、联合行动中心（JOC）等组织机构。专业组织机构的设置有助于提高资源利用效率，加快应急响应速度。国内有部分城市的安监局、灾害办、公安110指挥中心等应急机构都建有自己的应急指挥中心和针对各自领域的应急救援体系，但现有的组织机构大都局限于各自的部门、行业和专业管理领域，且系统功能参差不齐（孙元明，2007）。根据调研中受访者的说明，应急组织机构设置的完善程度对于水污染公共安全事件的应急处置具有重要影响。应急组织机构以及政府的责任机制也是重要的耦合因子。政府应对水污染公共安全事件的责任是政府为维护社会公共安全所承担的义务，否则会导致权力的滥用、必然会侵犯社会组织、公民的公共利益。水污染出现后，如果缺乏相应的责任机制的保障，会导致政府不作为或者政府部门之间相互推诿，从而导致小事闹大，简单的水污染问题将可能导致社会性问题。

最后，应急救援行动与水污染公共安全事件发生耦合。应急救援中的应急资源储备、应急资源调度、应急技术方案实施直接与水污染公共安全事件相关。首先，应急资源储备是政府应急管理体系的重要物质基础，也是应急物资保障中的关键一环（郑宏凯等，2008）。我国政府应急资源储备物资品种单一，数量不足；依靠应急物资储备点进行物资储备；应急资源储备较为分散（包玉梅，2008）。由于应急资源储备地点的配置不合理，导致发生突发事件时救灾保障成本高。应急资源储备问题导致突发事件出现后，无法及时获得应急资源，从而贻误在第一时

间控制突发事件态势的时机,致使突发事件演化出各种突发事件。2008 年 3 月 3~5
日, 对宜昌市进行二次调研中,分别走访宜昌市应急办和宜昌市环保局,了解宜
昌市应急救援物资储备、环境污染事件的应急管理情况,根据对三峡库区部分县
市调研,受访者表示,三峡库区目前尚未建立健全的应急资源储备体系,在水污
染突发事件出现后主要是采取政府临时筹措的方式,从各企业或经营单位获取应
急资源。事故处理完成后的对应急资源补偿机制也不健全。受访者表示三峡库区
目前的应急资源储备现状不利于三峡库区水污染突发事件出现后的应急处置。其
次,应急物资的应急调度直接关系到应急处置的成败。应急处置需要在规定的时
间通过规定的运输方式将规定数量、规定规格的应急资源运送至规定的地点,这
就对应急资源调度能力提出了很高的要求。尽管不同学者对突发事件状态下应急
物资的调度问题进行了广泛研究,但政府的调度能力是差强人意,汶川地震中政
府应急资源的调度就是典型例子。在政府应急储备尚未健全的条件下,水污染公
共安全事件发生后的应急资源调度都是随机性的,没有路线优化,没有预案演练。
政府应急资源的调度能力令人堪忧。缺乏调度能力的直接后果就是应急资源不到
位,突发事件的紧急控制难以保证。最后,应急处置技术与方案的应用是应急处
理目标顺利实现的关键。水污染公共安全事件的应急处置技术主要包括污染源应
急控制技术、污染物迁移转化及应急阻断与处理技术、水源污染应急处理技术、
供水水质安全保障技术(王福进,2007)。用于水污染公共事件应急处置的每一项
技术都对于事件的扩散演化具有重大影响。从我国当前的水污染公共安全事件典
型案例分析来看,应急处置技术应用上主要依靠经验。在应对松花江水污染突发
事件过程中,应急技术的开发和应用采用"凭着经验,大胆决策"方式;在其后
的广东北江水污染突发事件中,在提出弱碱性条件下的混凝沉淀法时,"完全是出
于经验"。张晓健(2008)指出,"需要凭借经验,甚至是直觉提出技术方案,快
速地实验验证,然后果断实施。但是这两次成功不能保证每次都成功,而且不能
保证每次都是正确的,特别是很多针对污染物的技术方案不能简单确定,还是要
通过长期的大量的研究工作。"由于不能保证每次都成功,每次都正确,因而对于
水污染突发事件应急处置技术针对性、可靠性的要求非常高。科学技术是一把双
刃剑,在为解决水污染公共安全事件提供现实解决方案的同时也包含带来更大灾
难的威胁。通过对众多专家以及参与水污染公共安全事件应急处置实践者的调研
显示,不当的技术应用存在着导致水污染公共安全事件恶化的可能。四川沱江
水污染公共安全事件的一个诱发因素就是在污染物监测频率上的遗漏,沱江污
染监测每月一次,而污染物的排放恰好在上次监测后不久,从而导致发生悲剧。
从实践上看,应急处置技术应用与水污染公共安全事件耦合作用技术应用的结
果可控与不可控并存。用于治理水污染公共安全事件的技术措施是在可控的状
态下实施的,一旦实施,其后果却无法全面控制。

（3）应急协调。刘靖华和姜宪利（2004）认为政府的协调能力是指协调社会经济发展，整合各种社会利益，调节各种社会矛盾和冲突的能力。周庆行（2012）则认为协调能力是政府实现其职能的综合性能力，指政府正确认识互动关系、平衡利益、综合处理和统筹解决矛盾与冲突的一种工作艺术和方法。无论对政府协调能力的界定怎样，其都涉及协调各方的利益冲突。一旦突发事件超出各自职权范围，就会出现应急处置反应速度慢、应变能力差、信息失真、决策不力，必要的联合行动、技术力量和资金难以按要求及时配合（孙元明，2007），此时政府及政府部门之间的协调作用表现的尤为突出。在面对流域性水污染公共安全事件时尤其如此。为协调政府及政府部门之间的行动，一些国家都建立有各种形式的组织机构以协调多方的利益关系及行动。

（4）信息沟通。信息沟通伴随着水污染公共安全事件发生发展的始终。信息沟通作为耦合因子，在信息的准确性、信息量和信息发布速度 3 个方面影响着水污染公共安全事件。

首先，关于信息的准确性。李熙旸（2008）指出："准确、保证公众的知情权才能同心协力的渡过危机。"在吉林石化出现爆炸后，哈尔滨市政府发布了全市自来水系统停水检修的通知，这一事后被证实的假信息对群体性心理恐慌以及社会不稳定具有重大影响。在这一公告出现后，由于公众的不相信，导致全市范围内的抢购、离城等问题。突发事件应急管理中信息的真实和准确最为关键，"在突发事件发生后，如果产生信息失真的问题，将会对应急管理带来一系列的误导，甚至造成毁灭性的危害"。显然，信息越失真引发次生事件的概率越高。

其次，关于信息量。近年来，我国已有多部法律法规对突发事件中的信息公开问题进行了规范。在《中华人民共和国突发事件应对法》中，有多条法律条款对信息的管理进行了规范[①]。再如，《突发公共卫生事件应急条例》中也强调："国家建立突发事件的信息发布制度。信息发布应当及时、准确、全面。"上述第二次调研中，受访者表示，如果关于水污染突发事件的信息公布的不全面或者瞒报漏报，则可能会导致公众心存疑虑，从而导致问题的复杂化。所以，从某种意义上来说，政府公布的信息量越少，越容易引发次生事件。

最后，关于信息发布速度。在已制定出的众多预案中都对信息的上报进行了规定。比如，《黑龙江省水体污染突发事件应急预案》规定，发生一般突发水环境污染事件，事发地环保部门应在发现或得知后 1 小时内，向同级人民政府和上一级环境保护行政主管部门报告。较大、重大、特别重大突发水环境污染事件，市（区）、县级环保部门应当在发现或得知后 1 小时内，报告同级人民政府和省级环保部门。省级环保部门接到报告后，除认为需对突发事件进行必要核实外，应立

---

①详见《中华人民共和国突发事件应对法》第 37~44 条。

即报告国家环保总局。在实践中，却存在"面向公众的信息不透明的问题。由于向公众披露相关信息可能会冲击公众心理，促使单一的危机转变为复合型危机。政府因此有时也不愿真实、全面地向公众传递危及其生命财产安全的突发公共事件的相关信息，尤其是一些群体性事件的信息。"（黄燕翔，2008）理论与现实之间存在着巨大差距。

总而言之，政府管理类耦合因子的特点表现为：①耦合过程的可控性，即政府可以通过对自身行为的调整实现对耦合作用的一定程度的控制。②耦合结果的目的性，即政府管理的利益取向决定耦合作用的结果。水污染公共安全事件出现后，政府管理首先面对问题就是利益立足点是自身还是社会公众。若以自身利益为重，则可能导致诸如瞒报等问题，从而将事件引向复杂化。

3. 社会心理与行为

社会心理是与水污染发生耦合的公众心理与群体行为的集合。水污染公共安全事件的出现，会对社会公众的心理造成巨大冲击，导致其行为上的变异，致使社会秩序紊乱。松花江水污染公共安全事件出现后，由于公众对于公告的极度不信任而出现全城范围内的恐慌、集中抢购、弃城出逃等消极变异行为。社会心理与行为包括公众的危机意识、公众的心理恐慌和公众的行为倾向三方面。

（1）公众的危机意识。辩证唯物主义认为，意识是人脑对客观世界的主观反映，意识又能动地反作用于客观世界，以人的实践行为为载体，"指导人们去积极地改变世界"。考虑到意识的能动作用，潘攀（2009）指出，"如果社会公共危机意识缺失，就缺乏正确的预防和应对公共危机的行为，难以进行有效的公共危机管理，公共危机的爆发及所造成的严重后果也就难以避免，从而影响公众的生命财产安全及和谐社会的构建。"实践表明，在水污染突发事件中，如果公众缺乏危机意识的话，就会导致事件的复杂化。四川沱江水污染公共安全事件即是典型案例。

危机意识与应急教育培训紧密相关。突发事件的应急教育与培训有助于"①迅速查找事件发生的原因及发展趋势，在此基础上进行有针对性的高层次的研究。②根据事件发生原因及发展趋势，制定行之有效的应对措施及相关的政策法规，预防和减少损失。③对受到影响的人群进行全员宣教，稳定人群环境的异动因素。④对未来同类事件有预防及指导作用。"（杨洋等，2005）应急培训是做好紧急情况准备必不可少的环节，内部反应能力的有效性很大程度上取决于相关人员曾经接受的培训质量和数量。水污染公共安全事件发生后，公众所接受的应急教育培训的水平对于事件的发展变化具有较大影响。

（2）公众的心理恐慌。面对重大突发事件，人们的第一心理反应是恐惧、紧张和焦虑。大量心理学研究表明，过分的恐慌、焦虑、不安、紧张的情绪和过度的担心会削弱身体的抵抗力，降低心理免疫力，反而更容易患病，同时引发非理性行为，对社会的稳定和秩序造成威胁。吉林石化松花江污染事件中，由于哈尔滨市政府公布了关于自来水停水检修的公众不信任的通知，导致公众形成了诸如发生地震等各种版本的谣言，而这些谣言又进一步导致市民抢购、弃城出逃等事件。

与心理恐慌紧密相关的是以往公共安全事件造成的影响。彭石林（2009）以汶川地震为例指出，地震后个体出现诸如焦虑、恐惧、淡漠的情绪以及哭喊大叫、烦躁不安、淡漠无语、情绪起伏震荡、恐惧未来难以自拔甚至自杀的行为。董惠娟等（2006）进一步研究公共安全事件对公众造成的应激心理反应，主要表现为情绪反应异常、认知障碍、生理反应异常、行为异常和交往异常等。水污染公共安全事件发生，个体心理震撼性和冲击力会造成情绪、生理、行为等方面的异常反应。

社会舆论与心理恐慌紧密相关。所谓社会舆论，广义上是指"公众意见"。根据王来华（2008）的研究，舆论能够与舆情发生转化从而对社会事件造成影响。通过对特大自然灾害、群体性事件的研究可以发现，社会舆论以及舆情在事件发展演化过程中起着重要的作用。在公共安全事件条件下，如果忽视社会舆论与舆情，有可能造成社会公众情绪失控，导致事件朝着不可预测的方向发展，引发社会动荡和骚乱。调研中，受访者表示，在水污染突发事件处置过程中，非常重视社会舆论的影响，希望借助于社会舆论的作用尽可能消解负面影响。

（3）公众的行为倾向。从实践来看，有两种社会公众行为对水污染公共安全事件影响巨大：消极回避行为和发泄行为。已有的水污染公共安全事件案例中，消极回避行为，如侥幸、恐惧、盲动都有所反映。比如松花江水污染公共安全事件中，就有诸如弃城出逃、盲目抢购等行为。所谓发泄行为是指通过激烈的情绪表达来稳定自身情绪的行为，发泄行为有破坏性的和非破坏性的，是公众面对水污染突发事件后的行为选择之一。在面对包括水污染公共安全事件在内的各种突发事件时，公众可能会采取各种发泄行为，这种行为与其恐慌心理相互联系、相互放大。

社会心理与行为类耦合因子主要包括公众的危机意识、群体心理、群体行为等。其特点在于①动态扩散性，即社会心理的波动是不断扩散的，小部分群体的心理波动会迅速造成大范围内社会公众的心理波动，引发行为变异；②不确定性，即社会心理与水污染公共安全事件耦合的过程与结果均不确定。

根据"蝴蝶效应"，外界环境的任何因素都可能与水污染发生耦合从而诱发水污染公共安全事件并影响其演化。其耦合因子的构成主要有前面所述的自然环境、政府管理和社会心理与行为3个方面（表5-1）。

表 5-1　水污染公共安全事件耦合因子主体结构构成表

主体结构	分类	具体构成
自然环境	水文状态	水位、流速、流量等
	气候气象状态	当时的天气状况、气候情况、水域的季节特点
	地理地质状态	地质灾害发生的种类、频率、损害程度、地理环境状况
政府管理	信息沟通	政府信息发布的速度、真实性、信息量
	应急处置	政府应急预案建设情况，政府应急组织机构建设情况，应急资源的储备，应急资源调度技术，应急救援方案与技术
政府管理	政府协调	处理水污染公共安全事件的责任机制，政府部门的协调能力、协调程度、协调组织保障
	政府决策	应急决策意识、应急决策速度、应急决策工具多样化
社会心理与行为	公众的危机意识	公众所受的应急教育程度、公众的危机意识等
	公众的心理恐慌	公众的忧虑、公众的恐慌等
	公众的行为倾向	公众的发泄行为、公众的消极回避行为等

5.4　基于耦合的水污染公共安全事件演化路径

5.4.1　水污染公共安全事件一般演化路径

　　根据调研中的专家意见与相关文献分析，从水污染公共安全事件的诱发与演化流程来看，一般包含水污染、人员疾病与死亡、供水停止、生态受损、谣言传播、群体性事件、生产停滞等七个关键节点。在一般性演化路径中，以水污染为起点，以生产停滞、人员疾病与死亡为结末，其间整个社会的方方面面都受到冲击。这样，水污染公共安全事件则形成了一个由上述关键节点构成的事件链（图5-1）。

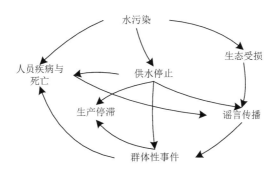

图 5-1　水污染公共安全事件演化路径

　　需要指出的是：这个 7 个关键节点是高度抽象的归纳。在水污染公共安全事件中，并非每次都会完整的出现这 7 个节点。比如，在神农溪水华事件中，谣言传播、群体事件、人员疾病与死亡 3 个节点事件并未出现。在沱江水污染公共安全事件中，有人员疾病的发生，但是未出现群体性事件。

　　根据这一演化路径，结合文献总结和实证访谈，多耦合因子的水污染公共安全事件演化路径可以用图 5-2 描述。

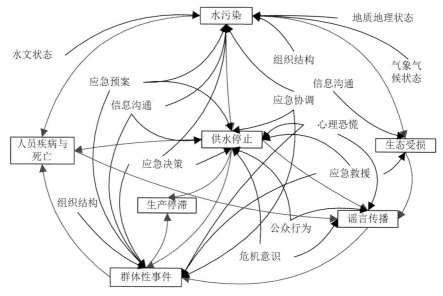

图 5-2　水污染公共安全事件耦合作用路径图

5.4.2　信息扩散条件下水污染公共安全事件的基本耦合模型

　　根据上述对水污染公共安全事件信息的分析以及事件耦合的分析，一般性水污染公共安全事件耦合模型可以用图 5-3 描述。

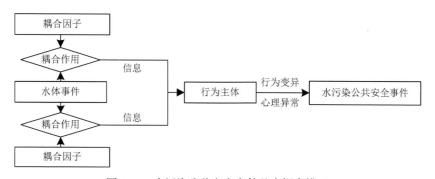

图 2-24　水污染公共安全事件基本耦合模型

水污染公共安全事件耦合主要围绕 3 类主体——耦合因子、行为主体、水体事件来完成。水体事件是耦合作用的客体对象，即水污染公共安全事件中关键节点事件。在这一耦合模型中，行为主体是耦合作用后果的实际承担者。耦合因子与水体事件发生耦合作用，为行为主体所感知，并表现为行为变异和心理异常。

5.4.3　信息扩散条件下水污染公共安全事件耦合路径分析

吴国斌和王超（2005）对突发公共事件的扩散耦合方式进行分析，认为存在6 种形式的耦合模式，分别是循环式扩散耦合、同发式扩散耦合、抑发式扩散耦合、促发式扩散耦合、强化式扩散耦合和伴生式扩散耦合。同时，提出突发公共事件扩散结构耦合模式，认为存在单向强化式结构耦合模式、循环伴生式结构耦合模式、循环抑发式结构耦合模式、多循环式结构耦合模式、多伴生式结构耦合模式、同发式循环结构耦合模式、强化抑发式结构耦合模式、循环促发式结构耦合模式、汇集促发式结构耦合模式。研究发现，水污染公共安全事件耦合具有两种形态，分别是单一型态和复合型态耦合。

1. 单一型态耦合

（1）单一型态耦合的表现形式。单一型态耦合是水污染公共安全事件耦合因子只与单一水体事件发生作用关系形成的耦合。比如，在水体呈富营养化条件下，合适水温与之耦合，则会导致水华现象；在沱江水污染公共安全事件中，季节性的枯水期与水污染相耦合，则导致水污染浓度增加，常规的诸如泄水稀释等技术方案无法有效实施（图 5-4）。其中，A 为水体事件，C、B、D

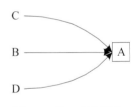

图 5-4　单一型态耦合

为耦合因子。水文状态、地质地理状态、气象气候状态与水污染的耦合是单一型态耦合。

（2）单一形态耦合的特征。单一型态耦合在形式上类似于吴国斌所提出的突发公共事件扩散耦合中的同发式扩散方式。这一型态的耦合的特征主要是：①耦合作用所造成的次生事件不再对上级事件造成影响，因此，此种耦合作用的后果是一过性的。②单一型态耦合主要出现在水污染阶段，在水污染公共安全事件爆发后的其他阶段较为罕见。因而，此种耦合是水污染公共安全事件的诱因，是一种诱发性耦合。③此种形态耦合，其耦合因子构成主要是自然环境类耦合因子。④由于自然环境的客观性，因而对于单一型态耦合的人工干预是极其有限的，即试图通过对耦合作用作预先的干预以改变水污染公共安全事件的演化发展是极其困难的。

2. 复合型态耦合

（1）复合型态耦合的表现形式。复合型态耦合是指同一水污染公共安全事件耦合因子与多个水体事件发生作用关系形成的耦合。比如，应急预案这一耦合因子，既可以与水污染发生耦合，也可以与供水停止发生耦合，还可以与群体性事件发生耦合（图 5-5）。其中，C 为耦合因子，A、E 为水体事件，实线箭头表示二者之间的耦合作用，虚线箭头表示水体事件之间的次生、衍生关系。

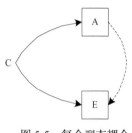

图 5-5　复合型态耦合

图 5-5 描述了一般意义上的复合型态耦合。在实践中，一方面由于各个耦合因子的作用不同，有的是正向推动、促进作用，有的是负向解耦作用，因此，复合型态耦合的具体表现形式各不相同。比如，心理恐慌、公众行为在特定条件下能够与供水停止等水体事件耦合，而且这种耦合会进一步增强事件不可控性。另一方面，应急决策、应急预案、信息沟通等耦合因子参与耦合所导致的后果与这些耦合因子的初始状态相关。如完善的预案准备和执行、正确及时的应急决策能够减缓或弱化水污染事件带来的恶劣后果；反之，如果预案本身不完备、决策本身不正确不及时，则耦合的结果将会使水污染公共安全事件状态进一步恶化。另一种耦合因子是以缓减水污染公共安全事件后果为目的，实际的耦合后果也是在一定程度上减少了损失，如应急救援作为耦合因子会参与到供水停止、生态受损等水体事件，并减轻此类事件所带来恶劣后果。这样，复合型态耦合进一步可以细分为强化型耦合、弱化型耦合和中性耦合 3 种子类型（表 5-2）。

表 5-2　复合型态耦合子类型比较

类型	耦合因子	目标事件特征	作用形式	作用后果
强化型耦合	心理恐慌	供水停止、谣言传播、群体性事件	强化	目标事件进一步恶化,并导致更坏的情况发生
	公众行为	供水停止、谣言传播	强化	
弱化型耦合	应急救援	水污染、供水停止、生态受损、谣言传播	弱化	目标事件被弱化,减缓、弱化事件演化的程度
	应急预案	水污染、供水停止、群体性事件	中性	
	应急决策	水污染、供水停止、群体性事件	中性	
中性耦合	信息沟通	水污染、供水停止、生态受损、群体性事件	中性	耦合带来的后果依据耦合因子的状态而定
	组织结构	水污染、群体性事件	中性	
	危机意识	供水停止、谣言传播	中性	
	应急协调	水污染、供水停止、群体性事件	中性	

（2）复合型态耦合的特征。复合型态耦合的特征表现在以下 3 个方面：①耦

合作用及其带来的事件链存在循环。耦合因子存在反复实施其强化或弱化作用。如水污染公共安全事件出现后，可能的一个次生事件是人员疾病与死亡，人员疾病与死亡则会导致心理恐慌、群体性事件，群体性事件则会进一步导致人员疾病与死亡，其间耦合因子—心理恐慌和公众行为反复参与耦合，不断强化各节点事件。②复合型态耦合推动了水污染公共安全事件的演化进程。不同耦合因子全面参与各节点事件的耦合。③耦合因子是由政府管理和社会心理行为类耦合因子构成，因子本身具有一定的可控性，可以通过对耦合因子的有限约束实现对耦合作用及其后果的控制。

第6章 信息扩散条件下水污染公共安全事件的耦合动力

水污染公共安全事件耦合能够推动事件的产生与演化，下述研究将在理顺信息扩散条件下水污染公共安全事件的耦合结构及其因子构成的基础上，研究推动事件的耦合作用力，构建耦合作用的驱动模型，继而剖析水污染公共安全事件耦合中来自自然力和社会力合力而形成的动力源，建成时间耦合的社会动力机制的完整结构。以此，促进事件信息的生成与扩散，并进一步借鉴物理学中的容量耦合概念以及容量耦合系数模型，建立耦合因子与水体事件耦合作用关系的耦合度模型，揭示事件耦合机理和耦合程度对事件的综合应急管理与综合减灾具有重要的辅助作用。

6.1 水污染公共安全事件耦合动力

"机制"一词最早源于希腊文，最初描述的是一个物理学概念，指机器的构造和动作原理。后来生物学和医学通过类比借用此词。生物学和医学在研究一种生物的功能（光合作用、肌肉收缩）时使用，该种情况的"机制"概念用以表示有机体内发生的生理或病理变化时，各器官之间相互联系、作用和调节的方式。后来，人们进一步将"机制"一词引入经济学研究中，用"经济机制"一词来表示一定经济机体内，各构成要素之间相互联系和作用的关系及其功能。此后，包括社会科学在内的更多学科也使用这一词汇，在借用过程中，概念的内涵有所减少，外延被扩大为泛指"涉及或导致某些行动，反应和其他自然现象的一系列相关的基本活动或过程"。这样，机制所描述的是事物运动发展和变化的本质性的内在规律。

动力的最基本解释是使机械做功的各种作用力，如水力、风力、电力等。进一步又可以比喻为推动工作、事业等前进、发展的力量，如"人民，只有人民，才是创造世界历史的动力"。所谓动力就是使事物发生合目的性变化的原因，是可控制的和可选择的。

所谓动力机制就是指推动事物发生合目的性变化的各种因素相互作用的内在规律。水污染公共安全事件耦合的动力机制则指，推动水污染公共安全事件耦合作用的必须动力的产生机理，以及维持和改善这种作用机理的各种关系所构成的综合系统。动力机制是水污染公共安全事件耦合作用之所以发生的动力源，也是进一步认清水污染公共安全事件演化发展的重要基础。

6.2　信息扩散条件下水污染公共安全事件耦合作用的驱动

耦合作用是推动水污染公共安全事件演化发展的关键环节。而耦合因子与水体事件之间的耦合作用则是在一定的驱动力作用下实现。耦合必须有动力，无动力驱动则无法形成耦合。这样，信息扩散条件下的水污染公共安全事件的耦合驱动模型即可用图 6-1 来描述。

根据这一耦合驱动模型，在最初的原始动力源的驱动作用下，耦合因子与水体事件发生耦合作用，耦合作用的结果会以信息的形式扩散，并对动力源造成影响，以此发生循环反复。根据这一耦合作用的驱动模型，信息生成与信息扩散构成了耦合作用发生的必要而非充分条件。

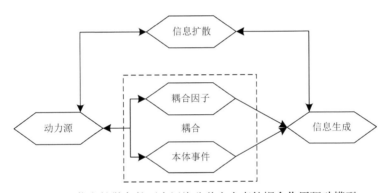

图 6-1　信息扩散条件下水污染公共安全事件耦合作用驱动模型

6.3　水污染公共安全事件的耦合动力构成

6.3.1　水污染公共安全事件耦合的动力分类

对水污染公共安全事件的耦合进行分类，依据不同的标准，水污染公共安全事件耦合可以分为①持续性耦合、间断性耦合和一过性耦合；②条件性耦合和随机性耦合；③诱发性耦合与演化性耦合；④结构化耦合与非结构化耦合；⑤国际耦合和国内耦合等类型。根据这样的分类标准，水污染公共安全事件耦合的动力类型也可以作类似划分。

（1）持续型动力和间歇型动力。持续型动力是在水污染公共安全事件中，推动某一耦合作用或多个耦合作用连续进行的原因。持续型动力推动整个水污染公共安全事件产生和演化过程中的耦合作用。在水污染公共安全事件的诱发阶段，这种持续型动力表现为自然力的持续作用。在演化阶段，这种持续型动力表现为各种社会力的持续作用。间歇型动力是导致间断性耦合的原因。以水污染公共安全事件中的谣言耦合为例。谣言与水污染公共安全事件的耦合具有典型的间断性特征，伴随着心理恐慌、泄愤、寻求合理解释、释放压力、寻找满足等多种原因的作用，谣言会出现传播的高潮和低谷。当政府信息不透明、公众对水污染公共安全事件缺乏足够的认识，谣言就会与水污染公共安全事件发生耦合；反之，当政府采取积极的措施保证信息的透明度，则推动谣言耦合的动力将会不足，导致耦合作用减弱或不发生耦合。

（2）结构性动力和随机型动力。耦合作用是在一定的自然背景和社会背景下发生的。所谓结构性动力是指导致耦合不可避免地发生的自然条件、社会条件。此时，推动耦合因子与水体事件发生耦合的作用力是特定的自然、社会背景条件。随机性是事物自身产生、存在、运动和变化的不定向性、无规则性和多种可能性。随机型动力推动的是随机性耦合。所谓随机型动力是指本身具有不定性、无规则性的特征而导致水污染公共安全事件耦合的原因。

6.3.2　水污染公共安全事件耦合的动力源

动力源研究是工程技术研究和创新研究中的常见主题。一般在分析动力源时都是从内在动力和外在动力两个方面进行动力源分析（刘明显，2009）。关于危机或公共安全事件的动力机制的研究较少，王伟等（2007）提出了危机演化中的信息动力机制的"5力模型"（图6-2），即危机演化的内趋力、危机形成的诱发力、

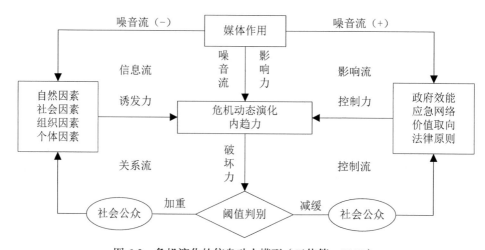

图6-2　危机演化的信息动力模型（王伟等，2007）

危机自身的破坏力、危机管理的控制力和媒介作用影响力，5 种力的共同作用推动了危机的演化发展。实际上，各种力的作用对象是相对确定的信息，并通过对信息施加影响而发生作用。在水污染公共安全事件中，与之相反的情形是，作用的对象即各种耦合因子是不确定的，同时，施加影响的力本身也是不确定的。这样就增加了水污染公共安全事件耦合的不确定性。从宏观层次来看，水污染公共安全事件耦合的动力源是来自于自然力和社会力的合力。

1. 水污染公共安全事件耦合的自然力

刘静暖（2009）认为自然力有广义和狭义之分。广义的自然力是指自然物质天然具有影响人类福利的能力，是效用、使用价值、对其他物质的作用力以及承受其他物质扰动能力的总称。狭义的自然力则是自然资源的作用力。本书中的自然力指自然界发展变化的内在规律。自然力具有客观性，不以人的意志为转移。同时，自然力也在一定程度上具有可控性，即作为社会主体的人，可以借助于征服自然和改造自然的能力，在一定的程度上影响自然力的作用对象与效果。

自然力的动力本源，即自然力的施加者，是自然规律。水污染公共安全事件中的自然力尤指物理、化学规律。

自然力的作用客体。动力源的作用是在耦合因子和水体事件之间建立起联系，并推动两者间的耦合。实际上，自然力的作用阶段相对确定，主要集中在水污染公共安全事件的诱发阶段。自然力的作用客体主要是自然环境类耦合因子，主要包括水文因子、地理地质因子和气象气候因子。

2. 水污染公共安全事件耦合的社会力

Helbing 和 Molnar 最早在 1995 年提出了社会力模型。根据其界定，所谓社会力指的是人的心理反应的作用力。显然这是对社会力的狭义的解释。霍俊（2003）把社会力定义为人对社会发生作用的总和。这样，社会力包括社会组织力、社会生产力、社会工具力、社会调控力、社会需求力、社会控制力、社会协作力等。"社会力是客观存在的，并有其规律性和破坏力。认识它，利用它，可能主动受益。否则，难免受害。"虽然这些定义从不同角度对社会力进行界定。但是，在水污染公共安全事件中，社会力显然不能直接和社会生产力、社会工具力划等号，也不仅仅是简单的心理反应的作用力。水污染公共安全事件耦合的社会力是指为追求特定的利益所形成的行为选择趋向力。王浦劬（1995）认为，所谓利益，是指基于一定生产基础而获得社会内容和特性的需要。利益由三方面的因素构成：①利益的心理基础是人们的需要；②利益反映的是一定阶段上人们的生产能力和生产水平；③利益反映着人和人之间的社会关系。利益驱动实际上构成了社会力的核心。其中对于利益需求得到满足的期望是社会力的来源基础。在水污染公共安全事件中，各类主体之间实际上结成了复杂的社会关系，对于社会关系的协调能力以及各主体的能力的大小即为社会力的大小。据此，可以对水污染公共安全事件中的社会力作如下理解。

首先，社会力的作用主体是社会的主体，即是"人"，既指自然人，也指拟人化的"组织"。无论是自然人，还是作为"组织"的人，都是理性的人，都在追求某种利益的最大化。比如，作为"组织"的人，追求的是实现公共安全事件损失的最小化；作为自然人，追求的是尽可能避免自身遭受损失等。根据水污染公共安全事件的主体构成，社会力的主体也可以相应的分为：作为组织的人——应急决策者、应急执行者，作为个体的人——承灾者和公众。

其次，社会力的作用客体。与自然力的作用阶段不同，社会力的作用侧重于水污染公共安全事件的演化阶段。社会力的作用客体则是政府管理类和社会心理与行为类的耦合因子。

再次，社会力的作用形式。根据社会力作用的耦合因子不同，社会力的作用形式相应的有部分差异：①对于政府管理类耦合因子，社会力作用形式属于强约束性的。即对于信息沟通、应急处置、政府协调、政府决策等都在一定体制框架内完成，并且有法可依。此时，社会力的具体作用形式是法制力和政治力，即法律和政治的要求推动了耦合；②对于社会心理与行为类耦合因子，社会力作用形式属于非约束性的。无论危机意识、心理恐慌和行为倾向等，都是个体被内在利益驱动而形成。

6.4　水污染公共安全事件耦合的社会动力

水污染公共安全事件耦合可以分为诱发性耦合和演化性耦合。诱发性耦合是指相关耦合因子与水污染发生相互作用，促使水污染的程度、性质、影响范围、影响程度等出现不可控性，使其由工程技术问题转化为社会问题的耦合。驱动诱发性耦合的耦合动力是自然力，耦合因子主要是自然环境类耦合因子。诱发性耦合过程主要服从自然定律的作用。演化性耦合是一种社会性的活动，驱动演化性耦合的耦合动力是社会力。因此，下面主要对基于社会力的耦合动力机制进行分析。在水污染公共安全事件中，利益压力、信息势差和道德法律构成了动力机制的完整结构。

6.4.1　水污染公共安全事件耦合的社会启动器——利益压力

1. 利益与利益压力

利益是一个永恒的话题。只要存在人类地方，就必定存在利益。在分析水污染公共安全事件耦合的社会动力机制时，利益成为最初的耦合启动突破口。马克思主义认为，"利益不仅仅作为一种个人的东西或众人的普遍的东西存在于观念之中，而且首先作为彼此分工的个人之间的相互依存关系存在于现实之中"（马克思和恩格斯，2007），"人们奋斗所争取的一切，都是同他们的利益相关"（马克思和恩格斯，2007）。"为了生活，首先就需要衣、食、住、行以及其他东西"（马克思和恩格斯，2007），"需要即是他们的本性"（马克思和恩格斯，2007）。利益是人类的社会活动根本动因。

同时，利益是一个矛盾的统一体。这个矛盾就是人们利益的自我实现与社会实现途径之间的矛盾，即人们要求实现自我利益，却不得不受别人的利益和社会条件的制约。这一矛盾的发展，一方面加剧了人们之间的利益对立；另一方面也由于共同利益的出现，密切了人们之间的联系，这就构成了人类社会中普遍存在的利益关系。利益关系的协调和发展，是人类社会经济发展的本质内容，是人类社会的物质基础。可见，利益及其利益关系的存在及其矛盾运动是人类社会政治、经济、历史发展的根源和原动力（涂晓芳，2008）。

利益具有不同的划分。有经济利益和政治利益，有个人利益和公共利益等。在水污染公共安全事件中，依据主体不同，也有不同的利益划分，基本的有应急决策者利益、应急执行者利益、承灾者利益和公众利益。进一步细分，应急决策者利益又可以分为各级地方政府利益、各级地方政府部门之间的利益等。据此，对应急执行者、承灾者和公众的利益都可以做相应划分。就具体利益而言，以松花江水污染公共安全事件中的承灾者为例，其利益即需要获取真实信息、减少损失、减轻伤害等。

需求是多样性的，利益也自然而然是多元化的。但多元化的利益并不能在任何时候都得到实现。在利益理想（现实的理想而非乌托邦式的空想）和利益实现之间形成鸿沟。这种利益实现中的鸿沟构成利益压力。利益压力的大小直接关系到人的行为，利益压力大，人会更主动；反之，人的行为则相对消极。

2. 社会利益压力与水污染公共安全事件耦合

"利益（物质的和理想的），而不是思想，直接统治着人的行为。"汉斯（1993）指出，"对人性稍有了解，便会确信，人类的绝大部分都把利益视为主导原则，几乎一切人都或多或少地受其影响。"利益实际上驱动了人的所有活动。

社会利益压力的来源。社会利益压力是利益的势差，反映的是社会利益主体在利益理想与实际的利益实现能力之间的差距。从纵向来看，伴随着社会经济的发展，利益主体的利益要求增加。从横向来看，社会利益压力来自于同一时期不同利益主体利益实现能力的下降。例如，在太湖蓝藻事件中，由于蓝藻爆发，太湖水质变差，自来水停止供应，社会对自来水的基本要求得不到满足，与此同时，政府对应急处置城市自来水供应的利益需求增加，对满足城市正常秩序的利益需求增加。在一消一长间，水污染公共安全事件中各利益主体的社会利益压力增大。

水污染公共安全事件中社会利益压力的特征。希克等（1982）指出"当人的某些需要得不到充分满足时，就会使人产生一种想去满足它的要求，或者，由于某些需求对人感情和爱好具有很大的吸引力，也会使人产生一种不断重复的、在某些情况下不断加深的要求。"这实际上对社会利益压力的产生作了最好的注解。由于"人以其需要的无限性和广泛性区别于其他动物"（马克思和恩格斯，2007），利益压力具有天然的客观合理性。社会利益压力的另一特征是时变性。不同时刻利益压力是不一样的，同一时刻不同利益主体的利益压力也不一样。这一点在水污染公共安全事件中尤为明显，各种不同的社会利益犬齿交错，各种利益压力此起彼伏，共同促进水污染公共安全事件的耦合作用，也推动事件的演化、发展过程。

在水污染公共安全事件中，利益与利益压力受多方面因素的影响。主要包括：①利益内容。在水污染公共安全事件中，应急决策者所要实现的利益至少包括公共利益、应急决策组织的利益和应急决策者成员的利益等。应急执行者所要实现的利益也类似包含3个方面。利益的内容越广泛，所带来的利益压力越大。②利益主体。与水污染公共安全事件信息扩散主体相对应，利益主体也由应急决策者、应急执行者、承灾者和公众所组成。利益主体对利益压力的影响在于其素质和认知。即利益认知是指利益主体对利益的感知和判断。不同利益主体对于利益压力的感知和判断不同，相应采取不同的行为选择。在松花江水污染公共安全事件中，不同政府部门、哈尔滨市市民等都对事件中的信息具有不同要求，并对信息需求做出了各自判断，其结果是，政府开始发布自来水管检修的信息，然后又立刻改正；普通市民由于缺乏信息，导致抢购、弃城出逃等行为，在后期伴随着信息的透明化，以及水污染问题的解决又恢复平静。

水污染公共安全事件中，耦合因子与水体事件的耦合由于利益压力而启动。在利益压力作用下，水污染公共安全事件中各社会利益主体依据利益最大化原则，促进耦合因子的耦合。如水污染公共安全事件中，应急决策者会根据早已编制的预案，制定应急处置方案并做出决策。而预案本身的状态，即其完善性、可操作性以及此前预案的演练情况都将在事件处置中得到全面展现。从前述调研情况看，预案建设是水污染公共安全事件应急处置中存在的问题。被调研者表示，尽管已经编制了体系相对比较完整的预案库，但预案都属于政府保密文件，由机要部门保管，因而，预案的可操作性和演练情况就值得深思。预案建设是水污染公共安全事件中一个重要的耦合因子。在水污染公共安全事件爆发后，急需有效的应急预案与现实中的完全缺失预案这一对矛盾就形成了利益压力。水污染公共安全事件危害越大，对预案的需要越急迫，则利益压力越大。在这一利益压力之下，各利益主体会迅速的将预案从预案库中调出，并应用于实践。至于预案应用的实际效果如何，则与预案编制的好坏、预案的可操作性和演练情况紧密相关。

　　社会利益压力则与水污染公共安全事件耦合成正相关，即利益压力越大，则越容易促进耦合作用的发生；反之，则越不容易促进耦合作用的发生。利益压力的大小与利益主体的压力感知能力密切相关。以天津"艾滋病患者扎针"事件为例。2002 年初，有关有人用装有艾滋病病毒的注射器扎市民的传闻造成了天津全城公众的不安，进而波及北京等城市。犯罪嫌疑人于 1 月 7 日被抓获，但是直到 1 月 17 日，天津市公安局才公布该案件的一些初步情况。如果有关部门能够把案情的进展及时通报给社会，同时尽早的通过权威的途径解释艾滋病的传播情况，效果显然就会好得多。这就是一个典型的由于利益主体对利益压力感知的迟钝，或者说因为认知而根本就没有发现有利益诉求，导致事件复杂化的案例。

　　利益压力对耦合因子的作用与利益压力自身的特点相关。不同利益主体的利益压力所关联的耦合因子不同，同一利益主体同样的利益压力在不同的事件阶段所起的作用也不同。多利益主体的利益压力博弈导致水污染公共安全事件中，多个耦合因子与水体事件发生耦合并引导了事件的演化方向。存在这样一种现象：某一耦合因子耦合作用的强度足够高则会导致另一耦合因子耦合作用的效果降低，换句话说就是，此消彼长，此强彼弱。以吉林石化爆炸事件为例。2005 年 11 月 13 日，中国石油集团吉林石化公司双苯厂发生了爆炸事故，吉林石化分公司发现了苯泄露并进行处置，但是吉林石化分公司和中国石油集团都对爆炸所产生的污染情况保持沉默，甚至发布有关"爆炸产生二氧化碳和水"的误导性信息。吉林省、吉林市等各级政府部门也都对外否认水污染，国家环保总局也没有认识到问题的严重性，对事件产生的严重后果估计不足。各利益主体对事件后果的严重性估计不足，即对利益压力认知不足，利益主体没有感知到相应的利益压力。在社会利益压力缺乏的条件下，能够对水污染公共安全事件起到缓解、减轻的耦合因子（如政府真实信息的发布、预案的实施等）无法与水体事件发生耦合，而任由其他的有可能导致事件复杂化的耦合因子自由耦合。

6.4.2　水污染公共安全事件耦合的助推器——信息势差

1. 信息势差

何志兰和吕青（2007）认为信息势差表示信息主体之间信息存在的差距以及主体之间信息拥有差距的扩大趋势和发展过程，信息势差具有静态和动态两个方面的表现。因此，信息势差是指"当代信息社会发展过程中所表现出来的一种新的社会分化现象，也应该包括当代社会信息化发展过程中迅速生成的一种新的社会分化途径"。其基本含义是：在当代社会信息化发展过程中，由于信息技术的迅速发展和有效利用而衍生出一种人类社会的不同信息活动主体之间的信息差距及其不断扩大的社会分化现象。在何志兰等人看来，信息势差包含3层含义：①不同信息主体之间在信息资源接触和信息资源拥有方面的差距，即信息资源静态差距；②不同信息主体之间信息差距的生成与扩大态势；③不同信息主体之间因信息差距的存在和发展而引起的某些特定的社会分化。

信息势差是处于交易双方或多方由于信息的不对称分布而产生的信息量的大小之差。信息势差越大，则处于信息劣势的一方就会更加处于不利地位。蒋永福和李集（1998）将信息势差看作"信源与信宿之间存在的状况差异，即信源状况与信宿状况之间的不等之差。从势能传递的角度看，在没有人为干扰的情况下，信源处的势能总比信宿处的势能高，即信息总是从信源处流向信宿处，换句话说，信源处的信息量总比信宿处的信息量大。"并提出了"信息势差律"，认为信息的流动必须以信源与信宿之间存在势差为前提，而且信息总是从势能高处流向势能低处。

信息势差是信息化水平差距造成的信息差别，是信息时代的信息分化和社会分化之一（张鑫，2007a，2007b）。信息的生成与扩散是水污染公共安全事件的常态，信息势差亦如此。

2. 信息势差与水污染公共安全事件耦合

信息势差是在特定信息技术范式和社会结构范式的基础上形成的。水污染公共安全事件中，信息势差的存在具有客观必然性。

（1）信息势差存在结构必然性。前文论述过水污染公共安全事件具有复杂系统特征，其在组分、结构、功能方面都具有复杂性。根据耗散结构理论的解释，任何系统都处在相互的作用中，也就是说一个开放的系统只有处于远离平衡的非平衡态，通过与外界的物质、能量和信息交换，才能克服自身的混乱，从无序走向有序，即非平衡是有序之源。水污染公共安全事件是开放性的、远离平衡态的，存在着非线性的作用关系以及涨落。远离平衡态既是水污染公共安全事件系统的一个特征，也是其中的信息的状态，即水污染公共安全事件中，信息本身是不平衡的，信息势差的存在即是事件中某个时期、某个层面的结构和状态的反映。

（2）信息势差存在的社会必然性。信息势差的存在是社会发展的必然产物，是一种客观的社会现象。换句话说，信息势差存在的社会必然性是指信息势差的发生发展存在必然规律，绝非偶然。在水污染公共安全事件中，对于信息的价值空前提高，信息的作用越来越大，但信息的生成和扩散却是按信息的内容分部门、分主体来实现，信息主体拥有信息的富有与贫乏程度与主体的制度安排紧密相关。根据不同的制度安排，有主体必然的获取更多的信息，有主体则必然的只能获取相对较少的信息。因而，水污染公共安全事件中的信息势差既是一个伴生性问题，也是一个延伸性问题。信息势差伴随着事件中的各种制度安排而出现，也随着事件的发展而向次生和衍生方向发展。

张鑫（2007a；2007b；2008；2009）分别从社会发展的不均衡性、消费环境的不对称性、消费主体的差异性、资源分配的不平等性 4 个方面对信息势差的形成进行了分析。结合张鑫的研究，水污染公共安全事件信息势差的形成源自于以下两方面：首先，水污染公共安全事件信息势差的形成源自于信息主体的差异。在水污染公共安全事件中，基本的信息主体构成有应急决策者、应急执行者、承灾者和公众。应急决策者进一步又可以划分为接收主体、决策主体和操作主体。信息主体的差异主要表现在两方面：其一是信息主体的多样性；其二是不同信息主体条件的差异性，即信息主体的物质技术条件差异、个体资质差异和信息环境条件差异。信息主体的三大差异都与信息势差有着某种客观的、实在的、必然的关系，都能引起信息主体之间的信息势差。以物质技术条件差异为例，水污染公共安全事件中，执行应急监测的机构和部门可以拥有事件相关的第一手信息；而政府则可以依靠相关法律制度，获取相关部门汇总而来的丰富信息；广大的受害者和公众则只能够主要依靠政府的信息来源和各种小道消息与谣言。再以个体资质差异为例，水污染公共安全事件中，各种专业的数据只能够由专业人员来收集整理，普通人根本无法认清这些专业数据所反映的实质。其次，水污染公共安全事件信息势差的形成源自于信息分配的差异。信息运动具有"马太效应"，其表征是部分信息主体获得的信息越来越多，即多者越多、少者越少。同时，水污染公共安全事件中，信息的分配与信息的分布、信息设施、信息手段、信息主体紧密相关。以信息手段为例，松花江水污染公共安全事件中，广大群众可以在短时间内通过手机、短信、网络等信息传播方式接收到有关"哈尔滨近期将发生地震"的谣言；同时，网上诸如水投毒、松花江水被苯污染的信息也迅速传播。再以信息分布为例，在松花江水污染公共安全事件中，信息分布特征是：政府拥有大量的真实信息，但不对社会公众公布或较少公布；广大群众在民间流传各种小道消息和谣言，但是得不到官方的及时辟谣或证伪。

信息势差是水污染公共安全事件耦合中的催化剂，为耦合作用的发生提供了外部的推动力。同样是以松花江水污染公共安全事件为例。在事件的初期，尽管吉林省政府、吉林省环保局就吉林石化爆炸所带来的潜在的污染后果分别对黑龙江省政府、黑龙江省环保局进行了通报，但是黑龙江省政府却并未将此信息公开，使得政府和公众之间的信息势差增大。此事件的爆发点在 2005 年 11 月 21 日，当日哈尔滨市政府发布了市区市政供水管网设施进行全面检修停止供水的公告。强大的信息势差增强了这一误导性公告的破坏力，导致公众的心理恐慌、危机意识及其他耦合因子发生了耦合作用，全城传言四起，抢购不断。

6.4.3　水污染公共安全事件耦合的社会环境——道德法律

1. 道德与法律

广义上，道德泛指有别于法规的社会行为规范体系、个人美德、文化精神、社会价值观念形态及人类生活理想等。通常所指的道德是狭义的理解，即以善恶为标准，依靠社会舆论、传统习惯的内心信念维系，用以反映、调整现实生活中人与人之间以及人与自然之间关系的原则规范、心理意识及行为活动的总和（秦树理，2008）。道德的使命在于调整人们之间的利益关系，是个人存在的需要，也是社会对个人的道德要求。

法律是国家制定或认可的，由国家强制力保证实施，以规定当事人权利和义务为内容的具有普遍约束力的社会规范。广义的法律是指法的整体，包括法律、有法律效力的解释及行政机关为执行法律而制定的规范性文件。狭义的法律专指拥有立法权的国家机关依照立法程序制定的规范性文件。

道德与法律同属于上层建筑，都是社会规范，二者之间有许多相同之处，同时又有着质的差别。相同之处是它们都是人们的社会行为规范；它们的内容互相渗透的；它们都建立在同一经济基础上并随着经济基础的发展变化而发展变化。区别在于产生和发展趋势不同形成的方式和表现形式不同，实施所凭借的强制力不同，调整的范围不同，体系也有所不同（吴祖谋和李双元，2007）。

2. 道德法律与水污染公共安全事件的耦合关系

道德法律为水污染公共安全事件耦合创造了平台环境，对事件耦合起支撑性作用。

（1）水污染公共安全事件中的耦合作用受道德的约束作用。道德的功能是指道德作为一个有着特殊结构的系统，在同作为它的载体的人和社会的相互联系与相互作用过程中的能力。道德的功能表现在社会认识功能、主体确证功能、规范调节功能、教育功能和辩护功能。道德的社会作用之一就是调控社会，维护社会秩序。水污染公共安全事件中，道德的约束作用表现为通过评价、教育、指导、示范、激励、沟通等方式，对其中错位的社会秩序和社会关系进行协调。以松花江水污染公共安全事件为例，当水污染的信息为社会公众所共知，广大群众相互帮扶渡过难关，道德的作用不可忽视。

（2）水污染公共安全事件中的耦合作用受到法律的规范作用。法律是最低层次的道德。法律为水污染公共安全事件中的各种耦合提供了基础层面的框架和要求。《国家突发环境事件应急预案》中对信息发布做出规定，全国环境保护部际联席会议负责突发环境事件信息对外统一发布工作，突发环境事件发生后，要及时发布准确、权威的信息，正确引导社会舆论。对于应急监测，该预案规定环保总局环境应急监测分队负责组织协调突发环境事件地区环境应急监测工作，并负责指导海洋环境监测机构、地方环境监测机构进行应急监测工作。在指挥协调方面，该预案规定环境应急指挥部指挥协调的主要内容包括：①提出现场应急行动原则要求；②派出有关专家和人员参与现场应急救援指挥部的应急指挥工作；③协调各级、各专业应急力量实施应急支援行动；④协调受威胁的周边地区危险源的监控工作；⑤协调建立现场警戒区和交通管制区域，确定重点防护区域；⑥根据现场监测结果，确定被转移、疏散群众返回时间；⑦及时向国务院报告应急行动的进展情况等。这实际上是从法律法规的角度，对诸如信息沟通、应急协调等耦合因子的耦合作用进行了规范。

6.5　水污染公共安全事件的耦合度测度

6.5.1　水污染公共安全事件信耦合度定义

耦合度是多变量间交互影响的一种度量。在协同学理论中，系统由无序走向有序的关键在于系统内部序参量之间的协同作用，因此，耦合度也是反映协同作用的度量。

由图 4-8 可知，在水污染公共安全事件中，不同的耦合因子会在事件演化的不同阶段参与事件的耦合并对其演化路径产生影响。水污染公共安全事件耦合度测度的是水污染公共安全事件中耦合因子与水体事件发生耦合作用的程度。

由图 4-9 可知，在水污染公共安全事件的耦合过程中，信息的扩散对于耦合后果具有重要的中介作用。由于应急决策者与应急执行者、承灾者、公众之间信息博弈的存在，耦合因子与水体事件之间的完全信息沟通实际上只是一种理想状态。现实中，所有的耦合因子与水体事件的耦合受到信息的管制而与理想状态具有一定的差异。测度水污染公共安全事件耦合度即是考虑了信息博弈因素的耦合度。

6.5.2 耦合度测度模型

1. 功效函数

设变量 U_i（ $i=1,2,3,\cdots,m$ ）是水污染公共安全事件耦合系统的序参量，u_{ij} 为第 i 个序变量的第 j 个指标，其值为 X_{ij} （ $j=1,2,\cdots,n$ ）。α_{ij} 和 β_{ij} 是系统稳定临界点上序参量的上、下限值。因而对系统有序的功效系数 u_{ij} 可表示为

$$u_{ij}=\begin{cases}(X_{ij}-\beta_{ij})/(\alpha_{ij}-\beta_{ij}), & u_{ij}\text{具有正功效}\\(\beta_{ij}-X_{ij})/(\alpha_{ij}-\beta_{ij}), & u_{ij}\text{具有负功效}\end{cases} \quad (6\text{-}1)$$

式中，u_{ij} 为变量 X_{ij} 对系统的功效贡献大小，则功效函数具有以下特点：u_{ij} 反映了各指标达到目标的满意程度，u_{ij} 趋近于 0 为最不满意，u_{ij} 趋近于 1 为最满意，所以，u_{ij} 的取值范围为 $0\leqslant u_{ij}\leqslant1$。

对于水污染公共安全事件的耦合系统来说，为求取耦合因子与水体事件之间的耦合度，耦合因子的状态要素以及水体事件的状态要素就构成了该耦合系统的序参量。由于单个耦合因子以及水体事件都可以通过多个评价指标来描述，因此，分别获取耦合因子和水体事件的总序参量是必要的。在实际应用中，可以通过几何平均法或线性加权法来求取总序参量：

$$U_A(u_i)=\sum_{j=1}^{n}\lambda_{ij}u_{ij}, \quad \sum_{j=1}^{n}\lambda_{ij}=1 \quad (6\text{-}2)$$

2. 耦合度函数

借鉴物理学中的容量耦合概念以及容量耦合系数模型，推广可得到多个系统（要素）相互作用的耦合度模型：

$$C_n=\left\{(u_1\cdot u_2\cdots u_m)/\left[\prod(u_i+u_j)\right]\right\}^{1/n} \quad (6\text{-}3)$$

当求取单个耦合因子与水体事件之间的耦合度的时候，则耦合度函数可以表述为

$$C=\left\{(U_A(u_1)\cdot U_A(u_2))/\left[(U_A(u_1)+U_A(u_2))(U_A(u_1)+U_A(u_2))\right]\right\}^{1/2} \quad (6\text{-}4)$$

式中，$U_A(u_1)$ 是耦合因子对公共安全事件耦合系统的功效贡献；$U_A(u_2)$ 是水体事件对公共安全事件耦合系统的功效贡献；C 为耦合因子与水体事件之间的耦合度。

3. 指标体系

为了能够精确的测度耦合因子与水体事件之间的耦合程度，需要构建耦合度测度指标体系。应本着指标选取的代表性、广泛性与可操作性原则，建立水污染公共安全事件耦合系统的指标体系，具体而言指标体系由耦合因子的指标体系与水体事件的指标体系两个方面构成。其中，耦合因子的评价指标可以从耦合因子的状态特征以及耦合因子信息传播扩散状态特征两个方面来选取，并据此获得耦合因子的总序参量；水体事件的评价指标主要从事件带来的人群损失、建筑物损失和生命线系统损失等以及该事件对外部环境产生的影响等方面来选取，并据此获取水体事件的总序参量。然后根据式（2-22）、（2-23）、（2-24）求解耦合因子与水体事件之间的耦合度。

6.5.3　基于三峡库区水污染公共安全事件耦合度测度的实证分析

1. 案例分析

神农溪是湖北省长江流域巴东段最大一级支流，发源于神农架南麓，自北向南，经过 90 多千米流程后，在巴东县西壤口注入长江。

2008 年 6 月，在神农溪发生了由水华引发的水污染公共安全事件，其具体经过如下：接到神农溪水华威协情况报告后，巴东县委、县政府高度重视，县委书记亲临现场指挥应急处置。县长于 25 日下午召开政府常务会专题研究，紧急调拨 30 万元开展水体清理，并成立了由副县长为组长的应急处置专项领导小组，采取紧急措施，对影响区群众加大了宣传力度，禁止人畜饮用河水和捕捞水华河段鱼类，同时加大对水华发展趋势和水质监控力度，争取相关项目确保长效预防。根据湖北省环保局审定的《巴东县神农溪水华监测方案》，巴东县在小河口、鸭子嘴、燕子阡、神农溪入江口、神农溪入江口下游一公里处分别布设一个断面进行水质监测，强化监测预警，加大巡查力度，正确引导舆论，防止引起不必要的恐慌。而在此前的 6 月 24 日，在宜昌市召开的专门会议上，湖北省政府副秘书长要求，加大神农溪水华的监测、巡查、预警、打捞力度，对河内的网箱养鱼坚决取缔，排查污染水体的工厂，限 3 个月内达标，否则予以关闭。由于采取了一系列有效的措施，神农溪的此次水污染公共安全事件所造成危害被控制在了最小的范围内。

研究者于 2008 年 7 月 3 日就神农溪水污染公共安全事件的相关问题对湖北省

恩施州巴东县水利局与环保局进行了实地调研，并结合此次事件发生后的相关报道深入分析，有以下研究发现：

（1）水污染公共安全事件的演化具有过程划分。即可以分为诱发阶段与演化阶段。诱发阶段即由于一系列因素导致水污染公共安全事件特征全面展现的阶段。演化阶段即水污染公共安全事件向下一级的次生或衍生事件演变的阶段。在神农溪水污染公共安全事件中，神农溪水体污染的持续加重以及各种因素共同作用导致水华及其危害全面爆发，即为诱发阶段。演化阶段则是在水污染公共安全事件出现后，演变为因水污染而导致旅游业受到影响、居民用水受到影响等次生事件的过程，形成了公共安全事件的进程性演化。

（2）水污染公共安全事件的诱因是由 3 方面构成的，即水体受到污染、特定的自然因素和特定的人文社会活动。

（3）水体受到污染是水污染公共安全事件诱发的核心因素。在神农溪水污染公共安全事件中，由于在神农溪的网箱养鱼以及河道周边的农业面源污染导致水体受到污染，是水污染公共安全事件的最主要诱因。

（4）特定的自然因素是水污染公共安全事件的重要诱因。自 2003 年 6 月以来，随着三峡大坝蓄水的顺利进行，神农溪水位已涨至 156m，其水面变宽、水流变缓，河口至回流尾水处（小河口）30km 水体表层基本上未有明显流速，水体交换率低下，呈现出内陆湖泊水文状况。加上同一时期降雨量很低以及温度适宜，造成了水污染公共安全事件的又一诱发条件被满足。需要指出的是，作为诱因，特定的自然因素是通过与水体污染这一核心诱因发生耦合而发生作用的。

（5）特定的人文社会活动构成水污染公共安全事件的另一诱因。巴东神农溪是长江中上游重要支流，也是国家 4A 级旅游景区，旅游景区的污染压力以及对水污染公共安全事件的高度敏感性，加之神农溪河道内的网箱养鱼、捕鱼，沿岸居民的用水等都增加了诱发水污染公共安全事件的机会。

2. 构建指标体系

水污染是水污染公共安全事件逻辑起源。在吉林石化爆炸事件、四川沱江水污染事件、太湖水华事件中，都是以水污染为源头开始整个公共安全事件的逻辑演化。水污染对正常的社会生产生活具有重大的负面影响，同时，又与应急决策者和应急执行者的应急处置紧密相关。测度不同条件下应急处置与水污染之间的耦合关系对于整个公共安全事件的成功处置具有直接的理论和实践意义。

依据图 5-4 提出的水污染公共安全事件耦合路径，本书选取其中的应急处置与水体污染的耦合关系，作为典型案例进行应急处置与水体污染的耦合度测度的算例分析。

为更好地评价应急处置与水污染之间的耦合程度，在构建耦合度指标体系时应当遵循以下原则：①应当体现应急处置与水污染的耦合规律，所选指标要具有很强的代表性和层次性。②所建立的指标要有广泛的适应性，即所建立的指标体系能够反映不同类别、不同水污染公共安全事件的共性。③要具有可操作性，即所建立的指标含义明确、数据规范、口径一致、资料收集可靠。基于以上原则，构建应急处置与水污染之间的耦合度指标体系如图 6-3 和图 6-4 所示。

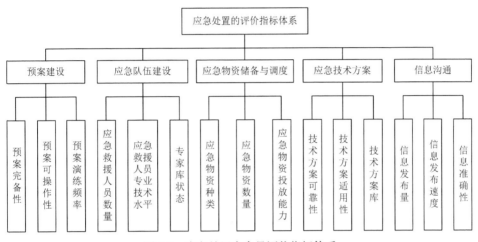

图 6-3 应急处置序参量评价指标体系

图中所示指标，如预案建设、应急队伍建设、应急物资储备与调度、应急技术方案和信息沟通本身是能够作为独立的耦合因子在水污染公共安全事件的不同阶段与水体事件发生耦合作用的。同时，以上指标作为一个集合整体也能够较全面反映政府应急处置能力这一耦合因子的状态。这里，耦合因子在分类上反映了耦合因子的层次性，即一个耦合因子可包含若干子耦合因子。

预案建设指标：考虑到预案建设是政府提升应急处置的能力的重要措施，选取应急预案的完备性、可操作性和演练频率来测量预案建设状态。数据采用 5 分制的形式给出，其中，1 表示最劣，5 表示最佳。序参量的上下限值取此 5 分制的最高值和最低值，即上限为 5，下限为 1。

应急队伍建设：突发公共安全事件的最终解决要依靠一定的应急队伍来完成，故选取应急救援人员数量、应急救援人员的专业技术水平和专家库状态来测量应急队伍建设状态。数据采用 5 分制的形式给出，其中，1 表示最劣，5 表示最佳。序参量的上下限值取此 5 分制的最高值和最低值，即上限为 5，下限为 1。

应急物资储备和调度：应急物资是水污染公共安全事件得以解决所要凭借的物质基础。这里选取应急物资种类、应急物资数量、应急物资投放能力等具体指标来测量应急物资储备和调度状态。数据采用 5 分制的形式给出，其中，1 表示最劣，5 表示最佳。序参量的上下限值取此 5 分制的最高值和最低值，即上限为 5，下限为 1。

应急技术方案：主要选取了技术方案可靠性、技术方案适用性和技术方案库状态对其进行测量。数据采用 5 分制的形式给出，其中，1 表示最劣，5 表示最佳。序参量的上下限值取此 5 分制的最高值和最低值，即上限为 5，下限为 1。

信息沟通：主要选取信息发布速度、信息真实性和信息量来对其测量。数据采用 5 分制的形式给出，其中，1 表示最劣，5 表示最佳。序参量的上下限值取此 5 分制的最高值和最低值，即上限为 5，下限为 1。

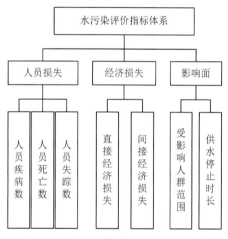

图 6-4　水污染序参量评价指标体系

水污染评价指标主要由人员损失、经济损失和影响面 3 个二级指标来测量。其中，人员损失由人员疾病数、人员死亡数和人员失踪数 3 个具体指标来测量；经济损失包括直接经济损失和间接经济损失；影响面包括受影响人群范围和供水停止时长。序参量的下限取值为 0，上限取值为事件的潜在的最大值。

3. 实证数据的收集和整理

本研究依据专家意见调查法来获取评价指标数据。在应急处置与水污染这个两个序参量的评价指标中，分别根据数据的性质确定数据的来源及获取方式。

应急处置这个序参量的评价指标直接获取相关评价指标的数值很难，主要运用专家意见调查法来获取应急处置的相关数据。在确定被调查专家时，以长期处于水污染公共安全事件应急处置第一线的应急管理者为被调查对象，具体调查过程中，亲赴湖北省巴东县调研，分别访问了巴东县应急办、环保局、水利局等部门。由于长江神农溪正处于长江巴东段的支流，相关部门直接参与了神农溪水华事件的处理全过程，巴东县应急办、环保局、水利局等部门对相关评价指标给出了详尽的且郑重的判断，因此，数据具有充分的客观真实性。水污染序参量的各评价指标的数据则根据官方公布的数据来获取。

4. 应急处置与水污染的耦合度计算。

根据各专家所提供的数据，首先可以计算各个功效函数的值，再计算应急处置与水污染的序参量，可计算出应急处置与水污染耦合度（表 6-1）。

表 6-1　应急处置与水污染耦合度计算表

应急处置序参量	水污染序参量	耦合度
0.428	0.556	0.495

5. 结论分析

（1）应急处置与水污染耦合度，是表征应急处置与水污染耦合作用过程中序参量之间协同作用的强弱程度。有效的应急处置会减缓水污染所带来的恶劣后果，水污染也迫使应急决策者和执行者实施更有效的应急处置措施。本耦合度模型分别由功效函数、耦合度函数和耦合度指标体系构成。其中，功效函数中序参量的上下限和耦合度指标体系的建立是模型能否正确应用的关键。

（2）应急处置与水污染之间存在交互耦合关系。耦合度的取值范围为 $0\sim1$。由于功效函数值是与耦合成反方向的，因此耦合度的取值越小则表明二者之间的耦合关系越紧密，即耦合度取值越小则越能促发耦合。当 $0.7 \leqslant C < 1$ 时，应急处置与水污染处于较低水平的耦合，一般不会导致严重的次生事件的发生；当 $0.3 \leqslant C < 0.7$ 时，应急处置与水污染处于中等水平的耦合，存在引发严重次生事件的可能性；当 $0 < C < 0.3$ 时，应急处置与水污染之间存在严重的耦合关系，将会导致严重次生事件，需要立刻采取干预措施。

（3）采用耦合度模型对神农溪水华事件的耦合现状进行了分析，结果表明在神农溪水华事件中，应急处置与水污染处于中等水平的耦合，这一结论与当地政府部门应急处置的实际非常接近。这表明该模型在一定程度上得到证实。

第3篇　水污染公共安全事件预警信息管理

目前，世界各国在其主要江河流域中均建有跨区域、跨部门的水污染事件预警系统，对水资源进行实时监测，对突发性水污染事件进行早期预警。如美国的俄亥俄河与密西西比河都建有先进的水污染预警系统，欧洲的多瑙河流域建有横跨 17 个欧洲国家的多瑙河事故应急预警系统，英国的特伦特河建有水污染预警系统，日本的淀川河、韩国的汉江也都建有水污染预警系统。相比之下，在我国对水污染事件具有管理职责的部门包括环保部门，水利部门，交通部门以及沿线各级地方政府等。每个部门均各自拥有一套信息技术系统，对所辖范围内的水污染事件信息进行监测、预警等常规性工作。然而，不同类型水污染事件，以及水污染事件与其他突发事件之间存在密切关联，这种"九龙治水"的管理模式在面对耦合性、衍生性、快速扩散性、传导变异性的水污染事件往往显得无力。

因此，建立水污染公共安全事件预警信息管理系统，要求吸收灾害学、安全科学、信息科学等学科的最新成果，将预警管理理论应用于水污染公共安全管理领域。试图通过建立以事件为中心的预警预控管理和方法体系，对水污染公共安全事件诱因和演化过程信息进行监测、诊断及预先控制，实现基于情景的管理模式。本章拟以水污染公共安全事件演化的结构模型研究为基础，对不同事件阶段的次生事件进行分析，建立相应的预警指标与模型，以事件阶段为类别明确各阶段预警对象和监测主体，建立基于水污染公共安全事件演化的预警信息生成模型，从而构建集成化的预警与应急管理信息技术系统，并以三峡库区为例具体设计水污染公共安全事件预警信息管理系统，提高政府应对重大水污染突发公共事件的应急反应能力。

第7章 水污染公共安全事件预警模型构建

通过研究水污染公共安全事件演化结构模型，已对4个不同阶段、不同路径下演化的次生事件的差异性做出分析，这些差异化的次生事件决定了公共安全事件的阶段性特征。因此，在水污染公共安全事件的应急处置中，往往先要对事件总体状态进行基本判断，再根据不同阶段次生事件情况采取针对性措施。因此，下文将参考相关学者在水污染公共安全事件耦合机理研究中相关事故树分析结论，就事件阶段预警指标进行分析，并基于三峡库区实际调研，构建可测量和评估的水污染公共安全事件的预警指标体系，将传统的基于独立业务部门的监测体系与政府的综合预警与应急响应体系有机结合，构建基于事件演化阶段的预警模型，以提高预警和决策的有效性。

7.1 水污染公共安全事件预警系统构建

1. 科学性原则

水污染公共安全事件的演化是自然系统和社会系统互动的结果，对灾体、承灾体和应对体的预警涉及社会和自然众多因素，指标体系完整性极大影响预警的效果。因此，指标体系的设计必须建立在科学的基础上，充分考虑事件指标间的相对独立性和完整性，客观真实地反映水污染公共安全事件次生事件的各方面。

2. 相对性原则

水污染公共安全事件的演化过程是次生事件不断相互作用的过程。事件的预警指标往往涉及灾体对承灾体的作用，或者涉及应对体干预规模和强度。因此，预警测度指标的选取要考虑影响因素的相对作用，如商品抢购的预警指标要考虑区域的数量，群体性事件的规模要考虑管辖行政区域的面积等参照对象。因此，指标体系的设计必须建立在相对基础上，充分考虑指标体系的参照对象。

3. 可操作性原则

水污染公共安全事件的演化过程是灾体、承灾体和应对体互动的过程。其测度指标范围广，关于商品抢购、群体性事件爆发、警力不足等指标难以进行有效测度，特别难以确定相对性的取值范围，最后难以进行事件状态的信息采集。因此，在预警指标的选取时，需要依据可操作性的原则对指标体系进行选取和确定，以便对次生事件状态进行有效测度。

4. 动态性原则

水污染公共安全事件耦合过程分为 4 个阶段，每个阶段都是众多次生事件演化的过程，在不同的演化阶段具有差异化的事件作用结构。要对水污染次生事件演化进行有效的预警，需要依据水污染演化不同阶段的特征，采用动态性的原则选取预警指标，才能对事件状态的进行有效的测度和测量。

5. 主导性原则

水污染公共安全事件的演化过程中，涉及的各类次生事件众多，次生事件对事件演化产生的作用不同。如大规模疫情和水生浮游动物死亡对事件演化重要程度差异较大。因此，在选取预警指标的时候，要采取主导性原则来选取相应的预警指标对次生事件进行有效预警。

7.2　水污染公共安全事件预警指标

7.2.1　水污染阶段的预警指标体系

在水污染公共安全事件的水污染阶段，将产生污染水体、沿岸边坡、水生物、大规模疫情、供水短缺等次生事件。按照灾害社会学的分类，可以将上述次生事件分为灾体和承灾体 2 类（表 7-1）。

表 7-1　水污染预警指标体系表

目标层	一级指标 A_i	二级指标	权重 A_{ij}
灾体 X	污染水体 X_1（0.5）	污染水体的毒性	0.50
		污染水体的外观	0.12
		污染水体的等级	0.25
		污染水体的分解性	0.12
承灾体 Y	沿岸边坡被污染 Y_1（0.15）	沿岸边坡残留物毒性	0.40
		沿岸边坡污染自然分解性	0.20
		沿岸边坡污染程度	0.40
	水生物被污染 Y_2（0.35）	水生物死亡率	0.40
		水生物异常行为	0.10
		水生物中毒率	0.50

水污染阶段的预警指标由灾体和承灾体指标构成，灾体指标由污染水体组

成，承灾体指标由水生物污染度和沿岸边坡污染度构成。在污染水体中，污染水体的等级、外观、毒性和分解性组成了污染水体；边坡残留物毒性、自然分解性、污染程度、水生物死亡率、异常行为、中毒率构成承灾体二级指标。

7.2.2　水污染事件阶段的预警指标体系

在水污染公共安全事件的水污染阶段，将产生污染水体、沿岸边坡、水生物、大规模疫情、供水短缺等次生事件。按照灾害社会学的分类，可以将上述次生事件分为灾体和承灾体 2 类（表 7-2）。

表 7-2　水污染事件预警指标体系表

目标层	一级指标 A_i	二级指标	权重 A_{ij}
灾体 X	污染水体 X_1（0.5）	污染水体的毒性	0.50
		污染水体的外观	0.12
		污染水体的等级	0.25
		污染水体的分解性	0.12
承灾体 Y	大规模疫情 Y_1（0.25）	染病人员同源性	0.60
		出现异常死亡	0.30
		急诊人数激增	0.10
	供水短缺 Y_2（0.25）	备用水源供水能力	0.30
		备用水的储备量	0.30
		水厂预计停水时间长度	0.27
		污染水体的可净化能力	0.13

水污染阶段的预警指标由灾体和承灾体指标构成，灾体指标由污染水体组成，承灾体指标由大规模疫情和供水短缺构成。在污染水体中，污染水体的等级、外观、毒性和分解性组成了污染水体；染病人员同源性、出现异常死亡、急诊人数激增、备用水源供水能力、备用水的储备量、水厂预计停水时间长度、污染水体的可净化能力构成承灾体二级指标。

7.2.3　水污染公共安全事件阶段的预警指标体系

在水污染公共安全事件的第三阶段，可能产生污染水体持续、商品抢购、社会谣言和舆论爆发、非理性行为、群体性事件、交通拥堵等次生事件。按照灾害社会学的分类，可以将上述次生事件分为灾体和承灾体 2 类（表 7-3）。

表7-3　水污染公共安全事件预警指标体系表

目标层	一级指标 A_i	二级指标	权重 A_{ij}
灾体 X	污染水体 X_1（0.3）	污染水体的毒性	0.50
		污染水体的外观	0.12
		污染水体的等级	0.25
		污染水体的分解性	0.12
承灾体 Y	大规模疫情 Y_1（0.15）	染病人员同源性	0.60
		出现异常死亡	0.30
		急诊人数激增	0.10
	商品抢购 Y_2（0.15）	生活必需品抢购	0.57
		非生活必需品同类商品抢购	0.14
		同类药品抢购	0.29
	社会舆论与谣言发生 Y_3（0.15）	手机、网络相似性主题激增	0.73
		网络舆论激增	0.18
		同主题手机短信扩散	0.09
	非理性行为 Y_4（0.1）	车票抢购	0.25
		汽油短缺	0.25
		非常规商品短缺	0.08
		集体异常行为	0.42
	群体性事件 Y_5（0.05）	手机、即时通讯、论坛相同主题激增	0.60
		利益相关者异常行为	0.30
		利益相关者满意度下降	0.10
	交通拥堵 Y_6（0.05）	出城交通车流快速增加	0.50
		高速公路车流快速增加	0.50

在表7-3中，水污染阶段的预警指标由灾体和承灾体指标构成，灾体指标由污染水体组成，承灾体指标由大规模疫情、商品抢购、社会舆论与谣言、非理性行为、群体性事件和交通拥堵构成。在污染水体中，污染水体的等级、外观、毒性和分解性组成了污染水体；疾病同源性、出现异常死亡、急诊人数激增构成大规模疫情二级指标；生活必需品抢购、非生活必需品同类商品抢购和同类药品抢购构成了商品抢购的二级指标；手机、网络相似性主题激增、网络舆论激增和同主题手机短信随机扩散构成了社会舆论和谣言发生的二级指标；车票抢购、汽油短缺、非常规商品短缺和集体异常行为构成了非理性行为的二级指标；手机、即时通讯工具、论坛相同主题激增、利益相关者异常行为和利益相关者满意度下降构成群体性事件的二级指标；出城交通车流快速增加、高速公路车流快速增加构成了交通拥堵的二级指标。

7.2.4 水污染公共安全事件消散阶段的预警指标体系

在水污染公共安全事件的第四阶段,如果出现新的污染水体、国外媒体扰动、民众健康持续恶化、商品供应短缺将导致事件消散回到水污染公共安全事件阶段。按照灾害社会学的分类,可以将上述次生事件分为灾体和承灾体 2 类(表7-4)。

表 7-4 水污染公共安全事件消散预警指标体系表

目标层	一级指标 A_i	二级指标	权重 A_{ij}
灾体 X	新的污染水体 X_1(0.4)	污染水体的毒性	0.50
		污染水体的外观	0.12
		污染水体的等级	0.25
		污染水体的分解性	0.12
承灾体 Y	大规模疫情激增 Y_1(0.15)	不明原因疾病	0.60
		出现新的异常死亡	0.30
		急诊人数激增	0.10
	商品供应短缺 Y_2(0.15)	生活必需品短缺	0.57
		非生活必需品同类商品短缺	0.14
		同类药品短缺	0.29
	社会舆论与谣言发生 Y_3(0.15)	手机、网络相似性主题激增	0.73
		网络舆论激增	0.18
		同主题手机短信扩散	0.09
	国外媒体扰动 Y_4(0.15)	国外媒体歪曲报道	0.14
		网络转载强度	0.29
		国内媒体倾向性	0.57

水污染阶段的预警指标由灾体和承灾体指标构成,灾体指标由新污染水体组成,承灾体指标由大规模疫情激增、商品供应短缺、社会舆论与谣言发生和国外媒体扰动构成。在污染水体中,污染水体的等级、外观、毒性和分解性组成了污染水体;不明原因疾病、出现新的异常死亡、急诊人数激增构成大规模疫情激增二级指标;生活必需品短缺、非生活必需品同类商品短缺、同类药品短缺构成了商品抢购的二级指标;手机、网络相似性主题激增、网络舆论激增、同主题手机短信随机扩散构成了社会谣言和舆论二级指标;国外媒体歪曲报道、网络转载率、国内媒体倾向性构成了国外媒体扰动二级指标。

7.3　水污染公共安全事件预警模型构建

7.3.1　水污染公共安全事件预警指标权重的确定

前述研究通过分析水污染公共安全事件阶段,明确了各阶段的预警指标体系,下面将确定各级预警指标的权重 A,灾体、承灾体包含因素的权重是表明子因素的重要程度。采用 A·古林法求各级指标的权重(表 7-5)。

表 7-5　指标关联矩阵列表(逐对比较法)

序号	评价项目	R_j	K_j	A_j
1	污染水体的毒性	4	4	0.5
2	污染水体的外观	0.5	1	0.125
3	污染水体的等级	2	2	0.25
4	污染水体的分解性	-	1	0.125
	合计		8	1.00

采用上述方法分别求出 X_n、Y_n 及其子因素相对应的 X_{nn}、Y_{nn} 的权重(表 7-1~表 7-4)。

指标体系中的预警指标所反映的事件性质和内容并不相同,因此在评判这些诱因时需要运用不同的描述方式。由于水污染重大公共安全事件的复杂性和不确定性,有些诱因适合用"严重"、"一般"等表示程度的词进行描述;一些诱因适合用"频繁"、"偶尔"等表示"频度"的词进行描述;对于某些确定性的诱因则可以直接用"是"、"否"来进行描述。因此,文中定义了"程度"、"频度"和"是否"3 类标准,对 27 类诱因进行评判。定义"严重(ES)"、"较严重(MS)"、"一般(SS)"、"不显著(LS)"、"无(NS)"5 级评判标准,按 1~5 赋予各级标准评分区间,对事件诱因的"程度"进行评判;定义"严重(ES)"、"较严重(MS)"、"一般(SS)"、"不显著(LS)"、"无(NS)"5 级评判标准,按 1~5 赋予各级标准评分区间,对事件诱因的"频度"进行评判;将预警指标危险性大小赋予一定的值 M_i(表 7-6),其中 M_i 的总分为 100 分。

表 7-6　指标危险性程度

指标危险性程度	极大	较大	中等	一般	不显著
评分区间 M_i	91~100	81~90	61~80	31~60	0~30

事件结构重要度分析赋予诱因权重值,设计出诱因评估表,结合相关行业的专业人员的意见做阶段性评估。使用该标准时,首先通过技术监测手段和统计对

诱因频度进行评估，在此基础上，专家根据库区的实际情况和已有经验，对各类诱因的出现危险性大小进行评分（佘廉等，2011a）。

7.3.2　水污染公共安全事件预警模型的建立

水污染公共安全事件预警指标体系由灾体和承灾体 2 个部分组成，二者之和构成污染水体预警值，建立水污染公共安全事件预警数学模型如下（佘廉等，2011b）：

$$M_k = \lambda_i \sum_{a=1}^{4} X_{ia} \lambda_{ia} + \sum_{j=1}^{6} \lambda_{ij} \left(\sum_{j=1}^{4} y_{j\beta} \lambda_{j\beta} \right) \tag{7-1}$$

式中，M_i 为第 k 个阶段水污染预警评价结果；X_{ia} 为第 i 阶段灾体第 a 项指标危险性分值；$Y_{j\beta}$ 为第 j 项承灾体中第 β 项指标危险性分值；λ_i 为第 i 阶段灾体的权重值；λ_{ia} 为第 i 阶段灾体第 a 个指标的权重值；λ_{ij} 为第 i 阶段中第 j 项承灾体权重值；$\lambda_{j\beta}$ 为第 j 项承灾体中第 β 项指标权重值。

第8章　水污染公共安全事件预警对象与监测结构

水污染公共安全事件分为水污染、水污染事件、水污染公共安全事件、事件消散4个阶段。按照预警功能来划分，水污染阶段预警的目标水污染事件阶段的次生事件，而水污染事件阶段的预警对象是水污染公共安全事件阶段的次生事件，事件消散阶段的预警对象是水污染公共安全事件阶段的次生事件。本节将以事件阶段为类别，从时间、事件性质和空间三维角度出发，对各阶段的预警对象与监测主体进行分析，为预警模型的建立提供依据，从而实现政府部门的角度应对事件的爆发和蔓延过程。

8.1　水污染初始阶段预警对象及其监测

依据水污染公共安全事件演化路径分析的结论，事件第一和第二阶段的次生事件分别是：污染水体、沿岸边坡与水生物、污染水体持续、大规模疫情、工厂停产、农业灌溉缺水、生活用水短缺、地下水受到污染等（图8-1）。

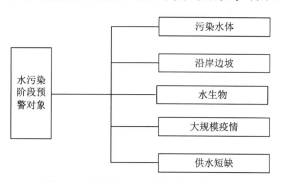

图 8-1　水污染次生事件预警对象结构

图 8-1 表明水污染阶段政府部门预警的具体对象，但灾体、承灾体对社会的危害往往表现为多维性质。因此，在此阶段需分析据预警对象对社会危害的多维性（图 8-2），提出更为明确的预警目标。如污染水体对社会的危害表现为污染水质的性质、持续的时间、宽度、厚度、具体位置、流速等；而对沿岸边坡被污染后对社会的危害表现为，污染物的规模、疾病危害、持续时间等内容。如果要明确水污染阶段的次生事件具体的预警目标，需要在已有预警对象的基础上，提出相应的预警目标结构。

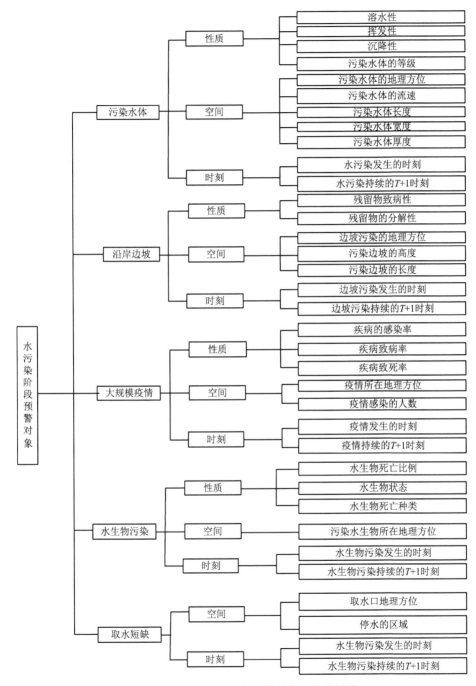

图 8-2　水污染次生事件预警对象的维度结构

依据政府职能的划分，对以上水污染阶段的应急目标工作内容进行分析，可以看出其信息的主管政府机构包括：渔业部门、水利部门、环保部门、交通部门和卫生部门（图 8-3）。

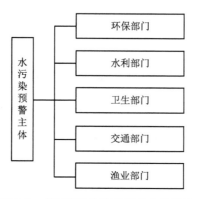

图 8-3　水污染次生事件应急主体结构

　　因此，在此阶段主要对污染水体、水水生物、沿岸边坡等对象进行应急，对上述对象有效应急需要对其状态进行准确监测。其中，污染水体的监测主要是污染水体的物化性质、污染水体的长度、污染水体的宽度、污染水体的流速、污染水体的位置、污染水体的厚度；水生植物死亡和浮游生物死亡的类型、规模（比例）、地点；沿岸边坡生物状态、污染高度、污染类型；鱼类死亡的规模、地点、损害的渔民数量、死亡鱼类的处理状态（图 8-4）。

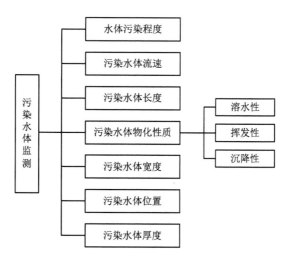

图 8-4　水污染阶段污染水体的监测信息结构

　　图 8-4 表明水污染状态下需要采集的污染水体监测信息，水生植物和浮游生物的监测信息（图 8-5）。

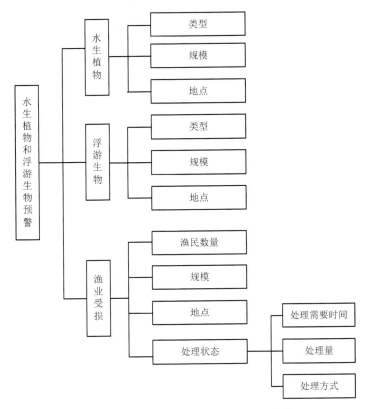

图 8-5　水污染阶段水生物的监测信息结构

图 8-5 表明水污染状态下水生植物和浮游生物需要监测的信息，沿岸边坡的
监测信息（图 8-6）。

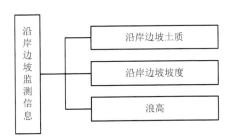

图 8-6　水污染阶段沿岸边坡信息监测结构

图 8-6 表明水污染状态下沿岸边坡需要监测的信息，大规模疫情的监测信息
（图 8-7）。

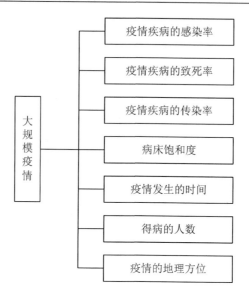

图 8-7　水污染阶段大规模疫情信息监测结构

图 8-7 表明水污染状态下大规模疫情需要监测的信息，城市供水的监测信息（图 8-8）。

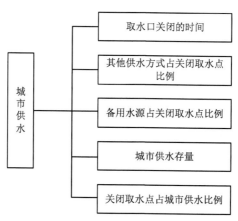

图 8-8　水污染阶段城市供水信息监测结构

8.2　水污染扩散阶段预警对象及其监测

8.2.1　水污染事件预警对象

依据水污染公共安全事件演化路径分析的结论，第二和第三阶段的次生事件分别是：污染水体，医院饱和，社会舆论爆发，群体性事件，药品、食品、饮用水等商品抢购，弃城，露天宿营，谣言出现，出城道路拥堵，汽油短缺，车票抢购，治安事件频发，警力不足等次生事件（图 8-9）。

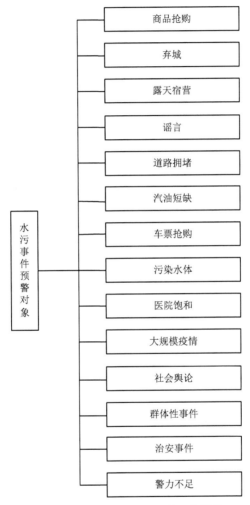

图 8-9　水污染事件阶段预警对象结构

　　在水污染公共安全事件演化过程中，次生事件的演化和事件间相互作用关系在一定的时间和空间维度上都不一样。如果要对它们进行有效的预警，需要采集次生事件性质、空间和时间三个维度的各种不同信息。依据上图中的预警对象的具体结构，针对次生事件性质、空间和时间三维角度提出次生事件预警对象结构（图 8-10）。

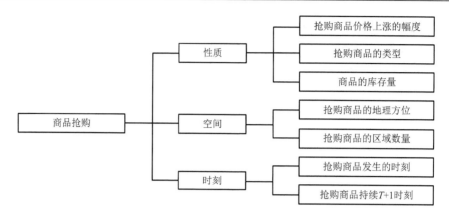

图 8-10　水污染事件阶段商品抢购的维度结构

图 8-10 表明，水污染事件阶段商品抢购的维度结构包括性质、空间和时刻三维，其中，性质包括：抢购商品价格上涨的幅度、抢购商品的类型、商品的库存量；空间包括：抢购商品的地理方位、抢购商品的区域数量；时刻包括：抢购商品发生的时刻，抢购商品持续 $T+1$ 时刻。弃城行为的维度结构（图 8-11）。

图 8-11　水污染事件阶段弃城的维度结构

图 8-11 表明，水污染事件阶段商品抢购维度结构只包括空间和时刻两种，空间维度包括：弃城的主要社区，弃城社区的数量；时刻包括：弃城发生的时刻、弃城行为持续 $T+1$ 时刻。露天宿营的维度结构（图 8-12）。

图 8-12　水污染事件阶段露天宿营的维度结构

图 8-12 表明，水污染事件阶段商品抢购维度结构只包括空间和时刻两种，空间维度包括：露天宿营的地理方位，露天宿营地点的数量；时刻包括：露天宿营发生的时刻、露天宿营持续 $T+1$ 时刻。谣言的维度结构具体（图 8-13）。

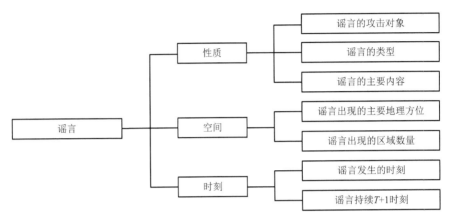

图 8-13　水污染事件阶段谣言的维度结构

图 8-13 表明，水污染事件阶段谣言的维度结构包括性质、空间和时刻三维，其中，性质包括：谣言攻击的对象，谣言的类型、谣言的主要内容；空间包括：谣言的主要地理方位、谣言出现的区域数量；时刻包括：谣言发生的时刻，谣言持续 $T+1$ 时刻。道路拥堵的维度结构具体（图 8-14）。

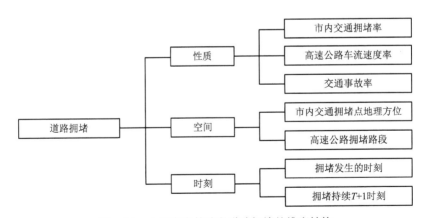

图 8-14　水污染事件阶段道路拥堵的维度结构

图 8-14 表明，水污染事件阶段道路拥堵的维度结构包括性质、空间和时刻三维，其中，性质包括：市内交通拥堵率，高速公路车流速度率、交通事故率；空间包括：市内交通拥堵点地理方位、高速公路拥堵路段；时刻包括：拥堵发生的时刻，拥堵持续 $T+1$ 时刻。汽油抢购的维度结构具体（图 8-15）。

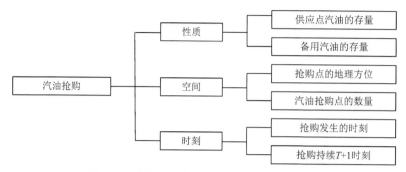

图 8-15　水污染事件阶段汽油抢购的维度结构

　　图 8-15 表明，水污染事件阶段汽油的维度结构包括性质、空间和时刻三维，其中，性质包括：供应点汽油存量，备用汽油存量；空间包括：抢购点的地理方位、汽油抢购点的数量；时刻包括：抢购发生的时刻，抢购持续 $T+1$ 时刻。车票抢购的维度结构具体（图 8-16）。

图 8-16　水污染事件阶段车票抢购的维度结构

　　图 8-16 表明，水污染事件阶段车票抢购的维度结构包括性质、空间和时刻三维，其中，性质包括：车票的存量、抢购车票的类型；空间包括：抢购点的地理方位；时刻包括：抢购发生的时刻，抢购持续的 $T+1$ 时刻。医院饱和的维度结构具体（图 8-17）。

图 8-17　水污染事件阶段医院饱和的维度结构

图 8-17 表明，水污染事件阶段医院饱和的维度结构包括性质、空间和时刻三维，其中，性质包括：医院病床占有率，收治的病人数量；空间包括：床位紧缺医院的地理方位、床位紧缺医院的数量；时刻包括：床位紧张发生的时刻，床位紧张持续 $T+1$ 时刻。大规模疫情的维度结构具体（图 8-18）。

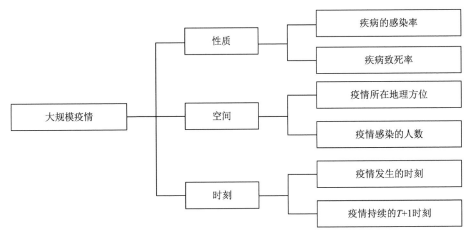

图 8-18　水污染事件阶段大规模疫情预警对象结构

图 8-18 表明，水污染事件阶段大规模疫情的维度结构包括性质、空间和时刻三维，其中，性质包括：疾病的感染率，疾病致死率；空间包括：疫情所在的地理方位、疫情感染的人数；时刻包括：疫情发生的时刻，疫情持续的 $T+1$ 时刻。社会舆论的维度结构具体（图 8-19）。

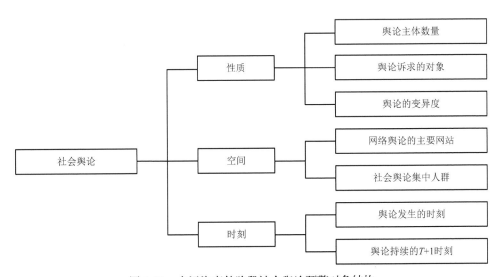

图 8-19　水污染事件阶段社会舆论预警对象结构

图 8-19，水污染事件阶段社会舆论的维度结构包括性质、空间和时刻三维，其中，性质包括：舆论的主体数量、舆论的诉求对象、舆论的变异程度；空间包括：网络舆论的主要网站、社会舆论集中的人群；时刻包括：社会舆论发生的时刻，社会舆论持续的 $T+1$ 时刻。群体性事件的维度结构具体（图 8-20）。

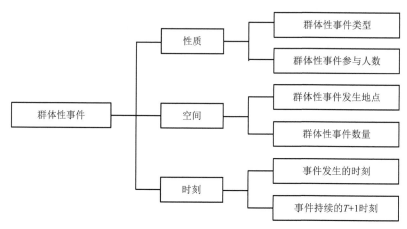

图 8-20　水污染事件阶段社会事件预警对象结构

图 8-20 表明，水污染事件阶段群体性事件的维度结构包括性质、空间和时刻三维，其中，性质包括：群体性事件类型，群体性事件参与人数；空间包括：群体性事件发生地点、群体性事件数量；时刻包括：事件发生的时刻，事件持续的 $T+1$ 时刻。治安事件的维度结构具体（图 8-21）。

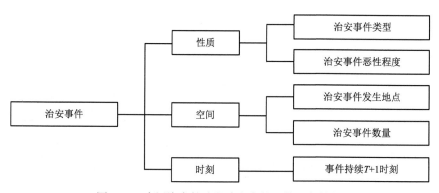

图 8-21　水污染事件阶段治安事件预警对象结构

图 8-21 表明，水污染事件阶段治安事件的维度结构包括性质、空间和时刻三维，其中，性质包括：治安事件类型，治安事件恶性程度；空间包括：治安事件发生地点、治安事件数量；时刻包括：事件持续的 $T+1$ 时刻。警力不足的维度结

构具体（图 8-22）。

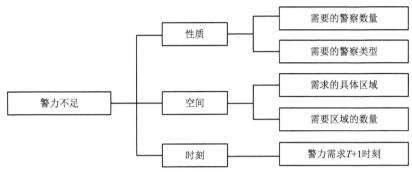

图 8-22　水污染事件阶段警力不足预警对象结构

图 8-22 表明，水污染事件阶段警力不足的维度结构包括性质、空间和时刻三维，其中，性质包括：需要的警察数量、需要的警察类型；空间包括：需求的具体区域、需要的区域数量；时刻包括：警力需求的 $T+1$ 时刻。

8.2.2　水污染事件阶段预警对象的监测结构

通过以上分析，明确了在水污染事件阶段污染水体、医院饱和、社会舆论爆发、群体性事件、药品、食品、饮用水等商品抢购、弃城、露天宿营、谣言出现、出城道路拥堵、汽油短缺、车票抢购、治安事件频发、警力不足等次生事件预警维度的详细内容。如果要实现以上次生事件的有效预警，还需要对各维度的具体内容进行监测，下提出各次生事件具体的监测内容，商品抢购的具体监测对象（图 8-23）。

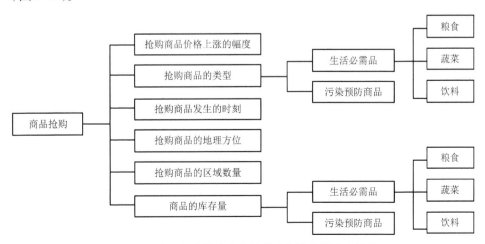

图 8-23　水污染事件阶段商品抢购预警监测内容结构

图 8-23 中，商品抢购主要的监测对象包括：抢购商品价格上涨的幅度、抢购商品的类型、抢购商品发生的时刻、抢购商品的地理方位、抢购商品的区域数量、商品的库存量，在抢购商品的类型中包括生活必需品和污染预防商品两类，生活必需品包括粮食、蔬菜和饮料等。弃城和露天宿营的具体监测对象（图 8-24）。

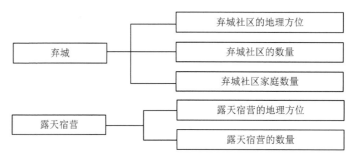

图 8-24　水污染事件阶段弃城和露营预警监测内容结构

在图 8-24 中，弃城行为的主要监测对象包括：弃城社区的地理方位、弃城社区的数量和弃城社区的家庭数量。露天宿营的主要监测对象包括：露天宿营的地理方位、露天宿营的数量。谣言的具体监测对象（图 8-25）。

图 8-25　水污染事件阶段谣言预警监测内容结构

在图 8-25 中，谣言的主要监测对象包括：谣言的主要内容、谣言出现的区域数量、谣言的类型、谣言出现的地理方位、谣言的攻击对象。道路拥挤、汽油抢购与车票抢购的具体监测对象（图 8-26）。

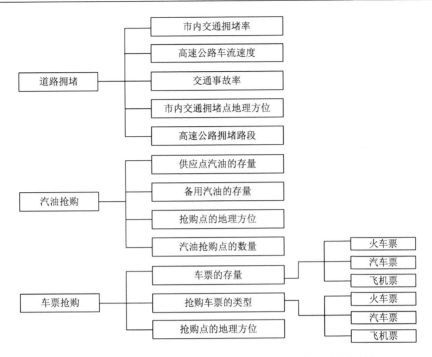

图 8-26　水污染事件阶段特殊商品抢购和道路拥挤预警监测内容结构

在图 8-26 中，道路拥挤的主要监测对象包括：市内交通拥堵率、高速公路车流速度、交通事故率、市内交通拥堵地理方位、高速公路拥堵路段。汽油抢购的主要监测对象包括：供应点汽油存量、备用汽油存量、抢购点的地理方位、汽油抢购点的数量。车票抢购的主要监测对象包括：车票的存量、抢购车票的类型、抢购车票的地理方位。大规模疫情具体监测对象（图 8-27）。

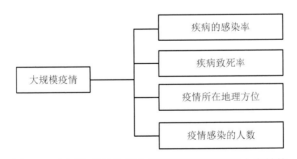

图 8-27　水污染事件阶段大规模疫情预警监测内容结构

在图 8-27 中，大规模疫情的主要监测对象包括：疾病的感染率、疾病的致死率、疫情所在地理方位、疫情感染人数。社会舆论具体监测对象（图 8-28）。

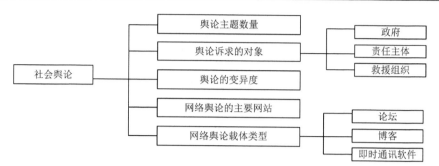

图 8-28　水污染事件阶段社会舆论预警监测内容结构

在图 8-28 中，社会舆情的主要监测对象包括：舆论的主题数量、舆论诉求对象、舆情的变异度、网络舆情的主要网站、网络舆论载体类型。群体性事件具体监测对象（图 8-29）。

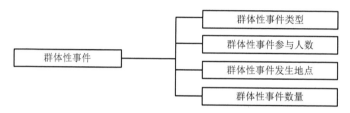

图 8-29　水污染事件阶段群体性事件预警监测内容结构

在图 8-29 中，群体性事件的主要监测对象包括：事件类型、事件参与人数、群体性事件发生地点、群体性事件数量。治安事件和警力不足具体监测对象（图 8-30）。

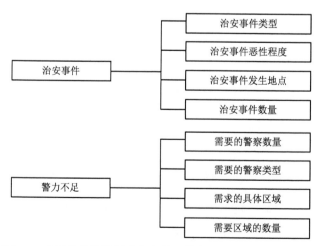

图 8-30　水污染事件阶段治安事件和警力不足预警监测内容结构

在图 8-30 中, 治安事件的主要监测对象包括: 事件类型、事件数量、事件发生地点、事件恶性程度; 警力不足的主要监测对象包括: 需要的警察数量、类型、具体区域、需要区域的数量。

8.3　水污染公共安全事件阶段预警对象及其监测

8.3.1　水污染公共安全事件阶段预警对象

依据水污染公共安全事件演化路径分析的结论, 水污染公共安全事件在消散期间如果没有得到有效干预, 如社会舆论重新爆发或没有得到有效干预、国外媒体失真报道、出现大规模疫情、生活必须品供应短缺、出现新的污染源都会引发新的群体性事件, 并极有可能造成水污染公共安全事件反复发生。因此, 在水污染公共安全事件阶段的预警, 需要以上述次生事件为预警对象进行有效监测 (图 8-31)。

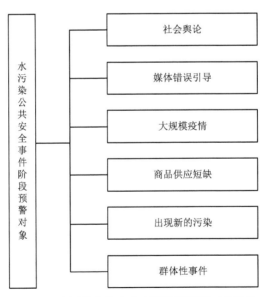

图 8-31　水污染公共安全事件阶段预警对象结构

水污染公共安全事件阶段的预警对象结构包括: 社会舆论、媒体引导错误、大规模疫情、商品供应短缺、出现新的污染、群体性事件等。尽管上述次生事件和其他阶段的次生事件基本相同, 但因污染水体的变化和社会秩序的恢复, 其包含的内容和具体的监测维度还是有所差异, 为在此阶段进行有效的预警还需要对其各个维度下的监测指标进行分析。社会舆论次生事件的预警对象的具体维度

（图8-32）。

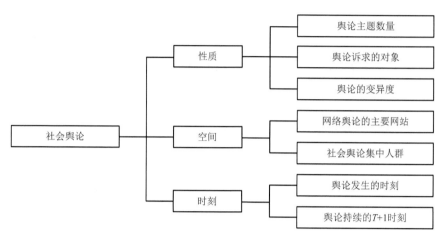

图 8-32　水污染公共安全事件阶段社会舆论预警对象结构

图 8-32 所示，水污染公共安全事件阶段社会舆论的维度结构包括性质、空间和时刻三维，其中，性质包括：舆论主题数量、舆论的诉求对象、舆论的变异程度；空间包括：网络舆论的主要网站、社会舆论集中的人群；时刻包括：社会舆论发生的时刻、社会舆论持续的 $T+1$ 时刻。媒体的维度结构具体（图 8-33）。

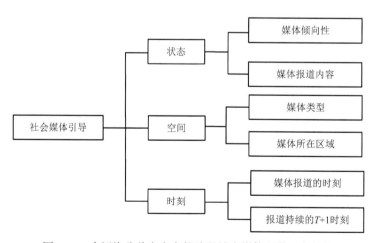

图 8-33　水污染公共安全事件阶段社会媒体预警对象结构

如图 8-33 所示，水污染公共安全事件阶段社会媒体引导维度结构包括状态、空间和时刻三维，其中，状态包括：媒体的倾向性、媒体报道内容；空间包括：媒体类型、媒体所在区域；时刻包括：媒体报道的时刻、媒体报道持续的 $T+1$ 时刻。大规模疫情的维度结构具体（图 8-24）。

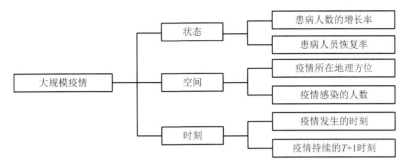

图 8-34　水污染公共安全事件阶段大规模疫情预警对象结构

如图 8-34 所示，水污染公共安全事件阶段社会媒体引导维度结构包括状态、空间和时刻三维，其中，状态包括：患病人数的增长率、患病人员恢复率；空间包括：疫情所在地理方位、疫情感染的人数；时刻包括：疫情发生的时刻、疫情持续的 $T+1$ 时刻。商品供应的维度结构具体（图 8-35）。

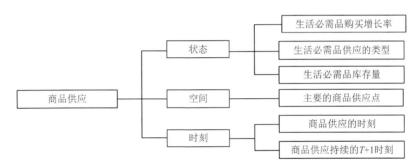

图 8-35　水污染公共安全事件阶段商品供应预警对象结构

如图 8-35 所示，水污染公共安全事件阶段商品供应维度结构包括状态、空间和时刻三维，其中，状态包括：生活必需品购买增长率、生活必需品供应的类型、生活必需品库存量；空间包括：主要的商品供应点；时刻包括：商品供应的时刻、商品供应持续的 $T+1$ 时刻。新污染源的维度结构具体（图 8-36）。

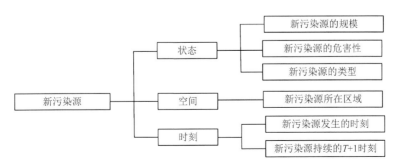

图 8-36　水污染公共安全事件阶段新污染源预警对象结构

图 8-36 所示，水污染公共安全事件阶段社会媒体引导维度结构包括状态、空间和时刻三维，其中，状态包括：新污染源的规模、新污染源的危害性、新污染源的类型；空间包括：新污染源所在区域；时刻包括：新污染发生的时刻、新污染持续的 $T+1$ 时刻。群体性事件的维度结构具体（图 8-37）。

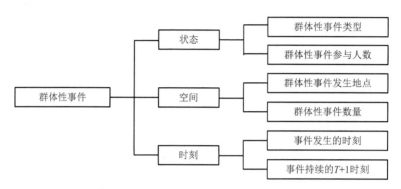

图 8-37　水污染公共安全事件阶段群体性事件预警对象结构

图 8-37 所示，水污染公共安全事件阶段群体性事件维度结构包括状态、空间和时刻三维，其中，状态包括：群体性事件类型、群体性事件参与人数；空间包括：群体性事件发生地点、群体性事件数量；时刻包括：群体性事件发生的时刻、事件持续的 $T+1$ 时刻。

8.2.2　水污染公共安全事件阶段预警对象的监测结构

通过以上分析，明确了在水污染公共安全事件阶段社会舆论、媒体引导、出现大规模疫情、生活必须品供应短缺、出现新的污染源、群体性事件等次生事件预警维度的详细内容。针对上述次生事件预警维度，下就水污染公共安全事件阶段预警对象的监测进行分析（图 8-38）。

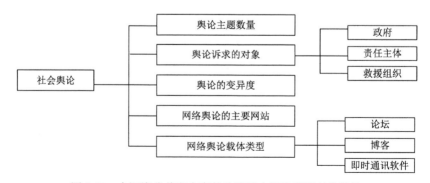

图 8-38　水污染公共安全事件阶段社会舆论监测对象结构

　　社会舆论的主要监测对象包括：舆论主题数量、舆论诉求对象、舆论的变异度、网络舆情的主要网站、网络舆论载体类型。社会媒体具体监测对象（图 8-39）。

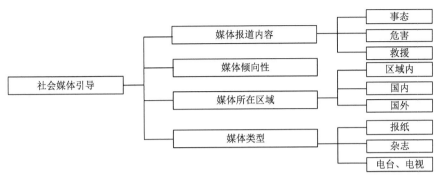

图 8-39　水污染公共安全事件阶段社会媒体监测对象结构

　　在图 8-39 中，社会媒体引导的主要监测对象包括：媒体报道内容、媒体倾向性、媒体所在区域、媒体的类型。大规模疫情具体监测对象（图 8-40）。

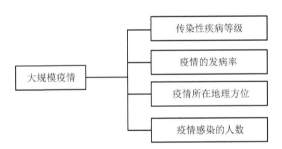

图 8-40　水污染公共安全事件阶段大规模疫情监测对象结构

　　在图 8-40 中，大规模疫情的主要监测对象包括：传染性疾病等级、疫情的发病率、疫情所在地理方位、疫情感染的人数。商品供应具体监测对象（图 8-41）。

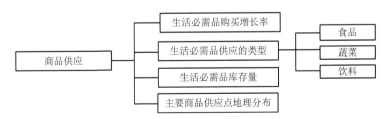

图 8-41　水污染公共安全事件阶段商品抢购监测对象结构

　　在图 8-41 中，商品供应的主要监测对象包括：生活必需品购买增长率、生活必需品供应的类型、生活必需品库存量、主要商品供应地理分布。新污染具体监测对象（图 8-42）。

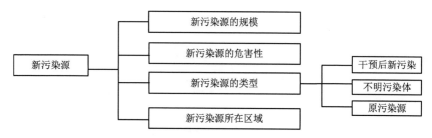

图 8-42　水污染公共安全事件阶段新污染源监测对象结构

在图 8-42 中，新污染源的主要监测对象包括：新污染源的规模、新污染源的危害性、新污染源的类型、新污染源所在区域。群体性事件具体监测对象（图 8-43）。

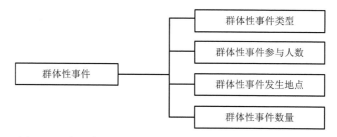

图 8-43　水污染公共安全事件阶段群体性事件监测对象结构

在图 8-43 中，群体性事件的主要监测对象包括：群体性事件类型、群体性事件参与人数、群体性事件发生地点、群体性事件数量。

第9章　基于水污染公共安全事件演化的预警信息生成

通过构建水污染公共安全事件预警指标体系，研究不同阶段事件的预警指标及其判别模型，并确定了水污染公共安全事件不同阶段预警的对象和监测主体。但因水污染公共安全事件的系统性，即事件由灾体、承灾体和应对体的相互构成，还需要对每个阶段下的次生事件进行有效的监测和预警。因此，本书将从政府的突发事件预警和应急管理需求出发，借鉴生长曲线模型、条件函数和回归模型等方法，构建基于水污染公共安全事件演化的预警信息生成模型，加强对应急准备能力的预评估，为突发公共安全事件的应急处置提供信息支撑。

9.1　水污染初始阶段预警信息生成

水污染阶段的次生事件包括污染水体、沿岸边坡、大规模疫情、取水口被污染、水生物死亡等。下文按照次生事件的类型分别构建相应预警信息生成模型。

9.1.1　水污染水体预警信息生成模型

污染水体次生事件的预警与预测内容主要包括：取水口、保护区、景区被污染的倒计时、污染水体的长度、宽度、地理方位、毒性等。因此，依据以上预警与预测内容依次进行模型构建如下：

1. 取水口被污染时刻的倒计时预警信息生成模型

依据情景分析理论，设定一旦发生水污染事件，且污染水体毒性超过水厂处置能力的时候，下游取水口即开始预警，其预警信息生成模型为

取水口被污染倒计时=取水口与污染水体的距离/污染水体的流速

2. 保护区被污染时刻的倒计时预警信息生成模型

依据情景分析理论，设定一旦发生水污染事件，且污染水体毒性对保护区生态具有破坏性，下游保护区开始预警，其预警信息生成模型为

保护区被污染倒计时=保护区与污染水体的距离/污染水体的流速

3. 沿岸景区被污染时刻的倒计时预警信息生成模型

依据情景分析理论，设定一旦发生水污染事件，且污染水体外观和形态对景区生态具有破坏性，下游沿岸景区即开始预警，其预警信息生成模型为

$$景区被污染倒计时=景区与污染水体的距离/污染水体的流速$$

4. 污染水体长度预测模型

$$污染水体长度=污染水体流速×水污染爆发后持续的时间$$

5. 污染水体宽度预测模型

假设水污染的宽度与污染河道的宽度完全相同，污染水体宽度等于污染河道宽度，污染水体的宽度预测模型为

$$污染水体的宽度=被预测时间×污染河道的宽度$$

6. 污染水体毒性预测模型

依据情景分析理论，设定发生水污染类型分为可稀释和不可稀释 2 类，不可稀释污染水体毒性不变，污染水体毒性与水体稀释能力可由相关领域的专家给予初始值进行预测，则可稀释污染水体毒性预测模型为

$$污染水体毒性=污染水体毒性×水体稀释能力$$

7. 污染水体面积预测模型

$$污染水体面积=污染水体长度×污染水体宽度$$

9.1.2　沿岸边坡预警信息生成模型

沿岸边坡次生事件的预警与预测内容主要包括：码头、沿岸重点构筑物、景区被污染的时刻，被污染沿岸边坡的高度、被污染的沿岸边坡长度、被污染的沿岸边坡面积等。因此，依据以上预警与预测内容依次进行模型构建如下：

1. 码头被污染时刻的倒计时预警信息生成模型

依据情景分析理论，设定一旦发生水污染事件，且污染水体外观和形态对码

头作业有影响的时候，下游码头即开始预警，其预警信息生成模型为

码头被污染倒计时=码头与污染水体的距离/污染水体的流速

2. 岸边重点构筑物被污染时刻的倒计时预警信息生成模型

依据情景分析理论，设定一旦发生水污染事件，且污染水体外观和形态对沿岸构筑物具有破坏，下游岸边重点构筑物开始预警，其预警信息生成模型为

构筑物被污染倒计时=保护区与污染水体的距离/污染水体的流速

3. 景区被污染时刻的倒计时预警信息生成模型

依据情景分析理论，设定一旦发生水污染事件，且污染水体外观和形态对景区生态具有破坏，下游即开始预警，其预警信息生成模型为

沿岸景区被污染倒计时=景区与污染水体的距离/污染水体的流速

4. 被污染的沿岸边坡长度预测模型

被污染的沿岸边坡长度=污染水体流速×水污染爆发后持续的时间

5. 被污染的沿岸边坡面积预测模型

被污染沿岸边坡的面积=被预测边坡的长度×平均浪高

6. 被污染沿岸边坡的高度

被污染沿岸边坡的高度=平均浪高

9.1.3 大规模疫情预警信息生成模型

水污染阶段中的大规模疫情次生事件的预警与预测内容主要包括：本地医院床位短缺、三个相邻城区发生疫情、死亡人数达到 30 人时，大规模疫情预测的内容包括：疾病感染人数、疾病死亡人数、疑似患病人数、发病城区数。因此，依据以上预警与预测内容依次进行模型构建如下：

1. 本地医院床位短缺的倒计时预警信息生成模型

依据情景分析理论，设定一旦发生疫情事件，且疾病控制部门认为属于传染

性疾病的时候，医院床位即开始预警，其预警信息生成模型为

$$本地医院床位短缺倒计时=本地医院空置实时数量/每天收治的病人数$$

2. 三个相邻城区发生疫情预警信息生成模型

依据情景分析理论，设定城区为地方政府的行政区域，其预警模型为

$$三个相邻城区发生疫情=发生疫情相邻城区累加和$$

3. 死亡人数达到 30 人预警信息生成模型

$$死亡人数达到 30 人=死亡人数累加和[①]$$

4. 疾病感染人数预测模型

人群中的人可以分为 5 类：确诊患者、疑似患者、治愈者、死人和正常人分别用 $X(t)$，$Y(t)$，$D(t)$，$E(t)$，$N(t)$ 表示。τ 表示潜伏期，d_3 表示入院后治愈时间，d_4 等于 t，经 t 天后疑似患被隔离，d_5 等于 t，确诊后经 t 天开始治疗，K 表示疑似患者中潜伏患者所占比例，r 表示每人每天接触人数，δ 表示死亡率，γ 表示治愈率，P 表示隔离措施强度，即潜伏期内的患者及疑似患者被隔离百分数。

第 t 天的确诊患者数=第 $t-1$ 天确诊患者数+疑似患者中的潜伏患者数－治愈者和死亡者即 $X(t)=X(t-1)+KY(t-\tau)-X(d_3)$

5. 疾病治愈人数预测模型

第 t 天的治愈患者数=确诊患者数×治愈率即 $D(t)=\gamma X(d_5-d_3)$

6. 疾病死亡人数预测模型

第 t 天的死亡患者数=死亡率×确诊人数即 $E(t)=(1-\gamma)(t-d_5-d_3)$

7. 疑似病患人数预测模型

第 t 天的疑似患者数=第 $t-1$ 天的疑似患者数+新增的疑似患者潜伏期过后的疑似患者数即 $Y(t)=Y(t-1)+rK(1-P)Y(t-d_4)-Y(t-\tau)$

---

①死亡人数达到 30 人的标准由厦门、云南省等地的应急预案标准提出。

9.1.4　取水口污染预警信息生成模型

水污染阶段中的供水短缺次生事件的预警与预测内容主要包括：取水口停水倒计时，供水短缺预测的内容包括：停水持续的时间、停水影响区域。因此，依据以上预警与预测内容依次进行模型构建如下。

1. 取水口停止取水倒计时预警信息生成模型

依据情景分析理论，设定一旦发生水污染事件，且水务部门认为污染水体无法被净化为生活用水和工业用水时启动预警，取水口即开始预警，其预警模型为

取水口停止取水倒计时=取水口与污染水源距离/污染水体的流速

2. 停水持续的时间预测模型

停水持续的时间=污染水体到达取水口的时刻+污染水体离开取水口的时刻

3. 停水影响城区预测模型

停水影响城区=停水城区累加和

9.1.5　水生物被污染预警信息生成模型

水污染阶段中的水生物死亡次生事件的预警与预测内容主要包括：渔业被污染倒计时，水生物死亡比例、渔业死亡金额。因此，依据以上预警与预测内容依次进行模型构建如下。

1. 渔业被污染倒计时预警信息生成模型

依据情景分析理论，设定一旦发生水污染事件，且污染水体毒性将造成渔类死亡，渔业开始预警，其预警信息生成模型为

渔业被污染取水倒计时=渔业点与污染水源距离/污染水体的流速

2. 水生物死亡比例预测模型

水生物死亡比例=水生物死亡比例累加和

3. 渔业损失金额预测模型

$$渔业损失金额=渔业损失数量 \times 单价$$

9.2　水污染扩散阶段预警信息生成

水污染事件阶段的次生事件主要包括商品抢购、居民弃城、露天宿营、谣言与舆论、群体性事件、道路拥挤、媒体报道等。下述研究按照次生事件的类型分别进行模型构建。

9.2.1　商品抢购预警信息生成模型

水污染事件阶段中的商品抢购次生事件的预警与预测内容主要包括：商品库存不足倒计时（含食品、药品、饮用水、加油站）、商品短缺城区、商品抢购的类型、区域与数量。因此，下文依据以上预警与预测内容依次进行模型构建：

1. 商品库存不足倒计时预警信息生成模型

食品与饮用水：超市（批发市场）商品库存不足倒计时=
商品销售点库存总量/平均每小时抢购数量

药品：药品流通企业药品库存不足倒计时=
商品流通企业库存总量/平均每小时抢购数量

成品油（不考虑成品油储运中心和炼油企业的补充能力）：
加油站库存不足倒计时=成品油库存总量/平均每小时抢购量

2. 商品短缺城区预警信息生成模型

食品与饮用水短缺社区=商品短缺超市所在社区的累加和

成品油短缺社区=成品油短缺加油站所在地理位置

药品短缺社区=药品短缺超市所在社区的累加和

3. 商品抢购的类型预测模型

商品抢购类型=饮用水–维生素饮料–食品–药品

4. 商品抢购的区域预测模型

商品抢购的区域=商品抢购发生社区速度×（预测的时间–发生抢购开始的时间）

5. 商品抢购的数量预测模型

商品抢购数量=每小时商品抢购的数量×（预测的时间–发生抢购开始的时间）

9.2.2　非理性集群行为预警信息生成模型

水污染事件阶段中的非理性集群行为次生事件的预警与预测内容主要包括：弃城的人数、弃城社区数量、宿营人数、宿营地点数量。因此，依据以上预警与预测内容依次进行模型构建如下：

1. 弃城的人数预测模型

假设弃城的人数的变化满足逻辑斯蒂曲线的增长规律[①]，弃城的人数占受到水污染影响人口数的比例 f，增长的斜率为 r，其模型为

$$P(t)=\frac{fM}{1+e^{-r(t-t^*)}} \tag{9-1}$$

式中，P 表示 t 时刻弃城的人数；M 表示受到水污染影响人口数；f 表示弃城人数占受水污染影响人数的比例；t^* 表示弃城人数达到极限值 M 的时刻，其可以由以下公式获得

$$t^*=\frac{c}{r} \tag{9-2}$$

$$c=\ln\frac{P_0}{fM-P_0}-rt_0 \tag{9-3}$$

式中，P_0 表示初始弃城的人数。

---

①在哈尔滨水污染公共安全事件发展过程中，城市居民的弃城数量变化可以表现为三个阶段：第一个阶段弃城人数较少且增长速度较为缓慢；第二阶段，弃城人数快速增长且人数较多；第三阶段弃城人数缓慢增长。依据相关的新闻的报道结合专家访谈，认为弃城人数的变化符合逻辑斯蒂曲线的增长规律。

2. 弃城社区数量预测模型

假设弃城的社区的变化满足逻辑斯蒂曲线的增长规律[①],弃城的人数占受到水污染影响人口数的比例 n,增长的斜率为 r,其模型为

$$P(t) = \frac{nM}{1 + e^{-r(t-t^*)}} \qquad (9\text{-}4)$$

式中,P 表示 t 时刻弃城的社区数量;M 表示受到水污染影响人口数;n 表示弃城人数占受水污染影响人数的比例;t^* 表示弃城社区数达到极限值 M 的时刻,其可以由以下公式获得

$$t^* = \frac{c}{r} \qquad (9\text{-}5)$$

$$c = \ln \frac{P_0}{fM - P_0} - rt_0 \qquad (9\text{-}6)$$

式中,P_0 表示初始弃城的社区。

3. 宿营人数预测模型

假设宿营的人数的变化满足逻辑斯蒂曲线的增长规律[②],宿营的人数占受到水污染影响人口数的比例 u,增长的斜率为 r,其模型为

$$p(t) = \frac{uM}{1 + e^{-r(t-t^*)}} \qquad (9\text{-}7)$$

式中,P 表示 t 时刻宿营的人数;M 表示受到水污染影响人口数;u 表示弃城人数占受水污染影响人数的比例;t^* 表示宿营人数达到极限值的时刻,其可以由以下公式获得

$$t^* = \frac{c}{r} \qquad (9\text{-}8)$$

$$c = \ln \frac{P_0}{fM - P_0} - rt_0 \qquad (9\text{-}9)$$

---

① 弃城社区的数量受到弃城人数的影响,因假设弃城人数符合逻辑斯蒂生长曲线的规律,采用该模型进行预测,具体的数据还需要案例数据的证实。

② 在哈尔滨水污染公共安全事件中,城市居民的宿营数量变化可以表现为三个阶段:第一个阶段宿营人数较少且增长速度较为缓慢;第二阶段,宿营人数快速增长且人数较多;第三阶段宿营人数缓慢增长。依据相关的新闻的报道结合专家访谈,宿营人数的变化服从逻辑斯蒂曲线的增长规律。

式中，P_0 表示初始宿营的人数。

4. 宿营地点预测模型

假设宿营地点的变化满足逻辑斯蒂曲线的增长规律[①]，宿营的地点占可宿营地点的比例 v，（宿营地点由城市广场、公园等空旷地点组成），增长的斜率为 r，其模型为

$$P(t) = \frac{vM}{1 + e^{-r(t-t^*)}} \qquad (9\text{-}10)$$

式中，P 表示 t 时刻宿营的地点数；M 表示可宿营地点的总数；v 表示宿营地点占可宿营地点的比例；t^* 表示宿营地点数达到极限值的时刻，其可以由以下公式获得

$$t^* = \frac{c}{r} \qquad (9\text{-}11)$$

$$c = \ln \frac{P_0}{fM - P_0} - rt_0 \qquad (9\text{-}12)$$

式中，P_0 表示初始宿营的地点数。

9.2.3　道路拥挤预警信息生成模型

水污染事件阶段中的道路拥挤次生事件的预警与预测内容主要包括：市内交通拥堵道路数量、交通事故率、拥堵的具体道路、拥堵的车辆数量、高速公路拥挤道路数量、高速公路交通事故率、高速公路拥堵的车辆数。因此，依据以上预警与预测内容依次进行模型构建如下：

1. 市内交通拥堵道路数量预测模型

假设市内交通拥堵数量的变化满足逻辑斯蒂曲线的增长规律，拥堵道路是全部被水污染影响区域的主干道数量，增长的斜率为 r，其模型为

$$P(t) = \frac{M}{1 + e^{-r(t-t^*)}} \qquad (9\text{-}13)$$

式中，P 表示 t 时刻拥堵道路数；M 表示被水污染影响区域的主干道数量；t^* 表示拥堵道路达到最大值的时刻，其可以由以下公式获得

$$t^* = \frac{c}{r} \qquad (9\text{-}14)$$

$$c = \ln \frac{P_0}{fM - P_0} - rt_0 \qquad (9\text{-}15)$$

式中，P_0 表示初始拥堵数。

2. 拥堵的具体道路预测模型

假设城市大量车辆具有弃城意愿，其涌向某些通向高速公路和省道的公路，影响城市道路发生拥挤的变量包括：道路附近小区车辆饱和度、道路通向高速公路直接距离比、道路行车道数量[①]，可以由条件函数公式（9-16）来表示

$$P(t) = \begin{cases} P = 1 & y \geqslant \overline{y} \\ P = 0 & y < \overline{y} \end{cases} \qquad (9\text{-}16)$$

式中，$P(t)=1$ 表示为具体道路发生拥挤；$P(t)=0$ 表示道路没有拥挤；y 表示具体道路拥挤的系数；$\overline{y}$ 表示城市道路拥挤的平均系数。y 可由公式（9-17）得到

$$y = c + ax_1 + bx_2 + dx_3 \qquad (9\text{-}17)$$

式中，a、b、c 分别代表相关系数；x_1、x_2、x_3 分别代表道路附近小区车辆饱和度、道路通向高速公路直接距离比、道路行车道数量。

3. 拥堵的车辆数量预测模型

拥堵的车辆数量=拥堵道路数量/小汽车标准长度

4. 高速公路拥挤道路数量预测模型

高速公路拥挤道路数量=某高速公路平均每小时交通量超过该高速公路平均每小时通行能力的道路累计数

5. 高速公路交通事故率预测模型

高速公路交通事故率=高速公路车流量×平均事故率

6. 高速公路拥堵的车辆数预测模型

拥堵的车辆数量=拥堵道路长度/小汽车标准长度

[①]拥堵的具体道路预测影响因素由湖北省宜昌市公安局调研时访谈获得。

9.2.4　谣言与舆论预警信息生成模型

谣言与舆论预警内容包括：舆论对象为政府占舆论比预警、谣言对象为政府占舆论比、谣言内容的类型、谣言所在城区、舆论内容的类型、舆论的诉求对象、舆论所在城区等内容，下面依次进行预警信息生成模型构建：

1. 舆论对象为政府占舆论比预警信息生成模型

舆论对象为政府占舆论比=以本次水污染事件为主题以政府为主的诉求对象的论坛帖子数+以本次水污染事件为主题以政府为主的诉求对象的网络新闻跟帖数+传统媒体评论报道中以本次水污染事件为主题以政府为主的诉求对象的报道数目/以本次水污染事件为主题的论坛帖子数+以本次水污染事件为主题的网络新闻跟帖数+以本次水污染事件为主题的传统媒体评论报道数

2. 谣言对象为政府占舆论比预警信息生成模型

对象为政府的网络谣言数量+民间向官方求证的对象为政府的谣言数量/以本次水污染事件为主题的论坛帖子数+以本次水污染事件为主题的网络新闻跟帖数+以本次水污染事件为主题的传统媒体评论报道数

3. 谣言内容的类型预测模型

谣言内容的类型预测=预测停水原因型+政府责任型

4. 谣言所在城区预测模型

谣言所在城区=（集中时间段出现短信、电话高峰的城区）+较多市民向政府有关部门求证同一主题信息的城区

5. 舆论内容的类型预测模型

舆论内容的类型=政府责任型+斥责商店型+评估本次水污染事故可能影响+估计水污染事故原因

6. 舆论的诉求对象预测模型

舆论诉求对象预测=（论坛帖子中以本次水污染事件为主题以政府为主的诉求对

象+网络新闻中以本次水污染事件为主题以政府为主的诉求对象+传统媒体报道中以本次水污染事件为主题以政府为主的诉求对象）增长率

7. 舆论所在城区预测模型

舆论所在城区预测=以本次水污染事件为主题的各主要大型论坛网站和新闻网站累计数+受水污染影响的主要区域累计数

9.2.5　群体性事件预警信息生成模型

水污染事件阶段中的群体性事件的预警与预测内容主要包括：群体性事件人数、群体性事件暴力性、群体性事件区域。

1. 群体性事件人数预测模型

假设群体性事件人数的变化满足逻辑斯蒂曲线的增长规律（吴伟，2008；张晨子，2011），群体性事件人数占受到水污染影响人口数的比例为w，增长的斜率为r，其模型为

$$P(t) = \frac{wM}{1 + \mathrm{e}^{-r(t-t^*)}} \tag{9-18}$$

式中，P表示t时刻群体性事件人数；M表示受到水污染影响人口数；w表示为群体性事件人数占受到水污染影响人口数的比例；t^*表示群体性事件人数达到极限值的时刻，其可以由以下公式获得

$$t^* = \frac{c}{r} \tag{9-19}$$

$$c = \ln \frac{P_0}{fM - P_0} - rt_0 \tag{9-20}$$

式中，P_0表示初始群体性事件人数。

2. 群体性事件暴力倾向性预测模型

假设群体性事件暴力性倾向服从统计规律，且群体性事件的暴力倾向与群体的无序性、群体诉求的实现度、事件的危害性、群体的利益相关性、群体的阶层有关。其预测模型可用（9-21）表示：

$$y = c + a_1 x_1 + a_2 x_2 + a_3 x_3 + a_4 x_4 - a_5 x_5 \tag{9-21}$$

式中，y 表示群体性事件暴力倾向指数；a_1、a_2、a_3、a_4、a_5 分别代表相关系数；x_1、x_2、x_3、x_4、x_5 分别表示群体的无序性、事件的危害性、群体的利益相关性、群体的阶层、群体诉求的实现度。

3. 群体性事件区域预测模型

假设群体性事件区域服从统计规律，且群体性事件发生区域与以下因素有关：区域居民收入水平、区域群体性事件爆发经历、区域居民受财产损失程度、区域居民安置满意度、区域居民伤亡程度，可以由条件函数式（9-22）来表示：

$$P(t) = \begin{cases} P=1 & y \geqslant \overline{y} \\ P=0 & y < \overline{y} \end{cases} \quad (9\text{-}22)$$

式中，$P(t)=1$ 表示为群体性事件发生；$P(t)=0$ 表示事件没有发生；y 表示具体道路群体事件区域发生系数；$\overline{y}$ 表示城市群体性事件发生的平均系数。y 可由式（9-23）得到：

$$\overline{y} = \frac{c + a_1 x_1 + a_2 x_2 + a_3 x_3 + a_4 x_4 + a_5 x_5}{n} \quad (9\text{-}23)$$

式中，a_1、a_2、a_3、a_4、a_5 分别代表相关系数；x_1、x_2、x_3、x_4、x_5 分别代表区域居民收入水平、区域群体性事件爆发经历、区域居民受财产损失程度、区域居民安置满意度、区域居民伤亡程度。

9.2.6　媒体预警信息生成模型

水污染事件阶段中的媒体次生事件的预警与预测内容主要包括：传统媒体负面报道占比、传统媒体的关注度、网络媒体转载外媒比例、网络媒体诉求比例、国外媒体负面报道。

1. 传统媒体负面报道占比预警信息生成模型

传统媒体负面报道占比=以本次水污染事件为主题的传统媒体负面报道/以本次水污染事件为主题的传统媒体报道总数

2. 传统媒体的关注度

传统媒体对本次水污染事件的报道数量在同时期新闻事件报道数量的比例。

3. 网络媒体转载外媒比例

网络媒体转载外媒比例=网络媒体转载的外媒以本次水污染事件为主题的报道数/网络媒体以本次水污染事件为主题的报道总数

4. 网络媒体诉求比例

网络媒体诉求比例=网络媒体诉求数量/网络媒体对水污染报道数量

5. 国外媒体负面报道比例

国外媒体负面报道比例=国外本次水污染事件为主题的各类媒体负面报道数量/国外以本次水污染事件为主题的媒体报道数量

9.3　水污染公共安全事件阶段信息生成

在水污染公共安全事件阶段，将产生社会舆论、媒体负面报道、大规模疫情、商品供应短缺、新污染、群体性事件等次生事件。按照预警预测的功能要求，确定各次生事件预警和预测的具体内容。

9.3.1　社会舆论预警信息生成模型

水污染公共安全事件阶段中的社会舆论次生事件的预警与预测内容主要包括：舆论诉求对象、舆论载体、舆论的主要类型、舆论传播的人数和舆论存在的区域。

1. 舆论诉求对象预警信息生成模型

舆论诉求对象预警=（论坛帖子中以本次水污染事件为主题以政府为主的诉求对象+网络新闻中以本次水污染事件为主题以政府为主的诉求对象+传统媒体报道中以本次水污染事件为主题以政府为主的诉求对象）增长率

2. 舆论载体预警信息生成模型

舆论载体预警=（报纸/电视/网络媒体/网络论坛）增长率

报纸：数家大型报纸媒体以本次水污染事件为主题进行报道的数量；电视：

电视栏目以本次水污染事件为主题进行报道的数量；网络媒体：网络媒体以本次水污染事件为主题的报到数量；网络论坛：以本次水污染事件为主题的帖子数量。

3. 舆论的主要类型预测模型

舆论主要类型预测=政府责任型预测+斥责商店型预测+水污染事故后续影响预测

4. 舆论传播的人数

假设舆论传播的人数变化满足逻辑斯蒂曲线的增长规律（兰月新和邓新元，2011），增长的斜率为 r，其模型为

$$P(t) = \frac{M}{1 + e^{-r(t - t^*)}}$$ （9-24）

式中，P 表示 t 时刻传播人数；M 表示可传播人数的最大数量；t^* 表示传播达到最大值的时刻，其可以由以下获得

$$t^* = \frac{c}{r}$$ （9-25）

$$c = \ln \frac{P_0}{fM - P_0} - rt_0$$ （9-26）

式中，P_0 表示初始传播人数。

5. 舆论存在的区域

舆论存在的区域=以本次水污染事件为主题的各主要大型论坛网站和新闻网站累计数+受水污染影响的主要区域累计数

9.3.2　媒体报道预警信息生成模型

水污染公共安全事件阶段中的媒体次生事件的预警与预测内容主要包括：传统媒体负面报道占比、传统媒体的关注度、网络媒体转载外媒比例、网络媒体诉求比例和国外媒体负面报道。

1. 传统媒体负面报道占比预警信息生成模型

传统媒体负面报道占比=以本次水污染事件为主题的传统媒体负面报道数量/以本次水污染事件为主题的传统媒体报道总数

2. 传统媒体的关注度预警信息生成模型

传统媒体对本次水污染事件的报道数量在同时期新闻事件报道数量的比例

3. 网络媒体转载外媒比例预警信息生成模型

网络媒体转载外媒比例=网络媒体转载外媒的以本次水污染事件为主题的报道数/网络媒体以本次水污染事件为主题的报道总数

4. 网络媒体诉求比例预警信息生成模型

网络媒体诉求比例=网络媒体诉求数量/网络媒体对水污染报道数量

5. 国外媒体负面报道比例预警信息生成模型

国外媒体负面报道数量=国外本次水污染事件为主题的各类媒体负面报道数量/国外以本次水污染事件为主题的媒体报道数量

9.3.3 大规模疫情预警信息生成模型

水污染公共安全事件阶段中的大规模疫情次生事件的预警与预测内容主要包括：新疾病人数、新疾病所在区域；大规模疫情预测的内容包括：新疾病传染性、原有疾病患病人数、原有疾病治愈人数、原有疾病疑似患病人数和新疾病城区数。

1. 新疾病人数预警信息生成模型（邱玮炜等，2010）

有新疾病产生的情况下，人群中的人可以分为 5 类：确诊患者、疑似患者、治愈者、死人和正常人，分别用 $X_n(t)$、$Y_n(t)$、$D_n(t)$、$E_n(t)$、$N_n(t)$ 表示。τ_n 表示潜伏期；d_{3n} 表示入院后治愈时间；d_{4n} 等于 t，经 t 天后疑似患者被隔离；d_{5n} 等于 t，确诊后经 t 天开始治疗；K_n 表示疑似患者中潜伏患者所占比例；r_n 表示每人每天接触人数；δ_n 表示死亡率；γ_n 表示治愈率；P_n 表示隔离措施强度，即潜伏期内的患者及疑似患者被隔离百分数。

第 t 天的确诊患者数=第 t–1 天确诊患者数+疑似患者中的潜伏患者数–治愈者和死亡者

即

$$X_n(t)=X_n(t-1)+K_n\gamma_n(t-\tau_n)-X_n(d_{3n}) \tag{9-27}$$

2. 新疾病所在区域预警信息生成模型

新疾病所在区域预警=新疾病在某区域爆发[①]或流行[②]

3. 新疾病传染性预测模型

$Y(0)=y_0$ 为初始时刻受传染的人数。假设：①得传染病后，经久不愈，并在传染期内不会死亡；②每个得传染病的人在单位时间内可以传染 k_0 个正常人，由于大多数传染病病毒在第二代以后传染性将逐渐衰减，因此用 β 来修正，其中 $0<\beta\leqslant1$。

在 t 到 $t+\Delta t$ 时间内增加受传染的人数为

$$Y(t+\Delta t)-Y(t)=\beta k_0 Y(t)\Delta t \qquad (9\text{-}28)$$

4. 原有疾病患病人数预测模型

人群中的人可以分为 5 类：确诊患者、疑似患者、治愈者、死人和正常人分别用 $X(t)$、$Y(t)$、$D(t)$、$E(t)$、$N(t)$ 表示。τ 表示潜伏期；d_3 表示入院后治愈时间；d_4 等于 t；经 t 天后疑似患被隔离；d_5 等于 t，确诊后经 t 天开始治疗；K 表示疑似患者中潜伏患者所占比例；r 表示每人每天接触人数；δ 表示死亡率；γ 表示治愈率；P 表示隔离措施强度，即潜伏期内的患者及疑似患者被隔离百分数。

第 t 天的确诊患者数=第 $t\text{-}1$ 天确诊患者数 + 疑似患者中的潜伏患者数-治愈者和死亡者

即：
$$X(t)=X(t\text{-}1)+KY(t\text{-}\tau)-X(d_3) \qquad (9\text{-}29)$$

5. 原有疾病治愈人数预测模型

第 t 天的治愈患者数=确诊患者数×治愈率
即
$$D(t)=\gamma X(d_5\text{-}d_3) \qquad (9\text{-}30)$$

6. 原有疾病疑似患病人数预测模型

第 t 天的疑似患者数=第 $t\text{-}1$ 天的疑似患者数+新增的疑似患者潜伏期过后的

---

①爆发，指在局部地区，短期内突然发生多例同一种传染病病人。
②流行，指一个地区某种传染病发病率显著超过该病历年的一般发病率水平。

疑似患者数

即

$$Y(t)=Y(t-1)+rK(1-P)Y(t-d_4)-Y(t-\tau) \qquad (9-31)$$

7. 新疾病城区数预测模型

新疾病城区数=新疾病暴发或流行城区累加和

9.3.4 商品短缺预警信息生成模型

水污染公共安全事件阶段中的商品短缺的预警与预测内容主要包括：商品短缺倒计时（含食品、药品、其他商品）、商品短缺城区、商品短缺的类型、区域与数量。

1. 商品短缺倒计时预警信息生成模型

食品与饮用水：超市（批发市场）商品库存不足倒计时
=商品销售点库存总量/平均每小时抢购数量

药品：药品流通企业药品库存不足倒计时
=商品流通企业库存总量/平均每小时抢购数量

2. 商品短缺城区预警信息生成模型

食品与饮用水短缺社区=商品短缺超市所在社区的累加和

药品短缺社区=药品短缺超市所在社区的累加和

3. 商品短缺的类型预测模型

商品短缺的类型=商品短缺类型排序

4. 商品短缺的区域预测模型

商品短缺社区预测=商品已经短缺区域的周边社区

5. 商品短缺的数量预测模型

商品短缺的数量=每小时商品抢购的数量×（预测的时间–发生抢购开始的时间）

9.3.5　新污染源预警信息生成模型

水污染公共安全事件阶段中的新污染源的预警与预测内容主要包括：新污染源的类型、新污染源的毒性和新污染源的区域。

1. 新污染源的类型预警信息生成类型

（1）水流域附近化工厂排污物类型。
（2）水流域附近如果化工厂爆炸释放物类型。
（3）沉淀于江底淤泥中的苯和硝基苯释放可能性及释放发生时间预测。

2. 新污染源的毒性预警信息生成模型

依据情景分析理论，设定新污染源类型分为可稀释和不可稀释两类，不可稀释新污染源的毒性不变，可稀释新污染源毒性预警模型为

新污染源毒性=污染水体径流量

3. 新污染源的区域预警信息生成模型

新污染源的区域=新污染源流经区域的累加和

新污染源到达某区域的倒计时=某区域距离污染水体的距离/污染水体流速

9.3.6　群体性事件预警信息生成模型

水污染公共安全事件阶段中的群体性事件的预警与预测内容主要包括：群体性事件人数、群体性事件暴力性和群体性事件区域。

1. 群体性事件人数预测模型

假设群体性事件人数的变化满足逻辑斯蒂曲线的增长规律，群体性事件人数占受到水污染影响人口数的比例为 w，增长的斜率为 r，其模型为

$$P(t) = \frac{wM}{1 + e^{-r(t-t^*)}} \tag{9-32}$$

式中，P 表示 t 时刻群体性事件人数；M 表示受到水污染影响人口数；w 表示为群体性事件人数占受到水污染影响人口数的比例；t^* 表示群体性事件人数达到极限值的时刻，其可以由以下公式获得

$$t^* = \frac{c}{r} \qquad (9\text{-}33)$$

$$c = \ln \frac{P_0}{fM - P_0} - rt_0 \qquad (9\text{-}34)$$

式中，P_0 表示初始群体性事件人数。

2. 群体性事件暴力性预测模型

假设群体性事件暴力性倾向服从统计规律，且群体性事件的暴力倾向与群体的无序性、群体诉求的实现度、事件的危害性、群体的利益相关性、群体的阶层有关。其预测模型可用式（9-35）表示：

$$y = c + a_1 x_1 + a_2 x_2 + a_3 x_3 + a_4 x_4 - a_5 x_5 \qquad (9\text{-}35)$$

式中，y 表示群体性事件暴力倾向指数；x_1、x_2、x_3、x_4、x_5 分别表示群体的无序性、事件的危害性、群体的利益相关性、群体的阶层、群体诉求的实现度。

3. 群体性事件区域预测模型

假设群体性事件区域服从统计规律，且群体性事件发生区域与以下因素有关：区域居民收入水平、区域群体性事件爆发经历、区域居民受财产损失程度、区域居民安置满意度、区域居民伤亡程度，可以由条件函数式（9-36）来表示：

$$P(t) = \begin{cases} P = 1 & y \geqslant \bar{y} \\ P = 0 & y < \bar{y} \end{cases} \qquad (9\text{-}36)$$

式中，$P(t)=1$ 表示为群体性事件发生；$P(t)=0$ 表示事件没有发生；y 表示具体道路群体事件区域发生系数；$\bar{y}$ 表示城市群体性事件发生的平均系数。y 可由下式得到：

$$\bar{y} = \frac{c + a_1 x_1 + a_2 x_2 + a_3 x_3 + a_4 x_4 + a_5 x_5}{n} \qquad (9\text{-}37)$$

式中，a_1、a_2、a_3、a_4、a_5 分别代表相关系数；x_1、x_2、x_3、x_4、x_5 分别代表区域居民收入水平、区域群体性事件爆发经历、区域居民受财产损失程度、区域居民安置满意度、区域居民伤亡程度。

第10章　水污染公共安全事件预警信息管理系统

如何充分整合与共享现有的水污染公共安全信息资源；研究及制定水污染公共安全预警信息的定义与标准体系，规范预警信息采集、存储、处理、递送、发布以及撤销的程序；建立一套基于水污染公共安全信息资源"多网共存"、"多网异构"的现实局面，以政府为主导，以各行业、职能部门为支撑，构建基于电子政务的开放式的预警与应急管理信息技术系统是本章节研究的重点。下文将探讨水污染公共安全事件预警信息管理系统的基本原则、期望特征与表现形式，提出预警信息生成、预警时机选择、预警信号分级以及预警信息传播的模型。建立信息管理系统集成的总体框架，提出基于不同理论或技术的应用集成、网络集成与数据集成方式及其实现的关键技术，期望为系统集成实践提供指导。

10.1　预警管理系统集成的基本原理

水污染公共安全事件预警信息管理系统建设的总体目标是通过运用先进的信息技术、构建集成化的信息网络平台和数据资源、形成快速高效的信息传递渠道、探索基于情景的智能化决策分析方法，为各级政府有效地实施水污染公共安全事件应急管理提供技术支撑。

10.1.1　基本原则

1. 实用性原则

公共安全事件预警信息管理系统最终将实际运用到突发事件的应急管理工作中，因此在系统设计的过程中要以实际情况为基础，以解决具体问题为导向，且界面友好，操作方便、灵活，具有全面的系统帮助和提示功能。

2. 先进性原则

由于系统在水污染公共安全事件中的关键性，需要充分利用当前主流的信息技术，按照先进技术为先进的管理服务的基本原则，设计一个性能全面、运行稳定、解决实际问题的预警信息管理系统。

3. 标准化原则

水污染公共安全事件预警信息管理系统的主要用户为政府应急管理的决策者，并非专业的水污染监测技术人员，因此设计的系统必须保证良好的通用性，使得不同部门的操作人员都能方便和有效使用。具体将执行国家环境保护部颁布的《环境信息系统集成技术规范》(HJ/T 418—2007)、《环境数据库设计与运行管理规范》(HJ/T 419—2007) 等国家标准。

4. 扩展性原则

水污染事件预警信息管理系统需要在使用过程中不断的进行更新和升级，以适应实际工作的需要。因此系统需要保证必要的扩展性，使得后续的开发、维护工作能有效进行。

5. 开放性原则

与水污染突发事件管理的各个部门、均已经有自己独立的监测系统，要真正实现综合的预警功能，信息管理系统的各数据库必须能够将相关的数据公开给相关信息管理系统，才能够有效的实现预警，避免数据的不一致造成决策错误而给突发事件的应急管理带来不可挽回的损失。

10.1.2　期望特征

水污染公共安全事件预警信息管理系统是对各类相关信息进行集成的平台，该系统通过对水污染及其次生事件信息的采集、融合和整理工作，最终实现对事件的有效预警和预测功能，系统一般应该具备以下 3 种特征：

1. 监测范围有效

在设计预警系统时，关注于特殊污染物是不切实际而且低效的，因为潜在污染物与可能的污染威胁十分广泛，期望监测技术能够独立监测每一种污染物或污染威胁是不可能的，现存的以及潜在污染物的无边界无疑会增加预警系统的资源占用与成本负担。因此，有必要对已知污染物进行分组研究，确定其物理化学特性、来源、对人类健康的影响、破坏水环境系统的可能性等特征，这些分组特征能够用于确定监测技术的类型、配置以及成本。因此，有必要运用一套监测技术来侦察一组污染物或污染威胁，而不必运用单独技术去监测每一种污染物。

2. 预警准确及时

现有的各部门水污染预警信息系统主要是自成体系的常规化和专业化系统，多是根据本部门的职责范围和业务要求来对水污染事件进行监测和预警。这些预警信息系统给出的预警信号标准不统一、周期和频率不一致、服务的对象不同，因此在水污染演化成公共安全事件时，提供给最高指挥官决策的信息往往是离散的，相互之间存在重叠和盲区。这样的预警信息对于处理大面积复杂的突发公共安全事件非常不利，因此要建立集成化的预警信息平台必须采取管理和技术相结合的手段，为综合应急指挥机构和受灾群体提供准确及时的预警信息。

3. 应急响应快速

应急响应时间对公共安全事件预警系统的有效性至关重要。在水污染公共安全事件的水污染阶段，当传感器感应到污染物，需要快速报送监测结果并迅速启动响应。理想的预警系统要能够迅速地监测、解析与传达预警信息，从而为防范突发事件采取响应行动提供充足的时间。预警系统要能够在污染发生后迅速察觉与确认污染物，启动响应决策程序，发动响应计划的执行。快速的预警系统包括为应急响应留有充足的时间，应急响应的期望结果必须能够详细刻画，比如，期望结果可能是诸如为防止污染物影响居民生活用水而采取减缓措施，关闭抽水泵，或者是发布饮用水的通知等。虽然监测、数据分析、决策制定、响应计划执行等所有因素都决定了预警系统的整体响应时间，但是在整个响应过程中，监测技术往往被人们认为不应该成为预警系统的瓶颈。快速检测技术应该具备高效产出能力、快速化验与短暂分析时间，最佳情形是，在污染物威胁到人口之前，监测到污染物，制定决策，快速响应采取措施。

10.1.3　表现形式

水污染突发公共安全事件预警信息管理系统的目标是，建立一套将人工智能与 DSS 相结合，应用专家系统技术，使 DSS 能够更充分地应用人类的知识，如关于决策问题的描述性知识，决策过程中的过程性知识，求解问题的推理性知识，通过逻辑推理来帮助解决复杂的决策问题的辅助决策系统。IDSS 的概念最早由美国学者波恩切克（Bonczek）等于 20 世纪 80 年代提出，它的功能是，既能处理定量问题，又能处理定性问题。IDSS 的核心思想是将 AI 与相关科学成果相结合，使 DSS 具有人工智能（Bonczek et al.，2014）。因此，水污染公共安全事件也需要采用人工智能方法对水污染各种状态进行预测与预警（图 10-1）。

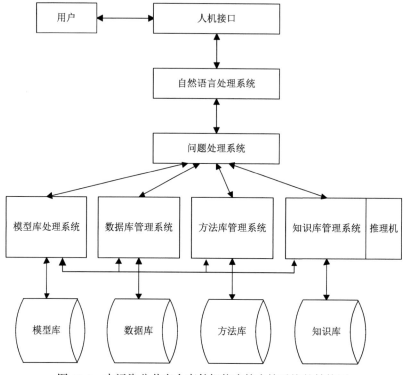

图 10-1　水污染公共安全事件智能决策支持系统的结构图

　　水污染突发公共事件的智能决策支持系统具有以下几个特点：基于成熟的技术，容易构造出实用系统；充分利用了各层次的信息资源；基于规则的表达方式，使用户易于掌握使用；具有很强的模块化特性，并且模块重用性好，系统的开发成本低；系统的各部分组合灵活，可实现强大功能，并且易于维护；系统可迅速采用先进的支撑技术，如 AI 技术等（周明，2009）。

10.2　预警信息管理系统的关键问题

10.2.1　预警信息的生成逻辑

　　预警信息生成是水污染公共安全事件预警信息管理系统中最重要的功能，上文对水污染公共安全事件演化的基本模型和预警指标体系做了较为具体的研究，但未从信息管理系统的角度，提出水污染公共安全事件预警信息的生成逻辑。可以将水污染公共安全事件分为水污染、水污染事件、水污染公共安全事件与事件消散 4 个演化阶段。因此，从事件演化的阶段、预警行为的动力和预警信息的载体 3 个层面，提出基于水污染公共安全事件预警信息生成逻辑（图 10-2）。

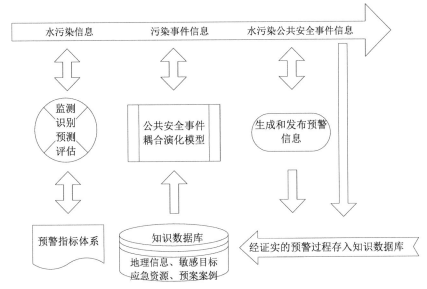

图 10-2　水污染公共安全事件预警信息生成逻辑模型图

　　根据实际预警的需求，需要对前面 3 个阶段发出预警信息。结合水污染、水污染事件和水污染公共安全事件这 3 个阶段的特点，采取不同的预警行为。

　　在水污染阶段，水污染的信息主要是来源于环保、水利和交通航运等部门的监测点以及人工发现异常的报告。当前中国基本建立了基于 3S 技术的水污染监测网络，通过对指定目标区域和地点的监测，定期获取水质信息，通过自动识别和人工采样监测相结合的方式，对水污染的性质、程度和范围进行分析和预测，对水污染发展的趋势进行预测和评估。在此阶段，水污染范围仅限于部分区域的水体污染，尚未影响到饮用水源、工业用水和农牧渔业用水，还未造成更大危害，因此主要完成的预警行为是将水质监测的结果与相关标准比对，并对超标的状况提出警报。

　　在水污染事件阶段，由于水质的污染已经对人畜生活饮用和工农业生产造成威胁和影响，此阶段的预警需要有更多行为动作。此时，要加强对水污染影响范围的监测，结合水污染事件的性质、等级和当前的气象地理信息做出更加频繁和准确的预测。由于此阶段水污染事件的致灾强度和影响范围进一步扩大，需要迅速分析致灾范围中的敏感目标可能受到的威胁和风险极限时间，包括敏感区域（如取水口、港口等）、敏感人群（如大规模社区、医院、学校等）以及可能造成次生灾害的区域等。相关的应对部门要根据水污染突发事件的预案及时响应，对致灾体进行进一步监测和预测，对承灾体迅速发布预警信息和告知应对方法，并采取积极有效措施进行应急处置和灾中灾后应对筹备。

　　在水污染公共安全事件阶段，由于水污染事件不断演化和升级对社会系统造成影响和破坏，水污染事件造成的衍生事件成为政府应急的重要目标。此时的预警需要在对水污染本身保持密切监测和预测的同时，对更大范围和更多种类的事件信息进行监测。由于突发事件的不确定性和破坏性，常规的处置手段和经验不一定能够迅速有效的解决问题，需对曾经发生的案例的关键信息进行检索和分析，结合当前公共安全事件的实际情景来预测事件的发展蔓延趋势和关键风险，从而生成和发布更加有效的预警信息。

10.2.2　预警信息的选择策略

水污染公共安全事件预警是在水污染及其次生事件发生之前，依据以往总结的规律或观测得到的可能性前兆进行综合评估后发出紧急信号，以避免危害在不知情或准备不足的情况下发生，从而最大程度的减少危害所造成的损失。要选择最佳时机，首先要来分析突发事件已经发生的几个主要特征信息：监测的关键对象测量值超过对应的预警标准指标范围、监测信息本身属性（流量和方向）超出正常范围、事件持续的时间超过了有统计记载的正常范围。因此，在对事件的主体特征进行分析后，作者认为预警最佳时机是在事件演化过程中时刻、空间和性质的转化周期结束时对下一阶段事件进行预警。

10.2.3　预警信息的分级方式

水污染公共安全事件预警信号分级方法步骤如下：首先在突发公共事件案例分析和机理分析的基础上，通过确定预警分级的主要因子，从主要因子出发提取预警分级指标集，指标的确定可以采用数理统计、数值计算、专家打分等方法。在选取预警分级指标后，通过对这些指标进行模糊化处理，用 AHP 层次分析法确定每一级别影响因子中各个指标的权重。最后用综合模糊评判的方法来确定预警分级结果。若预警分级的结果存在较大的偏差，则需要重新选取预警分级的主要因子重新进行计算（季学伟等，2008）。在 2006 年国务院发布的《国家突发公共事件总体应急预案》中规定，依据突发公共事件可能造成的危害程度、紧急程度和发展态势等方面，对事件进行预警分为 4 级：Ⅰ级（特别重大）、Ⅱ级（重大）、Ⅲ级（较大）和Ⅳ级（一般），依次用红色、橙色、黄色和蓝色表示。结合水污染公共安全事件预警指标体系的相关结论，从致灾体、承灾体和应对体三方面考虑，提出 6 个维度的主要因子。

1. 致灾体因子 X 包括以下 3 个维度

灾体危害性质因子（X_1）：包括致灾体的类别、强度、诱发衍生灾害能力等；致灾空间范围因子（X_2）：包括地域因素、灾害蔓延范围等；灾情时刻因子（X_3）：

包括发生时刻、突发事件可能持续的时间等。

2. 承灾体因子 Y 包括以下 2 个维度

损失程度因子（Y_1）：包括人员伤亡、经济损失等；耐受状况因子（Y_2）：包括剩余资源能够持续时间、群体事件风险程度等。

3. 应对体体因子 Z 包括以下 1 个维度

应急能力因子（Z_1）：包括资源保障度、应急管理者素质、受影响人口素质等。

10.2.4　预警信息的传播方式

根据应急管理的需求和国家突发事件应对法的强制性要求，为实现对突发事件有效应急管理的需要，预警信息必须能够实现上下左右有效连通。从预警信息的发布主体、接收对象、传播渠道和传播特征 4 个方面考虑，有效的预警信息传播方式（表 10-1）。

表 10-1　水污染公共安全事件预警信息传播方式

发布主体	接收对象	传播渠道	传播特征
灾区政府	上级主管部门	机要通道	迅速、保密、准确
灾区应急指挥部	同级协作部门	应急信息传递网络	迅速、准确
参与应急部门	下级执行部门	电子政务网络平台	迅速、准确
灾区应急指挥部	公众	广播、电视、网络、报纸等	适时、准确

信息传播方式主要分为 4 个层次，按照国家突发事件应对法的要求，在规定的时间内要向上级部门报告，在进行现场应急的同时接收上级部门进一步指令的相关规定。在第一层次中传播的主要渠道是通过政府部门的机要通道，保证信息能够迅速、保密和准确的传递到上级主管部门；第二层次的信息发布的主体为灾区应急指挥部，接收对象为同级协作部门，传播渠道为应急信息传递网络，信息传播具有迅速、准确的特征；第三层次的信息传播主体为参与应急部门通过电子政务网络平台向下级执行部门传播；第四层次为灾区应急指挥部门向公众传播。

10.3　预警信息管理系统的总体架构

根据水污染公共安全事件预警与应急管理的特征，按照"统一标准，分层设计，模块构建，灵活调用"的方针来规划和设计水污染公共安全事件预警信息管理系统。经过对预警信息管理需求的分析，提出水污染公共安全事件预警信息管理系统的集成总体构架（图 10-3）。

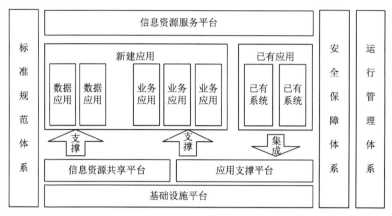

图 10-3 水污染公共安全事件预警信息管理系统的集成总体构架图

系统总体架构给出了水污染公共安全事件预警信息管理系统的组成及相互之间的关系。在预警信息管理系统总体架构中，业务应用系统的建设遵循标准规范体系，依托应急信息安全保障体系和运行管理体系，在基础设施平台之上利用应用支撑平台来进行新应用系统的构建和已有系统的集成，借助信息资源共享平台实现信息资源的共享，通过信息资源服务平台来提供信息服务。预警信息管理系统集成技术包括 3 个层次（图 10-4）。

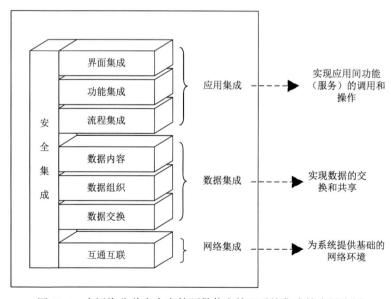

图 10-4 水污染公共安全事件预警信息管理系统集成技术层次图

在水污染公共安全事件预警信息管理系统集成的过程中主要由应用集成、数据集成和网络集成 3 个层次构成。在应用集成的过程中的关键技术主要包括界面、功能和流程的集成；在数据集成中的关键技术主要包括信息融合、数据监测、采集与存储技术；在网络集成中的关键技术主要包括数据传输与同步技术。

10.4　预警信息管理系统的应用方式

应用集成主要从界面、功能和流程三个方面来进行规划和设计。针对已有系统主要采取界面集成的方式，对于新开发系统则更侧重于功能和流程的设计（图10-5）。

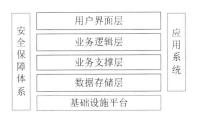

图 10-5　水污染公共安全事件应用系统体系结构图

水污染公共安全事件预警信息管理系统应用系统体系结构包括应用系统和安全保障体系两大部分，由用户界面、业务逻辑层、业务支撑层、数据存储层构成安全保障体系，由以上四层加上基础设施平台构成应用系统。

10.4.1　基于情景分析的界面集成

如果充分考虑到政府决策领导的思维模式和决策方法，可以从政府应急部门的管理需求入手，基于情景分析理论设计（图 10-6）。

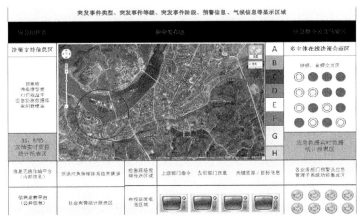

图 10-6　水污染公共安全事件预警信息管理系统界面集成模式图

预警信息管理系统的服务对象为行政部门或应急管理指挥机构的首脑，为其提供决策支持服务。往往应急指挥机构的最高领导并非专业的环境突发事件应急管理专家，更多时候是通过情景分析的方法，提出决策前最需要知道的三个问题：①发生了什么；②在4个小时到3天内事件进展预测情况；③应对机构和救援队伍在做什么？因此，在进行界面集成时充分考虑到了这三个问题的布局，将应急指挥中心的界面分成了3个功能区域和3个状态栏。从上往下依次分为事件实时状态栏、事件演化信息预测状态栏和信息反馈状态栏；从左往右依次分别为决策支持信息区、应急救援态势标绘区和应急主体在线会商区。通过功能区和状态栏矩阵的组合，构建了一个基于情景分析的预警与应急管理信息系统界面。

10.4.2　基于构建理论的功能集成

功能构件化的预警信息管理系统源于一体化军事指挥模式理论，所谓一体化指挥方式，是多维、立体、多元的指挥行为。主要表现为：在指挥体系上，建立了诸军兵种和战区内党政军警民横向一体、各级作战部队纵向一体的指挥体系；在空间上，实现了陆、海、空、天、电（磁）"五位一体"的多维指挥；在信息管理系统构成要素上，统筹了指挥、控制、情报、通信、信息对抗等活动于一体的无缝链接。预警信息管理系统为突发事件应急指挥提供决策支持服务，因此在进行预警信息管理系统的功能集成时，必须从应急指挥的信息需求和管理流程出发来进行设计。在信息化条件下，功能构件化的应急指挥管理模式实现了高度集中的统一，主要表现在以下3个方面：

（1）指挥机构的联合性决定了预警信息管理系统功能的集成目标。构件化指挥机构是在诸多应急机构平等的基础上建立起来的指挥实体，但指挥机构的人员不是简单地抽调，而是对应急机构指挥人员的优化组合，他们接受专门的培训，熟悉指挥业务，具有跨机构任职和管理的经历，具备构件化指挥机构中任职的能力。作为突发水污染事件的应急指挥机构，是以政府应急办为牵头部门，以环保部门为主导部门、其他相关部门协作的联合机构。其最高指挥官为政府预案中指定的领导小组组长，各相关部门统一接受其指令开展应急管理行为。因此，预警信息管理系统需要将原有分布在各应急主体内部的许多功能，按照统一的目标、标准和表现形式进行整合。在常态下各自正常运转，在突发事件发生时迅速被调用来满足需求，预警和应急结束后又回归到各自主体的信息管理系统中。

（2）被指挥机构的联合性决定了预警信息管理系统的集成模式。被指挥机构是命令、指示的接受者和执行者，包括下级指挥员、指挥机关及其所属的部门。构件化指挥体系中，被指挥机构的组织结构趋向联合。一方面，随着信息化程度越来越高，指挥信息管理系统的普遍运用，机构的联合化程度空前提高。另一方面，各应急机构内部分工越来越细，被指挥机构的合成型越来越强。为了适应复杂的应急情况需要，构件化指挥机构打破原来各应急机构的独立界限，以建立模块化的功能机构，应急过程中根据需要组合成不同类型的被指挥机构，以提高应急能力。

（3）指挥手段的联合性决定了预警信息管理系统集成方法。随着自动化技术、通信技术和网络技术的发展，以电子计算机技术为核心的指挥自动化系统得到极大发展，为应急指挥提供坚实的物质基础。构件化指挥体系中，将功能相近的基础技术和保障进行提取、封装，根据应急过程的需要进行组合，建立模块化的功能系统，以适应和满足指挥员完成灾情处理、方案制订、计划评估、辅助决策等工作。

10.4.3　基于多主体在线会商的流程集成

水污染公共安全事件预警信息管理系统涉及多个主体部门，要将这些组织的流程进行集成才能实现水污染信息的集成，基于计算机网络的基础，构建跨部门的在线会商流程集成机构（图 10-7）。

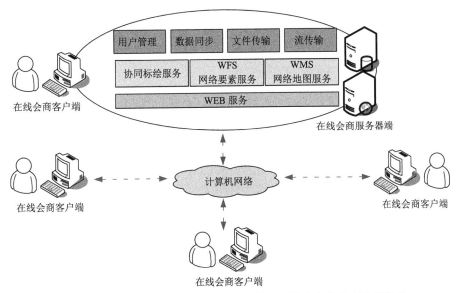

图 10-7　水污染公共安全事件预警信息管理系统多主体会商流程集成

与水污染事件公共安全事件处置相关的政府组织包括：环保部门、水利部门、交通部门以及沿线各级地方政府等。水污染事件相关部门都有相应的信息技术系统，对所辖的水污染事件信息进行监测、预警。在突发事件发生过程中，由于应急管理的需要，必须建立起以政府应急办为主导的地多部门协同应急模式，因此在进行信息管理系统集成时，需要建立多主体在线会商的流程集成模式。多主体协同在线会商模式，是针对同一应急目标却又分散在各部门的应急主体，通过统一的标准和模式，在同一个信息服务平台上实现集中的决策功能。系统采用先进的云计算和分布式处理技术，通过 Web 服务的平台形式，实现协同标绘服务、网络要素服务和网络地图服务这 3 种核心功能，为提高突发事件的预警和应急管理效率提供技术保障。

10.5　预警信息管理系统的数据集成

预警信息管理系统的数据来源于多个不同的应急主体的信息管理系统，是把多个渠道，多方位采集的局部环境的不完整信息加以综合，消除多源信息间可能存在的冗余和矛盾信息，加以互补，降低其不确定性，以形成对系统环境的相对完整一致性描述的过程，从而提高预警系统的决策、规划、反应的快速性和正确性，降低应急响应的决策风险。需要建立一种尽可能完善的方法，充分利用 3S（RS、GPS、GIS）技术建立起信息采集与分析平台，将现存的针对水污染公共安全事件的多点多源监测与预警信息进行分析，通过空间和时间维度上的标签来进行一致性处理，使用并行结构，采用分布式系统并行算法来进行信息融合，利用先进的"云计算"技术来提高预警信息的快速性和准确性（Mell and Grance，2009）。

10.5.1　基于多源信息融合技术的数据集成

多源信息融合 MIF（multi-source information fusion）又称为多传感信息合（multi-sensor information fusion）是于 20 世纪 70 年代提出的，军事应用是该技术诞生的源泉（Tong et al.，1981；Luo et al.，1988）。事实上，人类和自然界中其他动物对客观事物的认知过程，就是对多源信息的融合过程。在这个认知过程中，人或动物首先通过视觉、听觉、触觉、嗅觉和味觉等多种感官（不是单纯依靠一种感官）对客观事物实施多种类、多方位的感知，从而获得大量互补和冗余的信息；然后由大脑对这些感知信息依据某种未知的规则进行组合和处理，从而得到对客观对象统一与和谐的理解和认识。这种由感知到认知的过程就是生物体的多源信息融合过程。早期的融合方法研究是针对数据处理的，所以有时也把信息融合称为数据融合。这里所讲的传感器也是广义的，不仅包括物理意义上的各种传感器系统，也包括与观测环境相匹配的各种信息获取系统，甚至包括人或动物的感知系统（韩崇昭，2000）。

水污染公共安全事件预警信息管理系统的数据来源于多个相关部门的常规或应急监测信息网络，为了使整个系统的设计、开发和实施过程能够高效顺利进行，利用了 JDL 数据融合模型。JDL（joint directors of laboratories）功能模型是美国三军政府组织—实验室理事联席会的信息融合专家组提出的模型（White，1988）（图 10-8）。

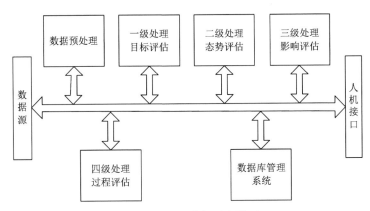

图 10-8　JDL 数据融合模型

数据融合模型中主要包括以下 4 级处理过程：

（1）第一级处理主要是进行目标评估。主要包括数据配准、数据关联、定位参数估计、属性参数估计和身份估计等，评估的结果为更高级别的融合过程提供决策信息。所谓数据配准，就是将时域上不同步、空域上属于不同坐标体系的多源观测数据进行时空对准，从而将多元数据归入一个统一的参考系中，为后期的数据融合奠定基础。这一点在水污染的监测上非常重要，来自不同监测信息网的数据，其采集频率、方法和存储格式都不一样，需要对其进行数据配准才能够为预警信息管理系统使用。数据关联主要解决数据的分类和组合的问题，将来自于同一数据源的数据集组合在一起。在这一级的处理过程中还对目标的定位参数和属性参数进行跟踪和估计。身份估计处主要是对实体属性信息进行表征与描述。此级别的处理是数值计算过程，其中位置估计通常以线性估计技术和非线性估计技术为基础，而身份估计一般是以参数匹配技术和模式识别技术为基础。

（2）第二级处理主要是进行态势评估。是对整个态势的抽象和评定。其中态势抽象主要是利用不完整的数据来构建一个综合的态势表示，从而产生实体之间一个相互联系的解释。

（3）第三级处理主要是进行影响评估。它将当前态势映射到未来，对参与者设想或者预测行为的影响进行评估。

（4）第四级处理主要是进行过程评估。通过建立一定的优化指标，对整个融合过程进行实时监控与评价，从而实现多点多源的自适应信息获取和处理，以及资源的最优分配，以支持特定的任务目标，并最终提高整个实时系统的性能。

10.5.2　基于 3S 技术的应急监测数据采集

　　库区的污染源有点源污染、移动污染、面源污染和固废污染等。库区内生活污水、工农业废水以及船舶排放等造成的污染水体具有分散性、宽领域性、不确定性等特点。如果这些污染水体没有得到有效控制，其诱发的水污染公共安全事件中的灾体会具有耦合性、衍生性、快速扩散性、传导变异性等特点。传统的水污染的监测方式主要包括设置定点监测站、抽样调查和现场监测等，这些监测手段和方法能够在较大尺度上反映被监测水域的局部和微观水体污染特征。但这些监测方法由于时间、资金以及技术本身的限制，不能长期实时动态和在广域范围对水污染状况监测。与此同时，传统的水污染的监测系统中一般应用单纯的数据采集方法或单一的信息源，这样很难满足水污染突发事件预警信息系统对多层次多目标的监测要求。要通过预警信息系统为水污染突发事件的应急处置提供有效准确的决策支持，必须将多种监测手段和信息获取方法进行集成。因此，在已有的监测技术基础上，加上实时监测和污染物快速识别等新技术显得尤为重要。

　　3S 技术是指遥感技术 RS（remote sensing）、地理信息系统 GIS（geographic information system）和全球定位系统 GPS（global positioning system）的总称。在水污染突发事件发生后，作为应急管理部门最关注的信息主要有三个：在什么地点？污染物是什么？发展趋势如何？3S 技术的特点及其优越性决定了它可以全面支持水污染事件监测系统，也能够很好的提供应急管理部门最关注的信息。地理信息系统（GIS）提供了一个功能强大的事件模拟演示平台，并将其他相关的数据库通过数据集成整合起来，用分层现实的方法来实现对事件的综合研判，构成一个功能强大的综合数据存储和分析平台，可以为水污染事件预警信息系统提供强有力的技术支撑。通过对遥感技术（RS）和全球定位系统（GPS）的网络集成，可在大范围的监测中实现高精度空对地同步观测，运用于水污染监测系统的数据采集和更新。通过 RS 技术还可以对已知典型污染物类型进行实时识别，并可以利用装有 GPS 芯片的移动监测终端来实时报告污染物的扩散趋势，从而实现对水污染事件的发展趋势的预判。

　　通过 3S 技术手段构成一个具有智能化、动态性、实时性和高效性的水污染预警监测网络系统，既能有效地应用现有传统监测点采集的信息，又能克服传统监测方法的缺陷，从而获得水污染事件预警信息系统所急需的更为精确的时空数据。系统的监测变量将不仅能准确反映被监测水体和水污染事件的致灾体特征，也能体现监测变量的空间分布格局，通过空间分析获得监测对象总体在空间上的演变，对次生事件和衍生事件提前进行预测和预警。

　　基于 3S 技术的动态监测工作思路主要分 3 步：首先，通过遥感数据发现监测区域中的被污染区域和污染物性质；其次，用 DGPS（即差分 GPS）技术测量水体污染区域的空间位置、受灾面积等信息；最后，利用 GIS 空间数据库进行演化模拟和分析预测。这样的水污染的监测信息系统中，包含空间意义上的定性和定量信息，但是在定性信息中仍旧包含许多不确定性的信息，这些信息之间的关系复杂且同时具有不确定性。这就要求监测信息系统能够将 GIS 空间数据库、遥感数据以及预案库和知识库集成在一起，通过专业分析模型和其他数据处理分析方法实现多源信息的智能化分析和处理。

10.5.3　基于云计算技术的数据存储

首次提出"云计算"（cloud computing）概念的是 Google 首席执行官埃里克·施密特。云计算（cloud computing）是网格计算（grid computing）、分布式计算（distributed computing）、并行计算（parallel computing）、效用计算（utility computing）、网络存储（network storage technologies）、虚拟化（virtualization）、负载均衡（load balance）等传统计算机和网络技术发展融合的产物（Ling，et al.，2009；Nelson，2009）。

云计算的工作原理是透过网络将庞大的计算处理程序自动分拆成无数个较小的子程序，经过智能任务分发后，再交由计算机集群来进行计算分析，最后将处理结果回传给用户。在云计算的过程中，任务的提供者并不知道计算具体是通过哪一台计算机来完成的，而是由一个虚拟而庞大的计算服务网络来提供计算服务。通过云计算技术，网络服务提供者可以在数秒钟内处理数以千万计甚至亿计的信息，提供与"超级计算机"同样强大的网络计算服务能力。水污染公共安全事件云存储系统的结构模型（图 10-9）。

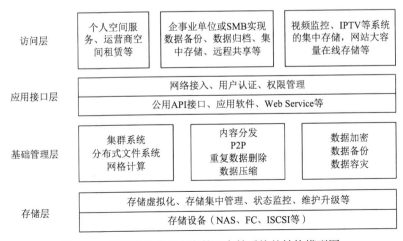

图 10-9　水污染公共安全事件云存储系统的结构模型图

云存储系统的结构模型由存储层、基础管理层、应用接口层、访问层组成。基于云计算技术的数据存储是指通过集群应用、网格技术或分布式文件系统等功能，将网络中大量各种不同类型的存储设备通过应用软件集合起来协同工作，共同对外提供数据存储和业务访问功能。由于水污染公共安全事件预警所需要的数据信息量很大，在对相关数据进行数据采集、存储和数据挖掘过程中，需要相应设备具有超级的数据存储和数据吞吐能力，使用云存储系统能够保障信息的安全性、及时性和准确性。水污染公共安全事件预警信息系统的云存储设备结构由网络设备、存储设备、服务器、应用软件、公用访问接口、接入网、和客户端程序等多个部分组成，各部分以存储设备为核心，通过应用软件来对外提供数据存储和业务访问服务。通过充分运用云计算和云存储技术，从容应对海量的水污染事件相关信息处理工作，为决策提供可靠的数据支撑。

10.6　预警信息管理系统的网络化运行

10.6.1　基于 Web Service 的网络数据传输

由于相关部门建立水污信息系统的时期和地点不同，且业务系统可能基于不同的操作系统和数据库平台。尽管这些系统能够满足各组织数据存储和管理要求，但是随着新需求的增加，特别是在突发事件的情况下，需要及时准确地掌握各个独立系统中更加全面和准确的预警信息。由于传统的数据管理系统已无法实现这些功能，需要从多个分布的、异构的和自治的数据源中集成数据，同时还需要保持各个系统上的数据完整性、一致性和同步性，并提供统一和透明的数据访问接口。因此，如何以一种统一的方式描述各数据源中的数据，并在不同平台间进行异构数据的传输，成为解决上述问题的关键点。Web 服务是一种面向服务的体系结构，对于接口定义、方法调用、基于 Internet 的构件注册以及各种应用的实现都进行专门的标准化。

同传统的分布式模型相比，Web 服务体系的主要优势在于：①协议的通用性。②完全的平台、语言独立性。Web Services 进行更高程度的抽象，结合了面向组件方法和 Web 技术的优势，利用标准网络协议和 XML 数据格式进行通信，具有良好的普适性和灵活性，在 Internet 这个巨大的虚拟计算环境中，任何支持这些标准的系统都可以被动态定位以及与网络上的其他 Web 服务交互，任何客户都可以调用任何服务而无论它们处在何处，突破传统的分布式计算模型在通信、应用范围等方面的限制。建立基于现有各应急主体信息系统基础之上的集成信息管理系统，就要充分的利用 Web Services 技术，设计实现适用跨网异构数据库之间的数据传输系统，从而对集成化的预警信息管理系统进行快速的部署和应用。

10.6.2　异构网络同步技术

在突发事件应急管理过程中，要保证预警信息的有效性，信息的一致和同步至关重要，预警信息的时间同步技术能够有效解决这个问题。全球卫星定位系统具备实时三维导航与定位的能力，它与遥感技术的综合利用或集成使用，将为提供一个高精度的空对地同步观测定位系统。目前，RS 和 GPS 定位尚处于分离阶段，不能完全实现遥感观测与 GPS 定位的同步。遥感已经发展到高空、低空、地面三个空间层次的不同尺度的空间观测，但 GPS 却只能利用空间卫星层次进行定位。这就造成 GPS 定位数据与遥感图像几何特征的不相匹配，RS 与 GPS 定位不同步。为解决类似问题，国际上正在研究与实验"空对地"同步观测定位集成系统，通过该种系统将使得对于空间多层次的精准观测与定位同步进行，同时将数据获取和基础分析的误差控制在最小。由于技术和资金的限制，这种集成系统的大规模和大范围应用目前还存在困难，但同步观测定位无疑是未来水污染监测等领域的必然趋势和核心技术（尹刚，2009）。

第 11 章　三峡库区水污染公共安全事件预警
信息管理系统设计

水污染公共安全事件预警信息管理系统的需求分析是系统开发中最重要的一个阶段，直接决定着系统开发的质量和成败。尽管上文对水污染公共安全事件预测和预警的初步探索，得到各类次生事件的预测和预警模型，但模型的有效运用还需要系统提供具体的信息与流程。为此，本节将以三峡库区水污染公共安全事件预警信息系统为例，建立预警监测系统结构，构建多主体预警信息传递流程，设计结构化的预警信息系统框架以及集成化的信息系统平台架构，规划不同层次的信息数据库，以实现三峡库区水污染公共安全事件的监测、预警、决策支持的综合性预警应急管理。

11.1　预警监测信息来源分析

通过对三峡库区水污染监测网点的调查，结合预警指标体系的具体内容，事件应急响应的预警信息来源与监测内容框架（表 11-1）。

表 11-1　三峡库区水污染事件预警监测信息

水污染事件类型		信息源
面源	农渔业药物	气温、水温、流速、流量、融氧量、氨氮、亚硝酸盐氮、硝酸盐氮、叶绿素、藻类（优势种）、浮游藻，农渔业药物使用情况
面源	水华	气温、水温、流速、流量、融氧量、氨氮、亚硝酸盐氮、硝酸盐氮、叶绿素、藻类（优势种）、浮游藻、坝区农业生产农药化肥使用状况
移动源	危化品船舶泄露	通航船舶吨位、运输危化品种类、运输危化品数量、船舶具体位置、航道信息、坝区码头信息、单位时间内的通行量、船舶常态油污、气温、风速、浪高、气象信息
	船舶溢油	通航船舶吨位、船舶具体位置、航道信息、坝区码头信息、单位时间内的通行量、船舶常态油污、气温、风速、浪高、气象信息
点源	企业违规排放	点源污染源分布信息（企业数量及位置、排放主要污染物、危化品种类及存量）、气温、水温、pH、悬浮物、COD、BOD、流速、流量挥发酚、氰化物、砷、汞、六价铬、铅、铬、石油、硫化物、氟化物

水污染事件包括面源、移动源和点源三类，面源水污染又包括农业渔业药物和水华两类；移动源包括危化品船舶泄露和船舶溢油两类；点源水污染主要包括企业违规排放一类。在各大类水污染事件中，相关的水温、流速、船舶吨位和污

染源分布归属不同大类。但上述分类没有考虑到部门之间的差异，且没有考虑到事件的社会属性等内容，依据部门监测内容的差异，对水污染公共安全事件的信息源进行分类（表 11-2）。

表 11-2　三峡库区水污染公共安全事件分部门预警监测信息来源

信息源	信息
环保部门	水温、pH、悬浮物、COD、BOD、总硬度、电导率、融氧量、生化需氧量、氨氮、亚硝酸盐氮、硝酸盐氮、挥发酚、氰化物、砷、汞、六价铬、铅、铬、石油、硫化物、氟化物、氯化物、有机氯农药、有机磷农药、总铬、铜、锌、藻类（优势种）、浮游藻、可溶性固体总量、铜、大肠杆菌等；点源污染源分布信息（企业数量及位置、排放主要污染物、危化品种类及存量），城市生活污水主要污染物质含量及排放总量，城市污水排污口位置及实时排污量等
海事部门	通航船舶吨位、运载物品种类、船舶具体位置、航道信息、坝区码头信息、单位时间内的通行量、船舶常态油污、生活污水排放信息等
气象、水利部门	气温、风速、雨量、气象灾害信息（大雾、暴雨、冰雹等）、流速、水温、流量、泥沙、水下地形信息
农业部门	坝区农业生产农药化肥使用状况
交通部门	城区主要道路、干道流量、高速公路车流量
民政部门	人口数量、受灾情况、死亡人数
卫生部门	医院病床数、疾病趋势、疾病类型、治疗措施、患病人数、死亡人数
公安部门	群体性事件状态、警力状态、网络舆情、新闻报纸动态
商务部门	药品储备量、食品储备量、油料储备量、商品流通速度、应急物资储备、应急物资类型
水务部门	城市供水能力、城市水资源需求量

　　水污染公共安全事件及其次生事件的相关信息主要来源于环保、海事、气象、水利、农业、交通、民政、卫生、公安、商务和水务等部门。这些信息能够为水污染公共安全事件的基本判断提供相应的判断基础。

11.2　预警监测系统结构

　　在长江三峡库区有多个有关水环境的监测点，其主管部门不同，运行模式不同，各自数据采集的侧重点也不同。主要分为水文水质监测、污染源监测、生态环境监测和经济社会环境监测等。主要监测点的基本结构[①]（图 11-1）。

---

①该水污染信息采集点结构参考国务院三峡建设委员会办公室网站而形成。

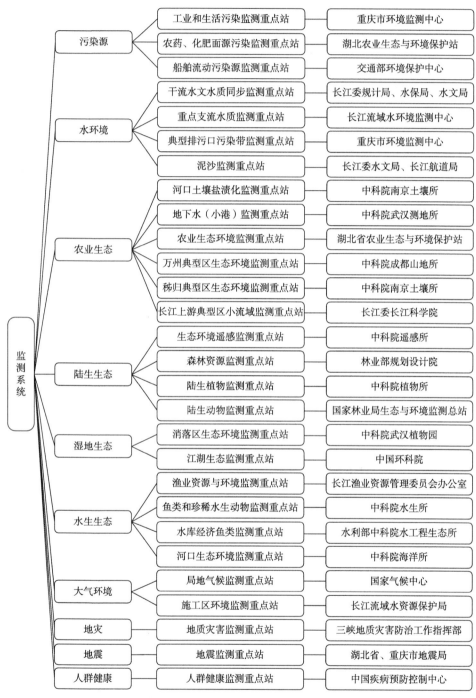

图 11-1　三峡库区水污染公共安全事件相关信息监测点结构图

水污染公共安全事件相关信息监测点分布在我国相关政府部门中，这些监测点涉及环保、地址、卫生、海事、水利等各部门，能够为水污染的预警与应急提供监测。但该监测点的结构没有详细说明其主要的分布区域，为了阐释这些监测点的地理分布，通过相关资料整理后得到三峡库区水污染公共安全事件相关监测点的地理分布图（图 11-2）。

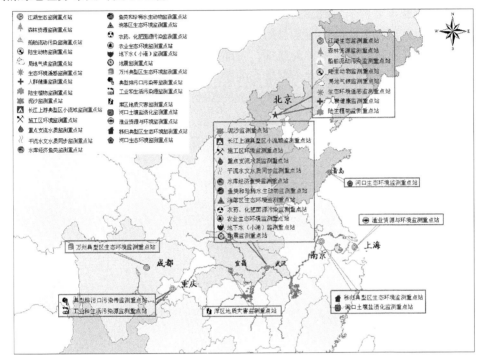

图 11-2　三峡库区水污染公共安全事件信息监测点的地理分布图

　　三峡库区水污染公共安全事件监测点以长江流域为主，从三峡所在行政区域重庆市开始，依次为湖北省、湖南省、江西省、安徽省、江苏省和上海市。此外，在青岛还有河口生态环境的检测点可用于对水污染长期影响的监测，所有的信息在北京数据中心进行汇总和分析。

11.3　预警信息传递流程

　　通过对三峡库区水污染公共安全事件监测点结构和地理分布的分析，可以明确水污染公共安全事件的现有的监测体系，依据三峡库区水污染突发公共安全事件预警信息的来源、预警指标体系与响应流程，构建三峡库区水污染突发公共安全事件预警信息传递流程，该流程能够为水污染应急信息的传递提供有效指导，具体的信息传递流程（图 11-3）。

　　按照三峡库区的管理机构设置和职能划分，三峡库区水污染突发公共安全事件预警管理最主要的部门主要分为三峡总公司、宜昌市环保局、长江三峡通航管理局和长江水利委员会长江流域水资源保护局，这4个部门都有自己独立的监测点和监测体系。当地政府是整个应急管理的主体和核心，突发事件的报告主要由当事单位或者知情者来完成。当地政府接到水污染突发事件报告后，会立刻向宜昌市政府应急办报告，并由应急办向三峡总公司、长江三峡通航管理局和长江水利委员会长江流域水资源保护局通报，各部门所属的监测点启动应急监测，随时监测事件发生状况和进展，并根据事态的严重程度和预案中规定的事件等级通过各自的垂直体系向上报告和接收上级指令，各部门对应的各层级之间也建立了信息共享和数据传递机制。

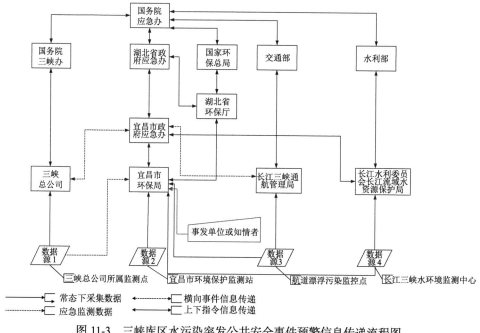

图 11-3　三峡库区水污染突发公共安全事件预警信息传递流程图

　　三峡库区水污染突发公共安全事件预警信息传递流程图的设计，改变了传统的部门之间条块分割和只对上级负责的预警信息管理模式，建立了一种符合突发事件预警和应急管理实际需求的多主体协同的信息传递流程。在这个流程在实际运转过程中，充分使用到了异构网络数据传输的技术，使不同部门不同信息系统的数据可以更加高效准确的进行共享传输，为系统的运行提供有效的信息保障。

11.4　预警信息系统框架

预警管理理论认为，预警是一个包括监测、接警、综合研判、预警预控的整体过程，将该过程与应急管理理论相结合，一个预警信息系统应该包括监测集成、综合接警、事件预警和应急指挥的体系。上述预警子系统构成了信息系统的整体结构，但预警信息系统的运行还需要相关的静态信息作为支撑，如人口数据库、重点基础设施数据库等。除此之外，还需要对组织间的信息进行网络集成。因此，参照三峡库区现行的应急管理信息系统的设计（宋四新和唐攀，2008），按照结构化系统分析和设计思路，结合预警信息系统应用集成、数据集成和网络集成的研究，系统功能框架设计（图 11-4）。

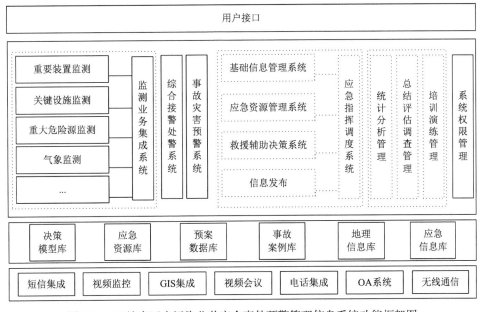

图 11-4　三峡库区水污染公共安全事件预警管理信息系统功能框架图

三峡库区水污染公共安全事件预警管理信息系统的结构分为三层，在应用集成有监测业务集成系统、综合接警处警系统、事故灾害预警系统、系统权限管理；在数据集成层面，有决策模型库、应急资源库、预案数据库、事故案例库、地理信息库、应急信息库；在网络集成中，有短信集成、视频监控、GIS 集成、视频会议、电话集成、OA 系统和无线通信。这三个方面的集成构成了信息系统。

11.5　预警信息平台架构

通过三峡库区水污染公共安全事件信息管理系统结构的分析，确定了由应用集成、数据集成和网络集成构成的信息系统功能结构，但这些功能的实现还需要相关的硬件和软件作为支撑，下面对预警信息管理系统的构建进行设计。在该系统中，为实现水污染及其次生事件数据、应用以及软硬件的控制与管理、接入方式（专线接入、公网接入方式，支持有线、无线接入等）和实际应用需求，需要合理配置有效资源。为实现数据、应用以及软硬件平台的集中建设、控制与管理；充分考虑各种接入方式和实际应用需求，合理的配置有效资源。同时，支持专线接入、公网接入方式，支持有线、无线接入方式（图 11-5）。

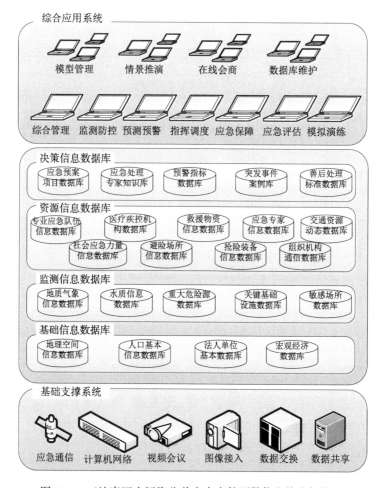

图 11-5　三峡库区水污染公共安全事件预警信息技术架构图

三峡库区水污染公共安全事件预警信息管理系统构建主要包括基础支撑系统、数据库系统、综合应用系统 3 个方面。其中，基础支撑系统包括：应急通信、计算机网络、视频会议、图像接入、数据交换、数据共享；数据库系统包括：决策信息数据库、资源信息数据库、监测信息数据库、基础信息数据库；综合应用系统包括：多主体在线会商、信息生成模型管理、事件监测防控、事件预测预警、组织指挥调度、应急资源保障、主体情景会商、事态应急评估、数据库维护、模拟演练等。

11.6 预警信息数据库设计

根据三峡库区水污染突发公共安全事件预警管理的数据需求，结合预警信息系统运行的需要，系统规划了四个层次的数据库，主要包括：基础信息数据库、监测信息数据库、资源信息数据库和决策信息数据库。

11.6.1 基础信息数据库

基础信息数据库主要包括以下 4 个子数据库：

1. 地理空间信息数据库

地理空间信息数据库包括应急可能用到的基础地理信息，对事件发生地、相应应急机构等进行快速精确的定位，便于后续应急活动的展开。对于水污染事件而言，基础地理信息应当包括水系数据、城区居民点分布、数字地图等信息。数据编码应当与国务院应急平台统一的地理编码、坐标系统、分类编码等统一。

地理空间信息数据库包含两张数据库表：居民地、设施表和水系点表（图 11-6）。

居民地及设施表	
要素代码	CHARACTER(10)
名称	CHARACTER(80)
建筑高度	NUMBERIC(3,1)
建筑结构	CHARACTER(4)
建筑年代	<Undefined>
层数	CHARACTER(20)
占地面积	NUMBERIC(16,3)
行政区划代码	CHARACTER(10)
类型	CHARACTER(1)
经度	NUMBERIC(8,4)
纬度	NUMBERIC(8,4)
负责人	CHARACTER(40)
负责单位	CHARACTER(40)
规模	NUMBERIC(8,2)
备注	CHARACTER(200)

水系点表	
要素代码	CHARACTER(10)
名称	CHARACTER(80)
所属水系线	CHARACTER(20)
所属水系面	CHARACTER(20)
地址	CHARACTER(200)
经度	NUMBERIC(8,4)
纬度	NUMBERIC(8,4)
行政区划代码	CHARACTER(10)
备注	CHARACTER(200)

图 11-6 地理空间信息数据库表图

2. 人口基本信息数据库

人口基本信息数据库主要是特定区域的人口统计数据，包括人口数量、性别、年龄、民族、个人专长等。在应急管理中，人是最重要的救助对象，掌握灾害区域的人口分布等特征有助于确定救助范围以及提高治安管理水平（图 11-7）。

人口基本信息数据库	
公民身份证号码	CHARACTER(18)
姓名	CHARACTER(30)
性别	CHARACTER(2)
民族	CHARACTER(30)
出生地	CHARACTER(50)
出生日期	TIME
备注	CHARACTER(200)

图 11-7　人口基本信息数据库表图

3. 法人单位基本数据库

法人单位数据库主要是作为应急资源提供者存在于应急数据库中，包括法人单位名称、地址、法定代表、经营范围、企业类型、负责人及联系方式等。法人单位数据库应当在平时进行更新，尤其要保证关键应急设备及应急药品生产企业信息的准确性、及时性（图 11-8）。

法人单位基本信息数据库	
编号	CHARACTER(30)
名称	CHARACTER(50)
地址	CHARACTER(50)
法定代表人	CHARACTER(30)
注册资本	NUMBERIC(20,2)
经营范围	CHARACTER(30)
企业类型	CHARACTER(30)
营业期限	CHARACTER(30)
负责人	CHARACTER(50)
负责人电话	CHARACTER(50)
传真	CHARACTER(20)
备注	CHARACTER(200)

图 11-8　法人单位信息数据库表图

4. 宏观经济数据库

宏观经济数据库存储投资、消费、物价、商品、工业产值等信息。对于那些可能发展成为公共事件的严重水污染事件而言，此信息库提供的信息能反映事态趋势，为水污染事件的事件类型和阶段提供判断基础，为应急预防、处置、恢复重建提供决策信息（图 11-9）。

宏观经济表	
编号	CHARACTER(30)
行政区划代码	CHARACTER(10)
报告时间	TIME
报告间隔	CHARACTER(8)
地区生产总值	NUMBERIC(20,2)
地方一般预算财政收入	NUMBERIC(20,2)
全部工业总产值	NUMBERIC(20,2)
规模以上工业总产值	NUMBERIC(20,2)
农业总产值	NUMBERIC(15,3)
第三产业总产值	NUMBERIC(15,3)
全社会固定资产投资	NUMBERIC(20,2)
社会消费品零售总额	NUMBERIC(20,2)
进出口总额	NUMBERIC(20,2)
出口	NUMBERIC(20,2)
注册外资金额	NUMBERIC(20,2)
外地注册资本	NUMBERIC(20,2)
全社会用电量	NUMBERIC(20,2)
市区居民人均可支配收入	NUMBERIC(20,2)
备注	CHARACTER(200)

图 11-9　宏观经济信息数据库表图

11.6.2　监测信息数据库

监测信息数据库主要包括以下 5 个子数据库。

1. 地质气象信息数据库

建立特定区域的地质变化与气象信息的动态数据库，通过相应的监测点采集的信息及时进行更新，为预警和预测提供服务。地质气象信息数据库提供的信息包括监测站站号、监测数据的统计时间、间隔、平均气温、最高气温、最低气温、水汽压、降水量、蒸发量、日照时数、平均风速、相对湿度等描述数据（图 11-10）。

气象数据信息	
编号	CHARACTER(10)
站号	CHARACTER(10)
统计时间	TIME
间隔	CHARACTER(4)
平均气温	NUMBERIC(8,2)
最高气温	NUMBERIC(8,2)
最低气温	NUMBERIC(9,3)
水汽压	NUMBERIC(10,4)
降水量	NUMBERIC(11,5)
蒸发量	NUMBERIC(12,6)
日照时数	NUMBERIC(13,7)
平均风速	NUMBERIC(14,8)
相对湿度	NUMBERIC(15,9)

图 11-10　气象信息数据库表图

2. 水质信息数据库

建立基于现有监测网络和监测点的动态水质信息数据库，结合在突发事件发生时的应急监测数据，为水质的变化预测提供数据。包括水系名称、气温、水温、流速、流量、风速、浪高、溶氧量、氨氮、亚硝酸盐氮、硝酸盐氮、叶绿素、藻类、坝区农业生产农药化肥使用状况、pH、悬浮物等（图 11-11）。

水质信息表	
编号	CHARACTER(10)
所属水系	CHARACTER(20)
统计时间	TIME
气温	NUMBERIC(5,2)
水温	NUMBERIC(5,2)
流速	NUMBERIC(5,2)
流量	NUMBERIC(5,2)
风速	NUMBERIC(5,2)
浪高	NUMBERIC(5,2)
溶氧量	NUMBERIC(5,2)
氨氮	NUMBERIC(5,2)
亚硝酸盐氮	NUMBERIC(5,2)
硝酸盐氮	NUMBERIC(5,2)
叶绿素	NUMBERIC(5,2)
藻类	CHARACTER(20)
坝区农业生产农药化肥使用状况	CHARACTER(200)
气象信息	CHARACTER(200)
危化品种类	CHARACTER(20)
危化品数量	NUMBERIC(8,2)
pH	NUMBERIC(4,2)
悬浮物	CHARACTER(20)
COD	NUMBERIC(8,2)
BOD	NUMBERIC(8,2)

图 11-11　水质信息信息数据库表图

3. 重大危险源数据库

构建三峡库区重大环境污染事故危险源数据库，建立基于网络 GIS 技术的重大环境污染事故危险源数据信息共享平台，实现环境污染事故危险源属性数据库数据的录入、修改、查询、检索、统计等功能。重大危险源信息包括危险源名称、危险源描述、危险品类别、危险等级、所在位置、所属单位、影响范围、可能灾害形式等（图 11-12）。

危险源和防护目标基本信息表	
目标ID	CHARACTER(32)
统一标识码	CHARACTER(32)
名称	CHARACTER(50)
类别	CHARACTER(1)
行政区划代码	CHARACTER(10)
所属部门	CHARACTER(32)
地址	CHARACTER(200)
负责人	CHARACTER(50)
联系电话	CHARACTER(50)
传真	CHARACTER(20)
邮编	NUMBERIC(6,%p)
经度	NUMBERIC(8,4)
纬度	TIME
建设时间	CHARACTER(%n)
备注	CHARACTER(200)

危险源分类表	
危险源ID	CHARACTER(32)
类型	CHARACTER(10)
可能灾害形式	CHARACTER(100)
危险级别	CHARACTER(1)
影响范围	CHARACTER(20)

图 11-12　危险源信息数据库表图

4. 关键基础设施数据库

建立三峡库区内一旦发生水污染突发公共安全事件会威胁到的港口、码头、物资仓库等关键基础设施数据库，为事件预警和应急救援过程中的关键目标保护提供数据支撑（图 11-13）。

关键基础设施表	
目标ID	CHARACTER(32)
统一标识码	CHARACTER(32)
名称	CHARACTER(50)
用途	CHARACTER(32)
行政区划代码	CHARACTER(10)
所属部门	CHARACTER(32)
地址	CHARACTER(200)
负责人	CHARACTER(50)
联系电话	CHARACTER(50)
传真	CHARACTER(20)
邮编	NUMBERIC(6,%p)
经度	NUMBERIC(8,4)
纬度	TIME
建设时间	CHARACTER(%n)
面积	NUMBERIC(8,4)
备注	CHARACTER(200)

图 11-13　关键基础设施信息数据库表图

5. 敏感场所数据库

建立三峡库区内医院、学校、居民区的方位、人数、特征等数据。事故一旦发生，可迅速确定一定几何范围内受到事故影响的人口数量和单位名称、位置、联络方式等，以便估计危险性并迅速通知、疏散、转移、救护或采取其他措施（图 11-14）。

防护目标分类表	
防护目标ID	CHARACTER(32)
类型	CHARACTER(10)
受灾形式	CHARACTER(100)
防护等级	CHARACTER(1)
防护区域	CHARACTER(200)

图 11-14　保护目标信息数据库表图

11.6.3　资源信息数据库

资源信息数据库主要包括以下 9 个子数据库。

1. 专业应急队伍信息数据库

为应急响应建立本行政区域内各类应急队伍信息库，包括前期处置队伍、后续处置队伍、增援队伍的信息资料库。要明确队伍名称、队伍类别、队伍级别、上级单位、地址、所在的行政区划代码、负责人及联系电话、值班电话、总人数、主要装备描述、责任区范围描述等重要信息（图 11-15）。

应急救援队信息表		
编号	CHARACTER(32)	<pk>
统一标识码	CHARACTER(32)	
名称	CHARACTER(60)	
主管部门	CHARACTER(32)	
地址	CHARACTER(200)	
经度	NUMBERIC(8,4)	
纬度	NUMBERIC(8,4)	
所属的行政区划代码	CHARACTER(10)	
负责人	CHARACTER(50)	
负责人电话	CHARACTER(50)	
应急值班电话	CHARACTER(50)	
传真	CHARACTER(20)	
总人数	NUMBERIC(6)	
成立时间	TIME	
主要装备描述	CHARACTER(2000)	
专长描述	CHARACTER(2000)	
救援队类型	CHARACTER(10)	
备注	CHARACTER(200)	

图 11-15　应急救援队伍信息数据库表图

2. 社会应急力量信息数据库

为应急响应建立本行政区域内各类社会应急力量信息库，包括志愿者服务队伍、应急心理咨询服务队伍、无线电爱好者协会等的信息资料库。数据库包含各应急力量的应急能力、水平、位置和负责人等信息（图 11-16）。

社会力量信息表		
队伍编号	CHARACTER(32)	<pk>
队伍名称	CHARACTER(50)	
统一标识码	CHARACTER(32)	
队伍类别	CHARACTER(10)	
队伍级别	CHARACTER(10)	
上级单位	CHARACTER(32)	
地址	CHARACTER(200)	
所在的行政区划代码	CHARACTER(10)	
负责人	CHARACTER(50)	
负责人电话	CHARACTER(50)	
值班电话	CHARACTER(50)	
传真	CHARACTER(20)	
总人数	NUMBERIC(6)	
主要装备描述	CHARACTER(2000)	
责任区范围描述	CHARACTER(500)	
更新时间	TIME	
备注	CHARACTER(200)	

图 11-16　社会力量信息数据库表图

3. 医疗疾控机构数据库

对医疗救治和疾病预防控制机构的资源分布、救治能力和专业特长等信息进行动态管理。不仅能保证在应急救援过程中能找到相关机构参与救援，还能依据资源分布、专长等优化疾控和救治方案（图 11-17）。

医疗卫生单位表		
单位编号	CHARACTER(32)	<pk>
统一标识码	CHARACTER(32)	
名称	CHARACTER(50)	
别名或简称	CHARACTER(50)	
类别	CHARACTER(10)	
地址	CHARACTER(200)	
行政区划代码	CHARACTER(10)	
负责人	CHARACTER(50)	
负责人电话	CHARACTER(50)	
值班电话	CHARACTER(50)	
传真	CHARACTER(20)	
备注	CHARACTER(200)	

医院信息表		
单位编号	CHARACTER(32)	<pk>
统一标识码	CHARACTER(32)	
等级	CHARACTER(10)	
特色	CHARACTER(50)	
名称	CHARACTER(50)	
别名或简称	CHARACTER(50)	
病床数	NUMBERIC(4)	
医生数	NUMBERIC(4)	
护士数	NUMBERIC(4)	
急救车辆数量	NUMBERIC(3)	
库存血浆	NUMBERIC(8)	
更新时间	TIME	
备注	CHARACTER(200)	

图 11-17　医疗卫生信息数据库表图

4. 避险场所信息数据库

对可提供给受灾人员进行应急避险场所的位置分布、最大容量、设施和可靠性等信息进行动态管理。区分专业避难场所和救助管理站（图 11-18）。

应急避难场所		
避难场所编码	CHARACTER(32)	<pk>
统一标识码	CHARACTER(32)	
名称	CHARACTER(50)	
类型	CHARACTER(10)	
行政区划代码	CHARACTER(10)	
地址	CHARACTER(200)	
经度	NUMBERIC(8,4)	
纬度	NUMBERIC(8,4)	
建设时间	TIME	
联系电话	CHARACTER(50)	
面积	NUMBERIC(10,3)	
可容纳人数	NUMBERIC(10)	
备注	CHARACTER(200)	

图 11-18　应急避难场所信息数据库表图

5. 救援物资信息数据库

建立并管理应急物资的生产、储备信息数据库，为物资的应急调拨和组织生产提供依据。主要包括物资名称、数量等物资属性信息，物资保障库及管理部门和物资生产企业等信息，实现多途径的物资来源管理和高效率的物资分配管理（图11-19）。

应急物资储备库		
物资库ID	CHARACTER(32)	\<pk\>
名称	CHARACTER(50)	
统一标识码	CHARACTER(32)	
类型	CHARACTER(10)	
级别	CHARACTER(10)	
行政区划代码	CHARACTER(10)	
主管部门	CHARACTER(32)	
地址	CHARACTER(200)	
经度	NUMBERIC(8,4)	
纬度	NUMBERIC(8,4)	
负责人	CHARACTER(50)	
传真	CHARACTER(20)	
储备物资	CHARACTER(100)	
库容	NUMBERIC(20,4)	
库容单位	CHARACTER(20)	
联系电话	CHARACTER(50)	
应急值班电话	CHARACTER(50)	
备注	CHARACTER(200)	

应急物资保障信息		
物资保障编码	CHARACTER(32)	\<pk\>
名称	CHARACTER(50)	
类别	CHARACTER(10)	
主管部门	CHARACTER(32)	
行政区划代码	CHARACTER(10)	
负责人	CHARACTER(50)	
负责人电话	CHARACTER(50)	
传真	CHARACTER(20)	
物资描述	CHARACTER(1000)	
物资数量	NUMBERIC(10,3)	
计量单位	CHARACTER(10)	
物资存放场所名称	CHARACTER(50)	
更新时间	TIME	
备注	CHARACTER(200)	

应急物资单位信息		
物资编码	CHARACTER(32)	\<pk\>
所属单位编码	CHARACTER(32)	\<pk\>
备注	CHARACTER(200)	

图 11-19　救援应急物资信息数据库表图

6. 抢险设备信息数据库

建立现场救援和工程抢险装备信息数据库，明确装备类型、数量、性能、存放地点等信息，以便随时进行应急调度，保证"找得到"。平时对于关键抢险设备应设置阈值，当设备数量不够或者较为落后时，应进行采购或更换，保证"用得上"（图 11-20）。

抢险装备信息表	
装备保障编码	CHARACTER(32)
名称	CHARACTER(50)
类别	CHARACTER(10)
主管部门	CHARACTER(32)
行政区划代码	CHARACTER(10)
负责人	CHARACTER(50)
负责人电话	CHARACTER(50)
传真	CHARACTER(20)
装备用途描述	CHARACTER(1000)
装备数量	NUMBERIC(10,3)
计量单位	CHARACTER(10)
装备存放场所名称	CHARACTER(50)
装备先进程度	CHARACTER(10)
更新时间	TIME
备注	CHARACTER(200)

图 11-20　抢险设备信息数据库表图

7. 应急专家信息数据库

建设不同专业的应急专家数据库，为应急救援指挥机构提供技术服务，实现对专家信息的采集、查阅、更新和维护，确保应急响应流程中能联系到所需专家（图 11-21）。

应急专家信息		
专家编号	CHARACTER(10)	<pk>
专家姓名	CHARACTER(50)	
专家类别	CHARACTER(10)	
性别	CHARACTER(2)	
出生日期	TIME	
民族	CHARACTER(16)	
工作单位	CHARACTER(60)	
职称	CHARACTER(16)	
行政职务	CHARACTER(20)	
专业类别	CHARACTER(10)	
专业特长描述	CHARACTER(100)	
移动电话	CHARACTER(50)	
办公电话	CHARACTER(50)	
传真	CHARACTER(20)	
电子邮箱	CHARACTER(30)	
家庭电话	CHARACTER(50)	
家庭住址	CHARACTER(200)	
身份证号码	CHARACTER(18)	
籍贯	CHARACTER(20)	
参加工作时间	TIME	
政治面貌	CHARACTER(20)	
健康状况	CHARACTER(20)	
最高学历	CHARACTER(20)	
毕业院校	CHARACTER(50)	
单位主管部门	CHARACTER(50)	
通信地址	CHARACTER(200)	
单位邮政编码	CHARACTER(6)	
户籍所在地	CHARACTER(200)	
工作简历概述	CHARACTER(1000)	
备注	CHARACTER(200)	

图 11-21　应急专家信息数据库表图

8. 组织机构通信数据库

建立与应急响应相关的党政机关各部门、社会团体各单位、现场指挥部、各类机构的通信信息数据库，确保通信畅通，落实救援任务。尤其确保指挥部、现场救援队和公众的信息传递流程是快速和准确的（图 11-22）。

应急管理机构（应急办）信息表	
编号	CHARACTER(32)
统一标识码	CHARACTER(32)
名称	CHARACTER(60)
机构职责	CHARACTER(2000)
所属的行政区划代码	CHARACTER(10)
地址	CHARACTER(200)
邮编	CHARACTER(6)
应急办领导	CHARACTER(50)
应急办领导联系电话	CHARACTER(50)
应急办分管领导	CHARACTER(50)
应急分管领导联系电话	CHARACTER(50)
应急值班电话	CHARACTER(50)
应急值班传真	CHARACTER(20)
备注	CHARACTER(200)

图 11-22　应急组织信息数据库表图

9. 交通资源动态数据库

提供各类交通运输工具的数量、分布、功能及使用状态等信息服务，为应急物资运输、人群疏散提供信息基础，防止灾害扩大化，降低损失（图 11-23）。

交通资源表		
交通资源编码	CHARACTER(32)	\<pk\>
统一标识码	CHARACTER(32)	
名称	CHARACTER(50)	
主管部门	CHARACTER(60)	
地址	CHARACTER(200)	
行政区划代码	CHARACTER(10)	
承载力	numeric(10)	
数量	numeric(10)	
用途	CHARACTER(2)	
情况描述	CHARACTER(100)	
负责人	CHARACTER(50)	
负责人电话	CHARACTER(50)	
备注	CHARACTER(200)	

图 11-23　应急交通资源信息数据库表图

11.6.4　决策信息数据库

决策信息数据库主要包括以下 5 个子数据库。

1. 应急预案项目数据库

建立总体应急预案、专项应急预案目录数据库，对应急程序（如接警、处警、结束、善后和灾后重建）各环节的行动与措施进行管理，使应急相应工作规范化、程序化（图 11-24）。

预案信息表		
记录ID	CHARACTER(32)	<pk>
预案ID	CHARACTER(32)	
版本号	CHARACTER(10)	
版本状态编码	CHARACTER(1)	
编制单位	CHARACTER(60)	
发布单位	CHARACTER(60)	
行政区划代码	CHARACTER(10)	
发布日期	TIME	
预案版本内容	<Undefined>	
附件	<Undefined>	
备注	CHARACTER(200)	

预案表		
预案ID	CHARACTER(32)	<pk>
预案名称	CHARACTER(50)	
预案分类编码	CHARACTER(10)	
备注	CHARACTER(200)	

图 11-24　应急预测项目数据库表图

2. 应急处理专家数据库

建立应急处理专家知识库将充分利用人类处理各种突发公共事件的经验教训，利用知识管理技术构建专家型应急响应和决策指挥系统。数据库保存各专家参与的突发事件及其贡献（图 11-25）。

应急专家信息		
专家编号	CHARACTER(10)	<pk>
专家姓名	CHARACTER(50)	
专家类别	CHARACTER(10)	
性别	CHARACTER(2)	
出生日期	TIME	
民族	CHARACTER(16)	
工作单位	CHARACTER(60)	
职称	CHARACTER(16)	
行政职务	CHARACTER(20)	
专业类别	CHARACTER(10)	
专业特长描述	CHARACTER(100)	
移动电话	CHARACTER(50)	
办公电话	CHARACTER(50)	
传真	CHARACTER(20)	
电子邮箱	CHARACTER(30)	
家庭电话	CHARACTER(50)	
家庭住址	CHARACTER(200)	
身份证号码	CHARACTER(18)	
籍贯	CHARACTER(20)	
参加工作时间	TIME	
政治面貌	CHARACTER(20)	
健康状况	CHARACTER(20)	
最高学历	CHARACTER(20)	
毕业院校	CHARACTER(50)	
单位主管部门	CHARACTER(50)	
通信地址	CHARACTER(200)	
单位邮政编码	CHARACTER(6)	
户籍所在地	CHARACTER(200)	
工作简历概述	CHARACTER(1000)	
备注	CHARACTER(200)	

图 11-25　应急处理专家信息数据库表图

3. 预警指标数据库

建立针对不同类型和等级水污染突发事件的预警指标，动态管理和优化警报阀值，并建立与监测和基础信息数据库的触发关联，提高预警的准确性和有效性（图 11-26）。

预警指标信息表	
排污情况	CHARACTER(200)
水文情况	CHARACTER(200)
气候情况	CHARACTER(200)
农作物死亡率	NUMBERIC(5,2)
渔业死亡率	NUMBERIC(5,2)
疫情	CHARACTER(200)
媒体报道强度	CHARACTER(200)
应急干预措施确定性	CHARACTER(200)

图 11-26　预警指标信息数据库表图

4. 突发事件案例数据库

建立同类型突发事件案例的数据库，将历史案例通过标准化的格式进行分解，合理设定关键词供决策分析时参考。按照规范的格式将现有文本格式的典型案例进行数字化转换，以提供智能方案。案例数据库的信息应当全面覆盖每次案例的事件、救援任务、救援力量等信息（图 11-27）。

案例表		
案例ID	CHARACTER(32)	<pk>
标题	CHARACTER(200)	
主题词	CHARACTER(200)	
事件分类编码	CHARACTER(10)	
事件级别编码	CHARACTER(1)	
案例来源	CHARACTER(100)	
行政区划代码	CHARACTER(10)	
事发地点	CHARACTER(200)	
事发时间	TIME	
评估级别	CHARACTER(200)	
经验教训	CHARACTER(2000)	
处置情况	CHARACTER(2000)	
责任单位	CHARACTER(2000)	
结束时间	TIME	
财产损失情况	CHARACTER(200)	
人员伤亡情况	CHARACTER(200)	
影响范围	CHARACTER(200)	
事发原因	CHARACTER(500)	
内容	<Undefined>	
备注	CHARACTER(200)	

案例附件表		
附件ID	CHARACTER(32)	<pk>
案例ID	CHARACTER(32)	<pk>
附件名称	CHARACTER(200)	
相关附件	<Undefined>	

案例衍次生事件表		
记录ID	CHARACTER(32)	<pk>
案例ID	CHARACTER(32)	
事件分类编码	CHARACTER(10)	
事件描述	CHARACTER(500)	

图 11-27　事件案例信息数据库表图

5. 善后处理标准数据库

建立与应急事件中人员安置、补偿，物资和劳务的征用补偿，灾后重建，污染物收集，现场清理与处理等程序相关的善后处理标准数据库，为应急事件的善后处理提供依据。恢复与重建的过程应当被记录下来（图 11-28）。

善后处理标准信息表	
设施ID	CHARACTER(32)
设施原状	CHARACTER(200)
建设时间	DATETIME
毁毁程度	CHARACTER(200)
恢复时间	DATETIME
恢复程度	CHARACTER(200)
负责单位	CHARACTER(50)

图 11-28　善后处理标准信息数据库表图

数据库之间存在联系，其中基础数据库为其他 3 个数据库提供地理位置信息，表明了监测数据、资源和决策处置活动的所在区域。决策数据库则与其他 3 个数据库都有紧密的联系，提取其他 3 个数据库的信息，所以确定决策目标和方案。

参 考 文 献

阿尔文, 托夫勒. 1991. 力量转移: 临近21世纪时的知识、财富和暴力[M]. 北京: 新华出版社.

安志放. 2008. 论公共危机管理中的公共危机教育[J]. 贵州教育学院学报, 24: 5~8.

奥塔, 希克, et al. 1982. 第三条道路: 马克思列宁主义理论与现代工业社会[M]. 北京: 人民出版社.

包玉梅. 2008. 突发公共事件应急物资储备策略研究[J]. 科技信息, 34: 67~69.

毕大川, 刘树成. 1990. 经济周期与预警系统[M]. 北京: 科学出版社.

陈安. 2008. 应急管理的机理体系[J]. 安全, 6: 10~12.

陈力丹, 陈俊妮. 2005. 松花江水污染事件中信息流障碍分析[J]. 新闻界, 6: 19~22.

陈亮. 2005. 企业内部沟通中信息传递问题研究[D]. 长沙: 中南大学博士学位论文.

陈善荣, 陈明. 2008. 广东省北江韶关段镉污染事件案例分析[J]. 环境教育, 1: 49~53.

陈士俊. 2003. 从耗散结构理论看创新人才的培养与高教改革——兼论创造性思维的耗散结构模型[J]. 自然辩证法研究, 19（5）: 65~69.

陈思融, 章贵桥. 2006. 从松花江污染事件看我国政府危机事中决策[J]. 当代经理人（中旬刊）, 3.

陈伟珂, 向兰兰. 2007. 基于熵及耗散结构的公共安全突发事件的过程分析研究[J].中国软科学, 10: 149~154.

陈岩. 2009. 混沌理论对走出公共危机决策困境的启示[J]. 行政论坛, 6: 51~53.

成思危. 1999. 东亚金融危机的分析与启示[M]. 北京: 民主与建设出版社.

程勉贵, 梁工谦. 2009. 基于扩散模型的农村危机信息扩散管理研究[J]. 统计与决策, 7: 58~59.

池宏, 祁明亮, 计雷, 等. 2005. 城市突发公共事件应急管理体系研究[J]. 中国安防产品信息, 04S: 42~51.

崔伟中, 刘晨. 2005. 关于建立重大突发性水污染事件应急处理机制的研究[J]. 人民珠江, 26（05）: 1.

崔晓迪. 2009. 区域物流供需耦合系统的协同发展研究[D]. 北京: 北京交通大学博士学位论文.

代晓红. 2004. 非正式信息传播方式的管理[J]. 图书馆, 6: 74~76.

戴维·波普诺. 1987. 社会学[M]. 沈阳: 辽宁人民出版社: 594.

丹尼斯·麦奎尔, 斯文·温德尔. 1990. 大众传播模式论[M]. 上海: 上海译文出版社.

邓明然, 夏喆. 2006. 基于耦合的企业风险传导模型探讨[J]. 经济与管理研究. 3: 66~68.

邓媛. 2008. 危机事件中的手机短信传播分析[J]. 东南传播, 4: 45~47.

董春波. 2008. 用"五性"编制应急预案[J]. 劳动保护, 7: 100~102.

董惠娟, 顾建华, 邹其嘉, 等. 2006. 论重大突发事件的心理影响及本体应付——以印度洋地震海啸为例[J]. 自然灾害学报, 15（4）: 88~91.

董献洲, 胡晓峰. 2007. 无尺度网络在互联网新闻分析中的应用研究[J]. 系统仿真学报, 19（16）: 3664~3666.

杜明拴. 2009. 基于情景分析的医用耗材供应管理研究及系统设计[D]. 镇江: 江苏大学管理科学与工程学院.

杜鹏, 夏飞, 王春华, 等. 2005. 公共卫生事件监测与预警系统[J]. 计算机应用研究. 6: 165~178.

范维澄, 袁宏永. 2006. 我国应急平台建设现状分析及对策[J]. 信息化建设. 9: 14~17.

范秀丽. 2002. 城市与地震次生灾害[J]. 防灾博览. 3: 30~31.

方美琪, 张树人. 2005. 复杂系统建模与仿真[M]. 北京: 中国人民大学出版社.

付跃强, 刘卫东, 安金朝. 2007. 突发公共事件应急系统的组织结构分析[J]. 江西社会科学, 8: 167~170.

傅毓维, 刘拓, 朱发根. 2007. 公共危机伪信息扩散的混沌情景仿真研究[J]. 情报杂志, 12: 7~9.

傅毓维, 刘拓, 朱发根. 2008. 混沌理论在公共危机管理中的应用背景[J]. 现代管理科学, 2: 3~5.

高旭辰, 田玥, 许翔杰. 2008. 信息传播方式对预期的影响研究[J]. 心理研究, 4: 60~63.

宫辉, 徐渝. 2007. 高校 BBS 社群结构与信息传播的影响因素[J]. 西安交通大学学报: 社会科学版 27 (1):
　　93~96.

桂维民. 2007. 应急决策论[M]. 北京: 中共中央党校出版社.

郭克广. 1996. 浅谈突发事件的特点、成因及处置对策[J]. 公安研究. 4: 013.

郭莲. 2002. 文化价值观的比较尺度[J]. 科学社会主义, 5: 53~55.

郭梅枝. 2000. 当前农村群体突发事件及其化解方法[J]. 河南师范大学学报 (哲学社会科学版), 2: 009.

郭庆光. 1999. 传播学教程[M]. 北京: 中国人民大学出版社.

郭翔, 佘廉, 唐林霞. 2008. 国外应急管理政策研究述评[J]. 软科学, 22 (10): 34~36.

国家环境保护总局. 2014. 2013 中国环境状况公报.

韩崇昭. 2000. 信息融合理论与应用[J]. 中国基础科学. 7: 14~18.

汉斯·摩根索. 1993. 国家间的政治——为权力与和平而斗争[M]. 译. 北京: 商务印书馆.

何如旦. 2006. "信息瞒报" 心态及媒体的对策[J]. 新闻实践, 12: 31~32.

何志兰, 吕青. 2007. 论信息势差存在的客观必然性与适度合理性[J]. 情报杂志, 9: 32~34.

侯国祥, 郑文波, 叶闽, 等. 2003. 一种河流中突发污染事故的模拟模型[J]. 环境科学与技术, 26 (2): 9~10.

侯卫平. 2003. 高校突发事件的特征、成因及对策[J]. 辽宁教育研究, 8: 93~94.

侯小阁, 栾胜基. 2007. 环境影响评价中公众行为选择概念模型[J]. 北京大学学报 (自然科学版), 43 (4):
　　554~559.

胡志鹏. 2006. 三起重大水污染暴露出来的两点问题[J]. 陕西水利, 2: 45~46.

黄典剑. 2009. 现代事故应急管理[M]. 北京: 冶金工业出版社.

黄辉金. 2004. 左江、右江及邕江水污染事故分析与对策[J]. 水资源保护, (4): 48~51.

黄荣辉. 2004. 我国重大气候灾害的形成机理和预测理论研究综述[J]. 中国基础科学, 4: 7~16.

黄梯云. 2005. 管理信息系统[M]. 北京: 高等教育出版社.

黄欣荣. 2006. 复杂性科学的方法论研究[M]. 重庆: 重庆大学出版社.

黄欣荣. 2007. 复杂性科学与哲学[M]. 北京: 中央编译出版社.

黄秀山. 2002. 三峡库区水污染及其治理对策[J]. 重庆大学学报 (自然科学版), 25 (6): 155~158.

黄燕翔. 2008. 突发公共事件应对的信息沟通[J]. 时代人物, 9: 59~60.

惠建利. 2007. 论水污染纠纷的概念及意义[J]. 理论界, 1: 036.

霍俊. 2003. 论社会力[J]. 预测, 22 (2): 1~2.

计雷. 2006. 突发事件应急管理[M]. 北京: 高等教育出版社.

季学伟, 翁文国, 倪顺江, 等. 2008. 突发公共事件预警分级模型[J].清华大学学报 (自然科学版) 48 (8)::
　　1252~1255.

江永清. 2008. 从回应性政府走向预见性政府: 论政府灾难预防政策多维矫正[J]. 湖北社会科学, 11: 32~34.

蒋永福, 李集. 1998. 信息运动十大规律[J]. 情报资料工作, 5.

金子, 冯吉平, 张蕾, 等. 2007. 突发性水环境污染事故监测及对策[J]. 东北水利水电, 25 (1): 56~57.

靖继鹏. 2002. 应用信息经济学[M]. 北京: 科学出版社: 5.

赖英腾. 2008. 公共危机中的信息沟通及其治理机制[J]. 马克思主义与现实, 5: 177~179.

兰月新, 邓新元. 2011. 突发事件网络舆情演进规律模型研究[J]. 情报杂志, 30 (8): 47~50.

李保富, 刘红玉. 2008. 全局数据包络分析法在应急决策中的应用[J]. 科技情报开发与经济, 18（24）: 130~131.

李栋, 何康林, 纪振. 2007. 江苏省人口产业结构与环境污染的关系研究[J]. 资源开发与市场, 23（5）: 458~459.

李桂英. 2001. 国外地质环境污染防治技术研究[J]. 内蒙古煤炭经济, 4: 26~27.

李合海, 杜广伟, 刘媛媛. 2007. 浅议水文贲门突发性水污染事件应急监测思路[J]. 山东水利, 12: 021.

李家伟, 于忠霞. 2007. 基于情景分析的高速公路事件检测决策系统研究[J]. 道路交通与安全. 7（6）: 26~28.

李来儿. 2006. 成本信息供需论[D]. 成都: 西南财经大学博士学位论文.

李立萍. 2005. 信息论导引[M]. 成都: 电子科技大学出版社.

李连德, 王青, 刘浩. 2007. 中国一次能源供应多样性研究[J]. 中国矿业, 16（12）: 1~4.

李青云, 谭德宝, 程学军. 2004. 荆江河段洪水预警公共信息平台总体设计思路[J]. 长江科学院院报. 21（3）: 41~46.

李树刚. 2008. 灾害学[M]. 北京: 煤炭工业出版社.

李希光, 孙静惟. 2009. 表态+真诚: 危机传播管理的技巧之一——突发事件与危机发布[J]. 新闻与写作, 8: 45~46.

李旸熙. 2008. 关于哈尔滨两次水污染事件的报道反思[J]. 科技创新导报, 34: 88.

梁巧转, 刘珍, 伍勇, 等. 2008. 多样性的类型、度量及主要研究方法[J]. 管理评论, 20（11）.

刘彬, 高福安. 2003. 政府应对危机的信息资源管理[J]. 北京广播学院学报（自然科学版）, 3: 41~47.

刘靖华, 姜宪利. 2004. 中国政府管理创新[M]. 北京: 社会科学出版社: 22.

刘静暖. 2009. 自然力及其递减规律的经济学探析[J]. 税务与经济, 3: 14~17.

刘明显. 2009. 企业集群成长的动力机制研究[J]. 广西社会科学, 10: 45~49.

刘拓, 傅毓维, 朱发根. 2008. 公共危机伪信息混沌论[J]. 情报理论与实践, 6: 825~828.

刘晓敏. 1997. 简论人口增长与环境污染[J]. 延安教育学院学报, 1: 11~13.

刘新军, 刘永立. 2007. 个体私营煤矿事故瞒报的期望效用理论分析[J]. 煤矿安全, 38（1）: 72~74.

刘毅. 2003. 从非典引发的心理恐慌看政府公信力的重要性[J]. 广州社会主义学院学报, 3: 68~71.

刘英对, 王峰. 1998. 济南市水文地质特征对地下水污染的影响分析[J]. 上海环境科学, 17（6）: 31~33.

刘宗熹, 章竟. 2008. 由汶川地震看应急物资的储备与管理[J]. 物流工程与管理, 11: 52~55.

卢华. 2007. 对突发性环境污染事故应急监测的思考[J]. 内蒙古环境科学, 19（4）: 108~110.

卢敬华. 1993. 灾害学导论[M]. 成都: 四川科学技术出版社.

罗伯特·希斯. 2003. 危机管理[M]. 北京: 中信出版社.

罗帆, 余廉. 2004. 航空灾害预警管理[M]. 石家庄: 河北科学技术出版社.

罗建国. 1988. 宏观经济监测、预警问题述评[J]. 统计研究, 4: 74~76.

罗杰斯. 2002. 创新的扩散[M]. 北京: 中央编译出版社.

罗祖德. 1998. 灾害科学[M]. 杭州: 浙江教育出版社.

吕浩, 王超. 2006. 重大突发事件的扩散机理研究[J]. 武汉理工大学学报（信息与管理工程版）, 28（9）: 7~10.

马克思, 恩格斯. 2007. 马克思恩格斯全集[M]. 中共中央马克思恩格斯列宁斯大林著作编译局译. 北京: 人民出版社.

孟春红, 赵冰. 2007. 三峡水库蓄水后水文特性和污染因素分析[J]. 人民长江, 8: 2~27.

孟伟, 席北斗, 郑丙辉, 等. 2004. 三峡库区水污染现状及其控制途径[J]. 环境污染与防治, 26（3）: 240.

倪波, 霍丹. 1996. 信息传播原理[M]. 北京: 书目文献出版社.

潘攀. 2009. 培育社会公共危机意识的意义及途径分析[J]. 管理观察, 1: 25~27.

彭祺, 胡春华, 郑金秀, 等. 2006. 突发性水污染事故预警应急系统的建立[J]. 环境科学与技术, 29（11）: 58~61.

彭石林. 2009. 地震灾害心理应激障碍防治[J]. 中国急救医学, 29（1）: 59~60.

彭宇. 2008. 公共危机条件下的信息博弈和管理[J]. 经济师, 6: 8~9.

钱学森, 于景元, 戴汝为. 1990. 一个科学新领域——开放的复杂巨系统及其方法论[J]. 自然杂志, 1: 3~10.

乔宇. 2005. 从印度洋海啸看危机预警体系建设的必要性[J]. 商业经济, 10: 106~107.

秦树理. 2008. 公民道德导论[M]. 郑州: 郑州大学出版社.

秦媛. 2002. 唐山地震次生灾害的防治[J]. 防灾博览, 4: 12-13.

邱玮炜, 安宁, 戚炬. 2010. 流行病传播的数学模型研究[J]. 消费导刊, 7.

屈定坤. 1987. 宏观经济预警初探[J]. 预测, 6: 4~6.

任玉辉, 肖羽堂. 2007. 浅谈突发性水污染事故应急体系的建设[J]. 环境科学与管理, 12: 10~13.

佘廉. 1994. 企业经营新机制——预警预控管理模式[J]. 科学学研究, 12（1）: 30~35.

佘廉. 2003. 公路灾害预警管理[M]. 石家庄: 河北科学技术出版社.

佘廉. 2003. 铁路灾害预警管理[M]. 石家庄: 河北科学技术出版社.

佘廉. 2004a. 航空灾害预警管理[M]. 石家庄: 河北科学技术出版社.

佘廉. 2004b. 水运灾害预警管理[M]. 石家庄: 河北科学技术出版社.

佘廉, 丁立, 吴国斌. 2011a. 三峡库区水污染重大公共安全事件预警模型研究[J]. 情报杂志. 30（3）: 31~34.

佘廉, 李睿, 李红九, 等. 2005. 铁路交通灾害预警管理[M]. 石家庄: 河北科学技术出版社.

佘廉, 刘山云, 吴国斌. 2011b. 水污染突发事件: 演化模型与应急管理[J]. 长江流域资源与环境, 20（8）: 1004~1009.

佘廉, 姚志勋, 茅荃, 等. 2004a. 公路交通灾害预警管理[M]. 石家庄: 河北科学技术出版社.

佘廉, 王超, 龚道平, 等. 2004b. 水运交通灾害预警管理[M]. 石家庄: 河北科学技术出版社.

佘廉, 张倩. 1994. 企业预警管理的系统分析[J]. 中国工业经济研究, 11: 73~76.

沈俊. 2006. 企业风险传导条件、类型及路径研究[J]. 当代经济管理, 28（3）: 23~26.

石林, 曾光明, 张华, 等. 2005. 地理信息系统在突发性环境污染事故应急处理中的应用[J]. 遥感技术与应用, 20（6）: 630~634.

史培军, 刘婧. 2006. 突发公共安全事件与应急管理对策[J]. 城市与减灾, 6: 2~6.

司毅铭, 张军献, 赵山峰, 等. 2005. 黄河流域水污染状况及对策[J]. 人民黄河, 27（12）: 53~54.

宋四新, 唐攀. 2008. 三峡集团公司应急管理信息系统的分析与设计[J]. 中国安全生产科学技术, 4（2）: 152~155.

苏青. 2005. 吉林石化公司爆炸事故给松花江流域造成严重污染[J]. 科技导报, 12: 46.

孙蕾, 蔡镭. 2004. 企业信息化工程的信息理论解释[J]. 情报杂志, 23（1）: 15~16.

孙元明. 2007. 国内城市突发事件应急联动机制与平台建设研究[J]. 重庆邮电大学学报（社会科学版）, 1: 59~65.

覃志豪, 徐斌, 李茂松, 等. 2005. 我国主要农业气象灾害机理与监测研究进展[J]. 自然灾害学报, 14（2）: 61~69.

唐建光. 2004. 沱江污染, 谁来买单? [J]. 新闻周刊, 15: 32~35.

唐钧. 2004. 建构全面整合的政府公共危机信息管理系统[J]. 信息化建设, 10: 12~15.

田大强. 1995. 传播技巧小议[J]. 声屏世界, 9: 44.

涂晓芳. 2008. 政府利益论[M]. 北京: 北京航空航天大学出版社: 12.

汪永清. 2008. 《突发事件应对法》的几个问题[J]. 中国行政管理, 12: 8~11.

王斌. 2004. 沱江大污染[J]. 新西部, 5: 16~19.

王福进. 2007. 重大水污染事件预警与应急技术[J]. 山西建筑, 34: 191~192.

王宏伟. 2008. 特大自然灾害的舆情监控研究[J]. 中国公共安全（学术版）, Z1: 11-15.

王珂. 2009. 论突发环境事件应急预案[J]. 大视野, 2: 221.

王来华. 2008. 论网络舆情与舆论的转换及其影响[J]. 天津社会科学, 4: 66~69.

王浦劬. 1995. 政治学基础[M]. 北京: 北京大学出版社: 53-54.

王瑞伟. 2001. 金融风险与金融危机传导机制分析[J]. 湖南行政学院学报, 6: 55~57.

王伟. 2007. 公共危机信息管理体系构建与运行机制研究[D]. 长春: 吉林大学博士学位论文.

王伟, 靖继鹏, 魏仲航. 2007. 基于复杂特性分析的危机信息流及其动力机制研究[J]. 情报杂志, 26（10）: 105-106.

王学. 2004. 高校创新人才质量标准与创造性教学[J]. 河南财政税务高等专科学校学报, 18（5）: 56~58.

魏玖长, 赵定涛. 2006. 危机信息的传播模式与影响因素研究[J]. 情报科学, 12.

魏一鸣. 1998. 自然灾害复杂性研究[J]. 地理科学. 18（1）: 25~31.

魏一鸣. 1999. 洪水灾害研究的复杂性理论[J]. 自然杂志, 3: 139~142.

魏一鸣, 张林鹏. 2002. 基于 Swarm 的洪水灾害演化模拟研究[J]. 管理科学学报. 5（6）: 39~46.

吴国斌, 王超. 2005. 重大突发事件扩散的微观机理研究[J]. 软科学, 6: 4~7.

吴克蛟. 2006. 灾难中的社会心理恐慌[J]. 当代经理人（中旬刊）, 11: 115.

吴彤. 2001. 科学哲学视野中的客观复杂性[J]. 系统辩证学学报, 9（4）: 44~47.

吴伟. 2008. 贵州瓮安事件始末[J]. 新世纪周刊, 20: 50~52.

吴学德. 1990. 长江葛洲坝库区水域黄磷污染严重[J]. 环境与可持续发展, 4: 006.

吴祖谋, 李双元. 1997. 新编法学概论[M]. 武汉: 武汉大学出版社.

夏喆, 邓明然, 黄洁莉. 2007. 企业风险传导进程中的耦合性态分析[J]. 上海管理科学, 29（1）: 4~6.

肖鹏军. 2006. 论公共危机管理中的公共危机教育[J]. 教育探索, 9: 85~87.

谢旭阳, 邓云峰, 李群, 等. 2006. 应急管理信息系统总体架构探讨[J]. 中国安全生产科学技术, 2（6）: 27~30.

徐细雄, 梁巧转, 万迪昉. 2005. 国外组织构成多样性研究综述[J]. 外国经济与管理, 27（7）: 2~7.

许国志, 顾基发, 车宏安. 2000. 系统科学与工程研究[M]. 上海: 上海科技教育出版社.

薛锐, 赵美玲, 曾皓锦, 等. 2007. 突发性环境污染事故应急监测预案研究[J]. 中国应急救援, 5: 33~34.

杨洋, 仝青英, 朱春红, 等. 2005. 突发公共卫生事件应急培训体会[J]. 解放军医院管理杂志, 12（5）: 424.

叶厚元, 邓明然. 2005. 企业风险传导的六种方式及其特征[J]. 管理现代化, 6: 38~40.

叶闽. 2001. 三峡水库水污染控制对策研究[J]. 人民长江, 7: 44~46.

易正俊. 2002. 多源信息智能融合算法[D]. 重庆: 重庆大学硕士学位论文.

殷玉平. 2008. 公共事件中的谣言传播及其应对[J]. 江南社会学院学报, 4: 47~51.

尹刚. 2009. 基于 3S 技术的河流水污染监测信息系统的构建[J]. 装备环境工程, 6（4）: 87~91.

余凯成. 2006. 组织行为学[M]. 大连: 大连理工大学出版社.

余世舟, 赵振东, 钟江荣. 2003. 基于 GIS 的地震次生灾害数值模拟[J]. 自然灾害学报. 12（4）: 100~105.

袁辉, 王里奥, 胡刚, 等. 2004. 三峡重庆库区水污染总量的分配[J]. 重庆大学学报（自然科学版）, 27（2）: 136~139.

云健, 刘勇奎, 何丽君, 等. 2009. 蚁群聚类在民族突发事件应急决策中的应用[J]. 计算机应用研究, 2: 032.

翟宜峰, 殷峻暹. 2003. 基于 GIS/RS 的洪水灾害评估模型[J]. 人民黄河, 25（4）: 6~7.

张晨子. 2011. 社会转型期的群体性事件及应对策略——贵州瓮安"6·28"事件的启示[J]. 重庆科技学院学报（社会科学版），11: 43~45.

张海彬，张东平. 2007. 突发性环境污染事故预警系统的探讨[J]. 污染防治技术, 1: 60~62.

张红. 2008. 我国突发事件应急预案的缺陷及其完善[J]. 行政法学研究, 3: 9~15.

张军，张庆来. 2005. 管理信息系统[M]. 兰州：兰州大学出版社.

张军华. 2007. 网络信息传播自由度的影响因素研究[J]. 高校图书情报论坛, 6（2）: 48~51.

张丽莲. 2005. 关于危机意识培养的若干思考[J]. 管理观察, 8: 21~22.

张丽萍，张妙仙. 2008. 环境灾害学[M]. 北京：科学出版社.

张少伟，陈景武. 2004. 公共卫生事件预警及应急处理机制问题探讨[J]. 国际医药卫生导报. 9: 27~29.

张文娟. 2007. 手机短信在公共危机处理中的效能和问题分析[J]. 广西大学学报（哲学社会科学版），S3: 39~40.

张鑫. 2007a. 基于社会发展不均衡性的信息势差研究[J]. 情报杂志, 26（10）: 87~89.

张鑫. 2007b. 基于消费环境不对称性的信息势差研究[J]. 情报杂志, 26（12）: 87~89.

张鑫. 2008. 基于消费主体差异性的信息势差研究[J]. 情报杂志, 27（3）: 71~73.

张鑫. 2009. 基于资源分配不平等性的信息势差研究[J]. 图书馆理论与实践, 5: 48~50.

张曦，程代忠，贾海燕. 2007. 基于"6s"技术的突发性水污染事故应急系统探讨[J]. 人民珠江, 4: 037.

张晓健. 2008. 水污染突发事件应急的反思[J]. 绿叶, 3: 018.

张英菊，闵庆飞，曲晓飞. 2008. 突发公共事件应急预案评价中关键问题的探究[J]. 华中科技大学学报（社会科学版），22（6）: 41~48.

赵建国. 2008. 传播学教程[M]. 郑州：郑州大学出版社.

赵晶. 2007. 试论突发性水环境污染事故的监测布控[J]. 江苏环境科技, 20（A01）: 72~73.

郑宏凯，杨子健，李威. 2008. 加快构建我国应急物资储备体系建设[J]. 中国应急救援, 5: 28~31.

郑旭东. 2009. 论我国地震危机中的信息博弈[J]. 管理观察, 3: 168~169.

郑永寿. 2008. 基层自然灾害应急预案的三点不足[J]. 中国减灾, 8: 33.

中国安全生产协会，注册安全工程师工作委员会. 2008. 安全生产管理知识. 北京：大百科全书出版社.

周明. 2009. 基于数据挖掘的制造业采购 DSS 理论及方法研究[D]. 天津：天津大学博士学位论文.

周庆行. 2012. 公共行政导论[M]. 重庆：重庆大学出版社.

周毅. 2005. 政府信息公开的选择模式：主体结构分析[J]. 图书情报工作, 49（6）: 75~80.

朱平. 2007. 区域水资源预警方法研究[D]. 扬州：扬州大学博士学位论文.

朱瑞博. 2007. 领导者公共危机管理能力研究——以吉林石化爆炸及水污染危机为例[J]. 中国浦东干部学院学报, 1: 115~122.

朱勇钢，张水辉. 2009. 重大突发性事件舆情监报与群体性事件预防[J]. 成都大学学报（社会科学版），1: 79~82.

Laws E A, 罗斯, 祖麟. 2004. 水污染导论[M]. 北京：科学出版社.

Aedo I, Díaz P, Carroll J M, et al. 2010. End-user oriented strategies to facilitate multi-organizational adoption of emergency management information systems[J]. Information Processing and Management, 46 (1): 11~21.

Alan C B, So S, Sin L. 2006. Crisis management and recovery: how restaurants in Hong Kong responded to SARS [J]. International Journal of Hospitality Management, 25 (1): 3~11.

Alexander D. 1991. Information technology in real-time for monitoring and managing natural disasters[J]. Progress in Physical Geography, 15: 238~260.

Anderson B A. 2006. Crisis management in the Australian tourism industry: Preparedness, personnel and postscript[J]. Tourism Management, 27 (6): 1290~1297.

Avramescu A. 1973. Space model of science diffusion[J]. Studii Cercet, Document, 15 (3).

Beroggi G E G, Wallace W A, Whinston A B. 1995. Real-time decision support for emergency management: an integration of advanced computer and communications technology[J]. Journal of Contingencies and Crisis Management, 3 (1): 18~26.

Bonczek R H, Holsapple C W, Whinston A B. 2014. Foundations of decision support systems[M]. New York: Academic Press.

Boris P. 2001. Institutional and legislative issues of emergency management policy in Russia[J]. Journal of Hazardous Materials, 88 (2): 145~167.

Brillouin L, Hellwarth R W. 1956. Science and information theory[J]. Physics Today, 9: 39.

Burkholder B T, Toole M J. 1995. Evolution of complex disasters[J]. The Lancet, 346 (8981): 1012~1015.

Calhoun C. 2004. A world of emergencies: fear, intervention, and the limits of cosmopolitan order[J]. Canadian Review of Sociology, 41 (4): 373~395.

Center, A. D. R. 2003. Glossary on natural disasters. available at: www. adrc.

Chao W, Wang Y, Wang P. 2006. Water quality modeling and pollution control for the Eastern route of South to North water transfer project in China[J]. Journal of Hydrodynamics, Ser. B, 18 (3): 253~261.

Chartrand R L. 1984. Information technology for emergency management[R]. Washington: G P O.

Cilliers P. 1998. Complexity and Postmodernism [M]. New York: Routledge.

Cioccio L, Michael E J. 2007. Hazard or disaster: Tourism management for the inevitable in Northeast Victoria[J]. Tourism Management, 28 (1): 1~11.

Comfort L K. 1993. Integrating information technology into international crisis management and policy[J]. Journal of Contingencies and Crisis Management, 1 (1): 15~26.

Coombs W T. 1999. Ongoing crisis communication: Planning, Managing, and Responding [M]. New York: Sage Publications, Inc.

Cover T M, Thomas J A. 2012. Elements of Information Theory [M]. New York: John Wiley and Sons, Inc.

Cutter S L. 2003. GI science, disasters, and emergency management [J]. Transactions in GIS, 7 (4): 439~445.

Donahue A K, Joyce P G. 2001. A framework for analyzing emergency management with an application to federal budgeting[J]. Public Administration Review, 61 (6): 728~740.

Ellemor H. 2005. Reconsidering emergency management and indigenous communities in Australia[J]. Global Environmental Change Part B: Environmental Hazards, 6 (1): 1~7.

Feng Z, Guo H, Yong L, et al. 2007. Identification and spatial patterns of coastal water pollution sources based on GIS and chemometric approach[J]. Journal of Environmental Sciences, 19 (7): 805~810.

Ferng J J. 2002. Toward a scenario analysis framework for energy footprints[J]. Ecological Economics, 40 (1): 53~69.

Fink S. 1986. Crisis management: Planning for the Inevitable[M]. New York: American Management Association.

Foster J A, McDonald A T. 2000. Assessing pollution risks to water supply intakes using geographical information systems (GIS) [J]. Environmental Modelling and Software, 15 (3): 225~234.

Fulmer T, Portelli I, Foltin G L, et al. 2007. Organization-based incident management: developing a disaster volunteer role on a university campus[J]. Disaster Management and Response, 5 (3): 74~81.

Furukawa S. 2000. An institutional framework for Japanese crisis management[J]. Journal of Contingencies and Crisis Management, 8 (1): 3~14.

Garnett J L, Alexander K. 2007. Communicating throughout Katrina: Competing and complementary conceptual lenses on crisis communication[J]. Public Administration Review, 67 (s1): 171~188.

Garrett T A, Sobel R. 2003. The political economy of FEMA disaster payments[J]. Economic Inquiry, 41 (3): 496~509.

Granville K. 2001. Communicating in crisis: A theoretical and practical guide to crisis management[J]. Public Relations Review, 27 (4): 494~495.

Gupta A. 2000. Enterprise resource planning: the emerging organizational value systems[J]. Industrial Management and Data Systems, 100 (3): 114~118.

Helsloot. 2006. Editorial: what is a disaster and why does this question matter[J]. Journal of Contingencies and Crisis Management, 14 (1): 1~2.

Herman C F. 1972. International Crises: Insights from Behavioral Research. New York: Free Press.

Hubacek K, Sun L. 2001. A scenario analysis of China's land use and land cover change: incorporating biophysical information into input-output modeling[J]. Structural Change and Economic Dynamics, 12 (4): 367~397.

Hystad P W, Keller P C. 2008. Towards a destination tourism disaster management framework: Long-term lessons from a forest fire disaster[J]. Tourism Management, 29 (1): 151~162.

Ibrahim M S, Fakharu'l-razi A, Aini M S. 2003. A review of disaster and crisis[J]. Disaster Prevention and Management, 12 (1): 24~32.

James I D. 2002. Modelling pollution dispersion, the ecosystem and water quality in coastal waters: a review[J]. Environmental Modelling and Software, 17 (4): 363~385.

Jefferson T L. 2006. Evaluating the role of information technology in crisis and emergency management[J]. Vine, 36 (3): 261~264.

Jochen Z, Andreas, N Küppers, et al. 2006. Early Warning System for Natural Disaster Reduction [M]. Springer Science and Business Media.

Johnson J H, Zeigler D J. 1986. Modelling evacuation behavior during the Three Mile Island reactor crisis[J]. Socio-Economic Planning Sciences, 20 (3): 165~171.

Kahn H, Wiener A J. 1967. The year 2000: a framework for speculation on the next thirty-three years[J]. New York: Macmillan.

Kahn H. 1961. On Thermonuclear War [M]. Princeton, NJ: Princeton University Press.

Kai Z, Lian S. 2010. Analysis on Causes of Public Security Incidents of Serious Water Pollution in Three Gorges Reservoir: [C]//Information Engineering and Computer Science (ICIECS), 2010 2nd International Conference on. IEEE: 1-3.

Kaspi T, Rappaport Z H, Devor M. 2006. Direct Sympathetic-Sensory Coupling Mechanism in Injured Afferent Neurons[J]. European Journal of Pain. 10: S95.

Keim M, Kaufmann A F. 1999. Principles for emergency response to bioterrorism[J]. Annals of Emergency Medicine, 34 (2): 177~182.

Keller A Z, Al-Madhari A F. 1996. Risk management and disasters. Disaster Prevention and Management, 5: 19~22.

Keller A Z, Meniconi M, Al-Shammari I, et al. 1997. Analysis of fatality, injury, evacuation and cost data using the Bradford Disaster Scale. Disaster Prevention and Management, 6 (1): 33~42.

Khan F I, Sadiq R. 2005. Risk-based prioritization of air pollution monitoring using fuzzy synthetic evaluation technique[J]. Environmental Monitoring and Assessment, 105: 261~283.

Kirschfink H, Riegelhuth G, Barcelo J. 2003. Scenario analysis to support strategic traffic management in the region Frankfurt Rhein-Main[C]//Proceedings of the 10th World Conference on ITS. Madrid.

Kovoor-Misara S. 1996. Moving toward crisis preparedness: Factors that motivate organizations[J]. Technological Forecasting and Social Change, 53 (2): 169~183.

Krawczak M, Ziókowski A. 1985. Nash model of water reservoir pollution[J]. Annual Review in Automatic Programming, 12: 181~184.

Krysanova V, Meiner A, Roosaare J, et al. 1989. Simulation modelling of the coastal waters pollution from agricultural watershed[J]. Ecological Modelling, 49 (1): 7~29.

Kwan M P. 2003. Intelligent Emergency Response Systems. In: the Geographical Dimensions of Terrorism [R]. New York.

Lacroix A, Beaudoin N, Makowski D, et al. 2005. Agricultural water nonpoint pollution control under uncertainty and climate variability[J]. Ecological Economics, 53 (1): 115~127.

Levin A A, Dolin S P, Mikhailova T Y, et al. 2003. Three mechanisms of cooperative coupling of intermolecular H-bond protons in condensed phases[J]. Journal of Molecular Liquids, 106 (2~3): 223~227.

Liang H, Xue Y. 2004. Investigating public health emergency response information system initiatives in China[J]. International Journal of Medical Informatics, 73 (9): 675~685.

Lindgren M, Bandhold H. 2009. Scenario Planning-Revised and Updated: the Link between Future and Strategy [M]. New York: Palgrave Macmillan.

Logan C S, Ellett C D, Licata J W. 1993. Structural coupling, robustness and effectiveness of schools[J]. Journal of Educational Administration, 31 (4).

Luo R C, Yang W S, Lin M H. 1988. Approaches on multi-sensor fusion under time-evolving conditions 1988 IEEE International Symposium on Intelligent Control: 159~164.

Martin. 1977. Early warning of bank failure: a logit regression approach. Journal of Banking and Finance, 1(3): 249~276.

Matsuda Y. 1979. A water pollution prediction system by the finite element method[J]. Advances in Water Resources, 2: 27~34.

Matsuoka Y, Kainuma M, Morita T. 1995. Scenario analysis of global warming using the Asian Pacific Integrated Model (AIM) [J]. Energy Policy, 23 (4): 357~371.

McGechan M B, Lewis D R, Vinten A J A. 2008. A river water pollution model for assessment of best management practices for livestock farming[J]. Biosystems Engineering, 99 (2): 292~303.

Mell P, Grance T. 2009. Effectively and securely using the cloud computing paradigm [J]. NIST, Information Technology Laboratory, 304-311..

Mileti D S. 1975. Natural Hazard Warning Systems in the United States: A Research Assessment [R]. Colorado: University of Colorado Institute of Behavioral Science.

Nelson M R. 2009. Building an open cloud[J]. Science, 324 (5935): 1656.

Nstitute For Security Technology S. 2004. Crisis Information Management Software (CIMS) Interoperability: A Status Report[R]. Hanover: Trustees of Dartmouth College.

Palm J, Ramsell E. 2007. Developing local emergency management by co-ordination between municipalities in policy networks: Experiences from Sweden[J]. Journal of Contingencies and Crisis Management, 15 (4): 173~182.

Parfitt A M. 2000. The mechanism of coupling: A role for the vasculature[J]. Bone, 26 (4): 319~323.

Park C. 2013. Chernobyl: The Long Shadow[M]. London: Routledge.

Parker D. 1992. The mismanagement of hazards – hazard management and emergency planning, perspective on Britain. James and James Science, London.

Petersen H J. 1977. Debt crisis of developing countries: A pragmatic approach to an early warning system[J]. Konjunkturpolitik, 23 (2): 94~110.

Qian L, Luo Z, Du Y, et al. 2009. Cloud computing: an overview[J]. Computer Science, 5931 (10): 626~631.

Radke J, Cova T J, Sheridan M F, et al. 2000. Application challenges for geographic information science: implications for research, education, and policy for emergency preparedness and response[J]. National Emergency Training Center, 12 (2): 15~30.

Riesgo L, Gómez-Limón J A. 2006. Multi-criteria policy scenario analysis for public regulation of irrigated agriculture [J]. Agricultural Systems, 91 (1): 1~28.

Rosenthal U, Michael T C. 1989. Coping with Crises: The Management of Disasters, Riots and Terrorism. Springfield: Charles C. Thomas.

Rowan B. 2002. Rationality and reality in organizational management: Using the coupling metaphor to understand educational (and other) organizations – a concluding comment[J]. Journal of Educational Administration, 40 (6): 604~611.

Schneider S K. 1992. Governmental response to disasters: The conflict between bureaucratic procedures and emergent norms[J]. Public Administration Review, 52 (2): 135~145.

Shaluf I M. 2007. Disaster types. Disaster Prevention and Management: An International Journal., 16 (5): 704~717.

Shaluf I M, Ahmadun F R. 2006. Disaster types in Malaysia: an overview. Disaster Prevention and Management, 15 (2): 286~298.

Shaluf I M, Ahmadun F, Mustapha S. 2003. Technological disaster's criteria and models[J]. Disaster Prevention and Management, 12 (4): 305~311.

Shaluf I M, Ahmadun F, Mat Said A, et al. 2002. Technological man-made disaster precondition phase model for major accidents[J]. Disaster Prevention and Management, 11 (5): 380~388.

Shannon C E. 1948. The mathematical theory of communication[J]. The Bell System Technical Journal, 27: 379~423.

Sharda R, Barr S H, McDonnell J C. 1988. Decision support system effectiveness: a review and an empirical test[J]. Management Science, 34 (2): 139~159.

Sharma S, Mahajan V. 1980. Early warning indicators of business failure[J]. The Journal of Marketing, 44 (4): 80~89.

Shrivastava P, Mitroff I I, Miller D, et al. 1988. Understanding industrial crises[1][J]. Journal of Management Studies, 25 (4): 285~303.

Smith S M, Kress T A, Fenstemaker E, et al. 2001. Crisis management preparedness of school districts in three southern states in the USA[J]. Safety Science, 39 (1): 83~92.

Smith W, Dowell J. 2000. A case study of co-ordinative decision-making in disaster management[J]. Ergonomics, 43 (8): 1153~1166.

Spranger C B, Villegas D, Kazda M J, et al. 2007. Assessment of physician preparedness and response capacity to bioterrorism or other public health emergency events in a major metropolitan area[J]. Disaster Management and Response, 5 (3): 82~86.

Tan E, Yates K M. 2007. Use of information technology in New Zealand emergency departments[J]. Emergency Medicine Australasia, 19 (6): 515~522.

Taylor C. 2002. Modern social imaginaries. Public Culture, 14 (1): 91~124.

Toft B, Reynolds S. 1994. Learning from Disasters [M]. Oxford: Butterworth-Heinemann.

Tong R, Wishner R, Tse E. 1981. Distributed hypothesis formation in sensor fusion [C]//20th IEEE Conference on Decision and Control including the Symposium on Adaptive Processes. California, 20: 1421~1424.

Turner B A. 1976. The organizational and interorganizational development of disasters[J]. Administrative Science Quarterly, 21 (3): 378~397.

Turner B A, Pidgeon N F. 1997. Man-Made Disasters. Oxford: Butterworth-Heinemann.

Turner B A. 1992. The sociology of safety [J]. 2, Engineering safety.

UNISDR. 2002. United N.ISDR. Geneva

Waugh W L. 1986. Integrating the policy models of terrorism and emergency management[J]. Review of Policy Research, 6 (2): 287~300.

White F E. 1988. A model for data fusion: proceedings of the 1st national symposium on sensor fusion[Z]. Chicago, 2: 149~158.

Wrigley B J, Salmon C T, Park H S, et al. 2003. Crisis management planning and the threat of bioterrorism[J]. Public Relations Review, 29 (3): 281~290.

Xiao Y. 2004. A multi-mechanism damage coupling model[J]. International Journal of Fatigue. 26 (11): 1241~1250.

Yair G. 1997. Method effects on theory testing: the case of organizational coupling in education[J]. Journal of Educational Administration, 35 (4): 290~311.

Zschau J, Kuppers A N. 2013. Early Warning Systems for Natural Disaster Reduction[M]. Springer Science and Business Media.

附　　录

一、吉林石化水污染公共安全事件案例

2005年11月13日,中国石油天然气股份有限公司吉林石化分公司双苯厂(101厂)硝基苯精馏塔发生爆炸,造成8人死亡,60人受伤,直接经济损失6908万元,并引发松花江水污染事件。事故形成的硝基苯污染带流经吉林、黑龙江两省并引发松花江水污染事件,在我国境内历时42天,12月25日进入俄罗斯境内。

11月20日,含苯污染物的污水团逼近松花江下游最大城市:拥有400万人口的哈尔滨市(约54小时后抵达)。20日中午起,哈尔滨市出现"地震"和"水污染"的传言,却没有得到官方证实,传言越来越多,黑龙江省地震局的热线电话被市民打爆。市民开始储存水和粮食,有人在街上搭起了帐篷,部分市民及外地民工开始"逃离"哈尔滨。市民不顾夜间的严寒,纷纷在室外搭起帐篷露营。

11月21日,得知污染水团将于30小时内抵达哈尔滨,危机已迫在眉睫的哈尔滨市政府向社会发布公告,全市停水4天,理由是"要对市政供水管网进行检修"。市民并不相信检修管道会不分区进行,而是一下子停掉全市的供水。结果,公告发布后,市民开始了大规模的抢购。越来越多的市民觉得这个公告可能与地震有关。当日下午,超市、批发部等处的交通也开始严重拥堵;有的顾客甚至一次买了5000元的矿泉水。平时12元一箱的矿泉水,转眼就涨到了20元,最后竟然给商家多少钱也不卖了。城市居民开始采用各种交通工具"逃离"哈尔滨,导致公路、民航、铁路客流量大增。

11月22日,省、市政府决定向媒体公布真相。22日凌晨,第二份公告发出,证实了上游化工厂爆炸导致松花江水污染的消息;为了方便居民储水,市政府在同日又发出了一个公告。针对一件事,两天发布三个市政府公告,哈尔滨史无前例。11月23日,哈尔滨全市中小学宣布因停水11月24~29日放假。放假前,所有学校的学生都收到了一份页面印有8条防震知识的通知;哈尔滨教育局表示:"发防震知识传单是培养孩子们的自救能力,这是年初就制定的任务,当时决定下半年搞一次防震知识教育,4月份还举行了消防演练。不能因为有谣言就不教育了。"这张通知,成为了很多市民确认将发生地震的征兆之一;社会上传言地震局的领导都携带妻儿躲到外地去了,职工也走了不少。11月24日下午,哈尔滨市地震局发布公告称,"根据黑龙江省地震局对最近地震监测数据的分析判断,我

市不会发生地震。"公告强调，只有省政府可以预报地震，要求广大市民对地震传言应做到不传不信。

二、广东北江水污染公共安全事件案例

2005 年 12 月 15 日广东省环保监测发现，北江韶关段高桥断面江水中镉超标近 10 倍，18 日上午，超标排放含镉废水的企业被责令停产整顿，关闭污水排放口。

省政府于 20 日宣布，北江发生严重环境水污染事故，下游韶关、清远、英德三个城市的饮用水受到威胁。同时向广州、佛山等下游城市发出紧急通知：启动饮用水应急预案，检查应急措施是否落实到位，保障沿江群众饮用水安全。

20 日早上韶关市全面停水，下午 6 时恢复。英德市停止从北江取水，立即启用备用水源，投入大量人力物力，接通市郊长湖水库至市区 1.4 千米的供水管道，并调集周边地区 15 台消防车等运水工具向市区应急供水。市民纷纷上街购买桶装水。佛山、三水、顺德等城市也纷纷进入了应急状态，启动预案，监测水质。

22 日国家有关部门的负责人率环保、城市、供水、卫生、农业等领域的 14 位专家赶往英德市，汇同当地各级领导和有关部门在英德市成立了北江水污染处理总指挥部，指挥事故处理工作。省防汛防旱防风总指挥部连续发布调水指令，对北江流域有关水库、电站进行水资源调度，以减少污染水体对下游的影响。配合调水冲污工程，同时在白石窑水电站采取投放有效中和镉离子的絮凝剂，降低污染水体中镉浓度，在南华水厂实施除镉净水工程等应急降镉措施，保证供水安全。北江水污染影响了下游韶关、清远、英德等多座城市的生活秩序，纷纷启动了供水应急预案，沿江各市 24 小时监测水质，部分城市相继停止供水，甚至广州也启动了饮用水应急预案，做好停水的准备，大量调运瓶装饮用水进城。

2006 年 1 月 11 日，北江水镉含量降低到标准以下，历时 20 余日，广东北江水污染事件宣告结束。此次水污染事件严重干扰了沿江各地的社会经济和生活秩序。仅企业的停产整顿，直接经济损失逾 5000 万元，间接经济损失则超过 1 亿元。企业所属上市母公司的股票也一度陷于临时停牌的境地。

三、四川沱江水污染公共安全事件案例

2004 年 2 月下旬，位于沱江中下游的四川省资阳市境内的简阳市沿江一带，有人发现一些死鱼在江中飘浮，而后死鱼越来越多，到 3 月初，简阳市一些居民家中的水龙头突然流出浓烈异味的黑水。

2004 年 3 月 2 日，接到紧急报告的四川省环保局派出三个调查小组急赴沱江，对沿线污染进行拉网式调查。沱江河水严重污染事件得到证实后，简阳市立即关

闭了全市的自来水供应系统，并动员全市所有能动员的力量，把停止饮用自来水和沱江水的通知告诉全市所有群众。简阳下游的内江市也立即采取紧急措施，要求市供排水公司二水厂及自备水源的单位及全市各县沿江居民停止取水。

从 2004 年 3 月 2 日早晨开始，内江市区、资中县城区和资阳市的简阳三地出现了大面积停水，三城近 100 万居民用水告急，50 万公斤鱼类被毒死，100 万人断水 26 天，上千家宾馆、饭店、茶楼等营业场所被迫关闭，经济损失 2 亿多元。根据资阳市环境监测站 3 月 1 日下午 4 时采样监测显示：沱江简阳段氨氮超标40~50 倍、雁江段临江寺超标 29 倍、侯家坪超标 18 倍，河东元坝村超标 23 倍。

事故原因是位于长江上游一级支流沱江附近的川化集团有限责任公司（下称"川化集团"）的控股子公司川化股份有限公司所属第二化肥厂，因违规技改并试生产，设备出现故障，在未经上报环保部门的情况下，在 2004 年 2 月 11 日~3 月 2 日的近 20 天里，将 2000 吨氨氮含量超标数十倍的废水直接外排，导致沱江流域严重污染。为缓解缺水带来的巨大恐慌，资阳市、内江市、简阳、资中等受灾严重的地区的有关部门使用救火车、洒水车等运输工具为群众运水，甚至紧急请求上级出动了飞机进行了 20 个小时的人工降雨，用从天而降的近 4 亿立方米雨水试图缓解江水污染程度，因污染事故影响正常生活用水的内江、资中、简阳等地在事隔近 1 个月后，才恢复了从沱江取水。